17 생각하는 수학 제2판

창의성 신장을 위한

문제일반화

김향숙 · 박진석 · 도석수 지음
인제대학교 창의력교육센터

KM 경문사

머리말

21세기 지식정보사회의 패러다임에 내재되어 있는 핵심 가치 중의 하나는 단순히 지식을 전수받아 보급하는 차원을 넘어서 누가 핵심 지식을 어떻게 창출해 낼 것인가라는 것이다. 이러한 시대적 요청에 따라, 지식정보시대를 앞당기는 근본 도대 중의 하나는 교육에 있나고 믿는 사람이 많다.

종종 교실 내 활동은 실제 문제 상황의 소우주가 되지 못하고 있으며 많은 교수학습활동은 진정한 현실 문제해결의 맥락과 연결되어 있지 않다. 이것은 학생들이 교실에서 그들이 배운 것을 실제 문제 상황에 적용하는 것을 어렵게 만들며, 또한 학생들은 종종 왜 학교에서 배우는 지식이 어떻게 가치가 있는지에 대한 의문 없이 강의내용상의 사실, 개념 그리고 원리를 기억하기를 강요받는다.

물론 주어진 지식을 암기하여 기억에 저장하는 것과 같은 학습 또한 중요한 학습의 한 형태이다. 그러나 지식이 폭주하는 현 시대에서 더욱 중요하며 우리의 교육에서 더 강조해야 할 부분은 학습자와 교수자가 실제로 문제를 발견할 수 있도록 하고, 복잡하고 역동적인 문제구조와 문제해결활동에 관해 창조적으로 생각하도록 하고, 문제해결에 적합한 정보를 조직화하고, 그리고, 일련의 의사결정 활동이 실제문제해결로 도달되도록 해야 한다는 것이다. 즉, 이제는 지식전달을 지양하고 지식창출이라는 새로운 화두에 부응할 수 있도록 교수학습활동상의 무엇이 어떻게 혁신되어야 할 것인가에 대하여 고민해야만 한다.

현재를 포함한 미래는 CQ(창의력 지수)의 시대가 될 것으로 예견하고 있는 가운데 변화와 혁신의 사회 속에서 무엇보다도 지식창출의 기반이 되는 창의력이 21세기의 경제프론티어의 자질에 으뜸임을 부인할 수 없다. 지식 및 생산물을 산출하고 그것을 가치화할 수 있는 힘이 바로 창의력에서 비롯되기 때문이다.

이 책은 '생각하는 수학'시리즈 18권 중의 하나이며, '생각하는 수학'시리즈는 Mathematica, 엑셀, GSP, Flash, 종이접기, 문제일반화, 통계, 발문, PBL, 퍼즐, 기하 다시보기 등의 다양한 주제를 다루면서 탈교과서 위주의 수학을 위한 교수학습 자료제공에 목적을 두고 있으며, 특히 이 시리즈들은 수학교실에서 학생과 교사가 하나 되어 체험을 통해 좀 더 즐거워하며 수학을 하고, 또 수학을 보고, 느끼고, 만지게 함으로써 교실 수업을 살아 있게 하는데 뜻을 두고 개발하였으며, 계속 수정·보완할 것이다.

이 책은 중등 수학 교과의 심화과정으로

제1장 창의성 신장을 위한 문제,
제2장 창의적 수학 교수학습을 위한 문제 탐구하기,
제3장 도형에서 극값을 찾는 방법

으로 구성하였다.

구체적으로는 중등 수학 문제를 통한 문제 탐구하기, 문제 일반화하기, 문제 확장하기 및 교수학습을 위한 심화 문제 탐구를 다루었으며, Geometric Problems on Maxima and Minima(Andreescu 외 2인 저)의 1장을 편집하여 도형의 변환 이용, 대수적 부등식 이용, 해석학의 기본 정리 활용, 부분변분법 및 접선원리 등을 통한 도형에서 극값을 찾는 방법에 대한 여러 가지 문제와 풀이를 수록하였다.

제2판은 제1판의 예제를 보완하였고, 각 절마다 예제에서 다루지 못한 것을 다루기 위해 예제 아래에 탐구문제 코너들을 만들어 넣음으로써 본문의 내용을 일부 새롭게 구성하였다.

부족하고 어설픈 내용들을 계속 수정하면서 보완할 생각이므로 독자들의 많은 조언을 부탁드리며, 창의력교육센터 연구원들은 앞으로도 우리나라 창의력 교육 기반 조성에 도움이 되는 더 좋은 교재를 개발하는데 노력을 다할 것을 약속드리며, 특히 지면을 빌어 이 책의 출판 및 개발을 도와주신 모든 분들께 진심으로 감사를 드린다.

끝으로 이 책이 나오기까지 애쓰신 창의력교육센터 연구원, 좋은 의견을 주신 교사 및 경문사 임직원께 진심으로 감사를 전한다.

2012년 2월

저자 씀

차례

Chapter 01

창의성 신장을 위한 문제

1.1 문제 탐구하기

문제 1.1.1 $x=\sqrt{2}-1$일 때 $(x^3+5x^2+8x+4)\div(x^2+2x+1)$의 값을 구하여라.

풀이

$$\begin{aligned} x^3+5x^2+8x+4 &= (x^2+2x+1)(x+a)+bx+c \\ &= x^3+ax^2+2x^2+2ax+x+a+bx+c \\ &= x^3+(a+2)x^2+(2a+1+b)x+a+c \end{aligned}$$

$$\therefore a+2=5,\ 2a+1+b=8,\ a+c=4$$

$$\therefore a=3,\ b=1,\ c=1$$

그러므로

$$\begin{aligned} &(x^3+5x^2+8x+4)\div(x^2+2x+1) \\ &= (x+3)+\frac{x+1}{x^2+2x+1} \\ &= x+3+\frac{1}{x+1}=(\sqrt{2}-1)+3+\frac{1}{(\sqrt{2}-1)+1} \\ &= \sqrt{2}+2+\frac{1}{\sqrt{2}}=\sqrt{2}+2+\frac{\sqrt{2}}{2}=\frac{3\sqrt{2}}{2}+2 \\ &= \frac{4+3\sqrt{2}}{2} \end{aligned}$$

이다.

별해

$$x^3+5x+8x+4=(x^2+2x+1)(x+3)+x+1$$

을 이용하여 위의 **풀이** 와 같이 계산한다.

문제 1.1.2 두 자연수 520과 440을 어떤 자연수로 나누었더니 나머지가 모두 같았다. 어떤 자연수 중에서 가장 큰 수를 구하여라.

풀이

$520 = am + r$, $440 = bm + r$이라 두면 $a \neq b$이고 $0 \leq r < m$이 된다.

그러므로 $520 = am + r$, $440 = bm + r$에서 양변의 차를 구하면 $80 = (a-b)m$이 된다.

여기서, $a \neq b$이고 m은 80의 약수이므로 m의 최댓값은 80이다.

별해

80, 60, 40의 최대공약수를 구한다.

문제 1.1.3 세 자연수 520, 440, 380을 어떤 자연수로 나누었더니 나머지가 모두 같았다. 어떤 자연수 중에서 가장 큰 수를 구하여라.

풀이

$520 = am + r$, $440 = bm + r$, $380 = cm + r$이라 두면 a, b, c는 서로 다른 정수이고 $0 \leq r < m$이 된다. 두 값의 차를 각각 구하면 $80 = (a-b)m$, $60 = (b-c)m$, $140 = (a-c)m$이 된다.

m은 80, 60, 140의 최대공약수이므로 m의 최댓값은 20이다.

문제 1.1.4 1에서 10,000까지의 자연수 중에서 2, 3, 5로 나누었을 때 나머지가 각각 1인 수는 모두 몇 개인가?

풀이

$1 \leq a \leq 10,000$의 자연수에 대해 $a = 2m_1 + 1 = 3m_2 + 1 = 5m_3 + 1$이라면 $a - 1 = 2m_1 = 3m_2 = 5m_3$이다.

즉, $a-1$은 2, 3, 5의 공배수가 된다.

따라서 $a-1$은 30의 배수이므로 $a = 30k+1$이 된다.

여기서, $1 \leq a \leq 10,000$이므로 $1 \leq 30k+1 \leq 10,000$이 되고, 따라서 $0 \leq 30k \leq 9999$이다.

즉, $0 \leq k \leq 333.33\cdots$가 된다. 그러므로 a가 될 수 있는 수는

$$(333-0)+1=334(\text{개})$$

이다.

문제 1.1.5 $f(1)=2$ 이고, $n \geq 2$에 대해 $f(n)=f(n-1)+2n+4$ 인 함수 f가 있다. $f(n)$을 구하여라.

풀이

$$\begin{aligned} f(1) &= 2 \\ f(2) &= f(1)+2\times2+4 \\ f(3) &= f(2)+2\times3+4 \\ f(4) &= f(3)+2\times4+4 \\ &\vdots \\ f(n-1) &= f(n-2)+2(n-1)+4 \\ f(n) &= f(n-1)+2n+4 \end{aligned}$$

이므로, 양변을 더하면

$$\begin{aligned} f(n) &= 2\times1+2\times2+2\times3+\cdots+2n+\overbrace{(4+\cdots+4)}^{n-1} \\ &= 2(1+2+\cdots+n)+(4+\cdots+4) \\ &= 2\frac{(n+1)n}{2}+4(n-1) \\ &= n(n+1)+4n-4 \\ &= n^2+5n-4 \end{aligned}$$

이다.

별해

$$\begin{aligned} f(1) &= 2 \\ f(2) &= f(1)+2\times2+4 \\ f(3) &= f(2)+2\times3+4 \\ f(4) &= f(3)+2\times4+4 \end{aligned}$$

$$\vdots$$
$$f(n-1) = f(n-2) + 2(n-1) + 4$$

$f(n) = f(n-1) + 2n + 4$에서

$f(n) = f(n-1) + b(n-1)$이라 두면

$$\begin{aligned} b(n) &= 2(n+1) + 4 \\ &= 2n + 6 \end{aligned}$$

이 된다. 따라서

$$\begin{aligned} f(n) &= f(1) + \sum_{k=1}^{n-1} b(k) \\ &= 2 + \sum_{k=1}^{n-1} (2k+b) \\ &= 2 + n(n-1) + b(n-1) \\ &= n^2 + 5n - 4 \end{aligned}$$

이다.

문제 1.1.6 두 자연수 a, b의 합이 8이다. 두 수의 곱 ab의 값을 큰 수부터 차례로 늘어놓았을 때 두 번째의 수를 구하여라.

풀이

두 자연수 a, b에 대하여 $a+b=8$인 모든 경우의 수를 구해보면 다음과 같다.

$$(a,\ b) = (1,\ 7),\ (2,\ 6),\ (3,\ 5),\ (4,\ 4),\ (5,\ 3),\ (6,\ 2),\ (7,\ 1)$$

그러므로 $ab = 7,\ 12,\ 15,\ 16$이 되고, 따라서 구하는 두 번째의 수는 15이다.

문제 1.1.7 두 자연수 a, b의 합이 n이다. 두수의 곱 ab의 값을 큰 수부터 차례로 늘어놓았을 때 두 번째의 수를 구하여라.

풀이

$a+b=n$인 두 자연수 a, b에 대하여 모든 경우의 수를 구하면 다음과 같다.

(i) n이 짝수인 경우:

$$(a, b)=(1, n-1),\ (2, n-2),\ (3, n-3),\ \cdots,\ \left(\frac{n}{2}-1, \frac{n}{2}+1\right),$$
$$\left(\frac{n}{2}, \frac{n}{2}\right),\ \left(\frac{n}{2}+1, \frac{n}{2}-1\right),\ \cdots,\ (n-1, 1)$$

이므로

$$ab= n-1,\ 2(n-2),\ 3(n-3),\ \cdots,\ \left(\frac{n}{2}-1\right)\left(\frac{n}{2}+1\right),\ \frac{n^2}{4}$$

이 되고 구하는 두 번째의 수는

$$\left(\frac{n}{2}-1\right)\left(\frac{n}{2}+1\right)= \frac{n^2}{4}-1 = \frac{n^2-4}{4}$$

가 된다.

(ii) n이 홀수인 경우:

$$(a, b)=(1, n-1),\ (2, n-2),\ (3, n-3),\ \cdots,\ \left(\frac{n-3}{2}, \frac{n+3}{2}\right),$$
$$\left(\frac{n-1}{2}, \frac{n+1}{2}\right),\ \left(\frac{n+1}{2}, \frac{n-1}{2}\right),\ \left(\frac{n+3}{2}, \frac{n-3}{2}\right),\ \cdots,\ (n-1, 1)$$

이므로

$$ab= n-1,\ 2(n-2),\ 3(n-3),\ \cdots\ \frac{(n-3)(n+3)}{4},\ \frac{(n-1)(n+1)}{4}$$

이 되고 구하는 두 번째의 수는

$$\frac{(n-3)(n+3)}{4} = \frac{n^2-9}{4}$$

가 된다.

탐구 문제 1.1 문제 1.1.7의 **풀이** 에서 n이 짝수인 경우와 홀수인 경우에 각각 구한 답이 왜 두 번째로 큰 수가 되는지를 구체적으로 설명하여라.

문제 1.1.8 $\frac{3150}{a}$과 $\frac{a^3}{6}$이 모두 정수일 때 자연수 a의 개수는 몇 개인가?

풀이

$\frac{3150}{a}$과 $\frac{a^3}{6}$이 정수가 되는 자연수 a는 3150의 약수이고 a^3은 6의 배수가 된다.

여기서, 3150은 소인수분해하면 $3150 = 2 \times 3^2 \times 5^2 \times 7$이 된다.

그런데 a가 6의 배수가 아니면 a^3은 6의 배수가 아니다.

왜냐하면 a가 6의 배수가 아니므로 $a = 6k + r\ (1 \le r \le 5)$로 쓸 수 있고,

$$\begin{aligned} a^3 &= (6k+r)^3 = 6^3k^3 + 3 \cdot 6^2k^2r + 3 \cdot 6kr^2 + r^3 \\ &= 6(6^2k^3 + 3 \cdot 6k^2r + 3kr^2) + r^3 \end{aligned}$$

이기 때문이다. 여기서 $r^3 = 1, 8, 27, 64, 125$로 6의 배수가 아니므로 a^3은 6의 배수가 아니다. 따라서 a^3이 6의 배수이면 a도 6의 배수이다.

그러므로 a의 개수는 $3 \times 5^2 \times 7$의 약수의 개수와 같으므로

$$(1+1)(2+1)(1+1) = 12$$

이다.

별해

3150을 소인수분해하여 3150의 약수이고 6의 배수인 수를 찾는다.

탐구 문제 1.2 $n = a^p b^q c^r$ (a, b, c는 소수)일 때 n의 양인 약수의 개수가 $(p+1)(q+1)(r+1)$임을 보여라.

문제 1.1.9 실수 x에 대해서 $[x]$는 x를 넘지 않는 최대의 정수라고 할 때, $3 \le x < 4$인 범위에서 $[x]^3 = [x^3]$을 만족하는 x의 값을 구하여라.

풀이

$3 \le x < 4$이므로 $[x] = 3$.

따라서 $[x^3] = [x]^3 = 27$.

$27 \le x^3 < 28$이므로 $3 \le x < \sqrt[3]{28}$.

$\sqrt[3]{28} < 4$ 이므로 구하는 x의 값은 $3 \le x < \sqrt[3]{28}$ 이다.

문제 1.1.10 n이 짝수이고 3의 배수이면 $n^3 - 36n$은 1296의 배수임을 보여라.

풀이

n이 짝수이면서 3의 배수이므로 6의 배수이다.

$n = 6k$(k는 정수)로 두자. 그러면

$$\begin{aligned} n^3 - 36n &= n(n+6)(n-6) \\ &= 6k(6k+6)(6k-6) \\ &= 216k(k+1)(k-1) \end{aligned}$$

이다. 이때 $k(k+1)(k-1)$은 연속하는 세 정수의 곱이므로 6의 배수이다.

따라서 $n^3 - 36n$은 $216 \times 6 = 1296$의 배수이다.

탐구 문제 1.3 연속하는 세 정수의 곱은 왜 6의 배수인지 설명하여라.

문제 1.1.11 n이 m의 배수이면 $n^3 - m^2n$은 $6m^3$의 배수임을 보여라.

풀이

n이 m의 배수이므로, $n = m\alpha$(α는 정수)로 쓸 수 있다.

그러므로

$$\begin{aligned} n^3 - m^2n &= (m\alpha)^3 - m^2(m\alpha) \\ &= m^3\alpha^3 - m^3\alpha \\ &= m^3(\alpha^3 - \alpha) \\ &= m^3\alpha(\alpha^2 - 1) \\ &= m^3\alpha(\alpha - 1)(\alpha + 1) \\ &= m^3(\alpha - 1)\alpha(\alpha + 1) \end{aligned}$$

이 된다.

$(\alpha-1)\alpha(\alpha+1)$은 연속하는 세 정수의 곱이므로 6의 배수가 된다.

따라서 $n^3-m^2n=6km^3$(k는 정수)로 쓸 수 있다.

그러므로 n^3-m^2n은 $6m^3$의 배수가 된다.

문제 1.1.12

$$\frac{7}{xy}+\frac{1}{x}+\frac{1}{y}=1$$

을 만족하는 정수 x, y의 순서쌍 (x, y)를 모두 구하여라.

풀이

$$\frac{7}{xy}+\frac{1}{x}+\frac{1}{y}=1$$

$$\Leftrightarrow \frac{7+y+x}{xy}=1$$

$$\Leftrightarrow 7+y+x=xy$$

$$\Leftrightarrow xy-x-y=7$$

$$\Leftrightarrow (x-1)(y-1)-1=7$$

$$\Leftrightarrow (x-1)(y-1)=8$$

따라서

$x-1$	−8	−4	−2	−1	1	2	4	8
$y-1$	−1	−2	−4	−8	8	4	2	1

즉,

x	−7	−3	−1	0	2	3	5	9
y	0	−1	−3	−7	9	5	3	2

이다. 한편, $xy\neq 0$이므로

$$(x, y)=(-3, -1),\ (-1, -3),\ (2, 9),\ (3, 5),\ (5, 3),\ (9, 2)$$

가 된다.

문제 1.1.13 $\dfrac{p-1}{xy}+\dfrac{1}{x}+\dfrac{1}{y}=1$을 만족하는 정수 x, y의 순서쌍 (x, y)를 모두 구하여라 (단, 여기서 p는 소수이다).

풀이

$$\begin{aligned} & \frac{p-1}{xy}+\frac{1}{x}+\frac{1}{y}=1 \\ \Leftrightarrow\ & \frac{p-1+y+x}{xy}=1 \\ \Leftrightarrow\ & x+y+(p-1)=xy \\ \Leftrightarrow\ & xy-x-y=p-1 \\ \Leftrightarrow\ & (x-1)(y-1)-1=p-1 \\ \Leftrightarrow\ & (x-1)(y-1)=p \end{aligned}$$

이때 p는 소수이므로

$x-1$	-1	$-p$	1	p
$y-1$	$-p$	-1	p	1

즉,

x	0	$-p+1$	2	$p+1$
y	$-p+1$	0	$p+1$	2

이고, 한편 $xy \neq 0$이므로

$$(x, y)=(2, p+1), (p+1, 2)$$

가 된다.

문제 1.1.14

$$\frac{1}{x}+\frac{1}{y}=\frac{1}{p}(p\text{는 소수})$$

를 만족하는 정수 x, y의 순서쌍 (x, y)를 모두 구하여라.

풀이

$$\begin{aligned} & \frac{1}{x}+\frac{1}{y}=\frac{1}{p} \\ \Leftrightarrow\ & \frac{x+y}{xy}=\frac{1}{p} \end{aligned}$$

$$\Leftrightarrow xy = p(x+y)$$

$$\Leftrightarrow xy - px - py = 0$$

$$\Leftrightarrow (x-p)(y-p) - p^2 = 0$$

$$\Leftrightarrow (x-p)(y-p) = p^2$$

이때 p는 소수이므로

$x-p$	-1	$-p$	$-p^2$	1	p	p^2
$y-p$	$-p^2$	$-p$	-1	p^2	p	1

즉,

x	$p-1$	0	$-p^2+p$	$1+p$	$2p$	p^2+p
y	$-p^2+p$	0	$p-1$	p^2+p	$2p$	$1+p$

이고, 한편 $xy \neq 0$이므로

$(x, y) = (p-1, p-p^2), (p-p^2, p-1), (p+1, p+p^2), (2p, 2p), (p^2+p, p+1)$

가 된다.

문제 1.1.15 다음의 수들 중에서 일의 자릿수가 1인 수는 모두 몇 개인가?

$$3^1,\ 3^2,\ 3^3,\ 3^4,\ \cdots,\ 3^{2000}$$

풀이

$$3^1 = 3,\ 3^2 = 9,\ 3^3 = 27,\ 3^4 = 81,\ 3^5 = 243,\ 3^6 = 729,\ \cdots$$

이므로 일의 자릿수가 1인 수는 3^k에서 k가 4의 배수인 경우이다.

그러므로 일의 자릿수가 1인 수는 $3^{2000} = 3^{4\times 500}$까지 500개가 있다.

탐구 문제 1.4 3^{2000}의 일의 자릿수는 얼마인가?

문제 1.1.16 다음을 계산하여라.

$$\left(1-\frac{3}{4}\right)\left(1-\frac{5}{9}\right)\left(1-\frac{7}{16}\right)\cdots\left(1-\frac{199}{10000}\right)$$

풀이

$$\begin{aligned}
&\left(1-\frac{3}{4}\right)\left(1-\frac{5}{9}\right)\left(1-\frac{7}{16}\right)\cdots\left(1-\frac{199}{10000}\right)\\
&=\left(1-\frac{3}{2^2}\right)\left(1-\frac{5}{3^2}\right)\left(1-\frac{7}{4^2}\right)\cdots\left(1-\frac{199}{100^2}\right)\\
&=\frac{1}{4}\cdot\frac{4}{9}\cdot\frac{9}{16}\cdot\frac{16}{25}\cdots\frac{9801}{10000}\\
&=\frac{1}{4}\cdot\frac{4}{9}\cdot\frac{9}{16}\cdot\frac{16}{25}\cdots\frac{99^2}{100^2}\\
&=\frac{1}{100^2}\\
&=\frac{1}{10000}
\end{aligned}$$

탐구 문제 1.5 $\displaystyle\prod_{n=1}^{100}\left(1-\frac{2n-1}{n^2}\right)$을 계산하여라.

문제 1.1.17 다음을 계산하여라.

$$\left(1-\frac{1}{2}\right)\left(1-\frac{1}{3}\right)\left(1-\frac{1}{4}\right)\cdots\left(1-\frac{1}{n}\right)$$

풀이

$$\begin{aligned}
&\overbrace{\left(1-\frac{1}{2}\right)\left(1-\frac{1}{3}\right)\left(1-\frac{1}{4}\right)\cdots\left(1-\frac{1}{n}\right)}^{(n-1)\text{개}}\\
&=\frac{1}{2}\cdot\frac{2}{3}\cdot\frac{3}{4}\cdot\frac{4}{5}\cdots\frac{n-1}{n}\\
&=\frac{1}{n}
\end{aligned}$$

문제 1.1.18 네 자연수 a, b, c, d에 대하여, $a < b < c < d$이고 $a^2+b^2+c^2+d^2=51$인 순서쌍 (a, b, c, d) 을 구하여라.

풀이

만약 $a \geq 2$라면 $a^2+b^2+c^2+d^2 \geq 2^2+3^2+4^2+5^2=54$이다.

이것은 $a^2+b^2+c^2+d^2=51$이란 조건에 모순이므로 $a=1$이다.

따라서 $a=1$, $1 < b < c < d$, $b^2+c^2+d^2=50$이다.

(i) $b=2$인 경우:

$3 \leq c < d$, $c^2+d^2=46$이다.

$c=3$이면 $d^2=37$이므로 모순이다.

$c=4$이면 $d^2=30$이므로 모순이다.

$c \geq 5$이면 $c^2+d^2 \geq 25+36=61$이므로 모순이다.

따라서 $b=2$인 경우는 문제의 조건에 맞는 답이 없다.

(ii) $b=3$인 경우:

$4 \leq c < d$, $c^2+d^2=41$이다.

$c=4$이면 $d^2=25$, $d=5$.

$(b, c, d)=(3, 4, 5)$는 문제의 조건을 만족한다.

$c \geq 5$이면 $d^2 \leq 16$이므로 모순이다.

(iii) $b \geq 4$인 경우:

$4^2+5^2+6^2=77$이므로 모순이다.

위의 (i)~(iii)에 의해서 구하는 답은 $(a, b, c, d)=(1, 3, 4, 5)$이다.

탐구 문제 1.6 문제 1.1.18과 같이 $a < b < c < d$인 네 자연수 a, b, c, d에 대해

$$a^2+b^2+c^2+d^2=e$$

를 만족하는 순서쌍 (a, b, c, d)가 두 개가 될 때의 e의 범위를 구하여라.

문제 1.1.19 $nx=n+px$(p는 소수)를 만족하는 자연수 n, x에 대하여 x의 최댓값을 구하여라.

풀이

$nx=n+px$에서 $x=\dfrac{n}{n-p}$이다.

x는 자연수이므로 $n-p$는 $n-(n-p)=p$의 약수이다.

p는 소수이므로 $n-p=\pm 1, \pm p$이다.

즉, $n=p+1, p-1, 2p, 0$이다.

n은 자연수이므로 $n=p+1, p-1, 2p$이다.

따라서 $x=\dfrac{n}{n-p}$이므로 $x=p+1, 1-p, 2$이다.

x는 자연수이므로 $x=p+1, 2$이다.

따라서 x의 최댓값은 $p+1$이다.

탐구 문제 1.7 자연수 n, x가 $nx=n+px$(p는 소수)를 만족할 때 $n-p$는 p의 약수임을 보여라.

문제 1.1.20 두 일차함수 $f(x)=-2x+2$와 $g(x)=ax-1$의 그래프가 제4사분면에서 만나도록 하는 실수 a의 범위를 구하여라.

풀이

$f(x)=-2x+2$, $g(x)=ax-1$에 대하여

(ⅰ) $f(x)$와 $g(x)$는 평행인 경우:

$$a=-2.$$

(ⅱ) $g(x)$가 $(1, 0)$을 지나는 경우:

$$a=1.$$

그러므로 $-2<a<1$일 때 주어진 두 함수는 제4사분면에서 만난다.

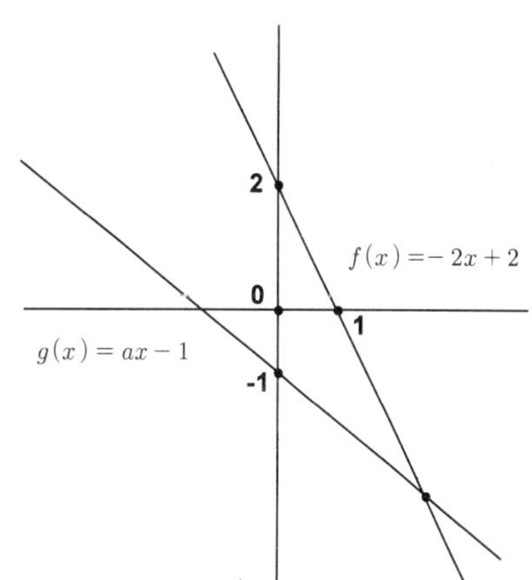

그림 1.1

문제 1.1.21 반지름의 길이가 1인 원에 외접하는 정삼각형의 넓이를 구하여라.

풀이

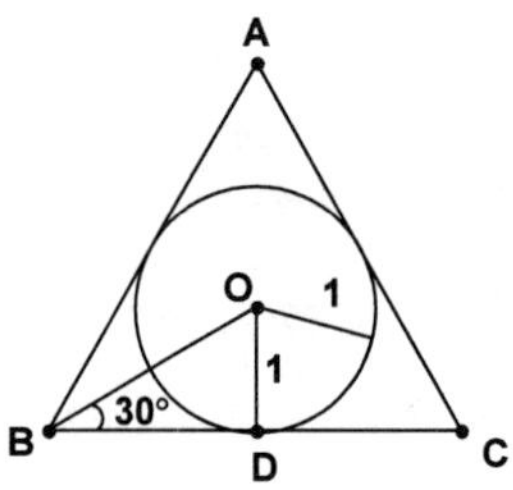

그림 1.2

정삼각형 ABC에서 $\angle ABD = 60^\circ$ 이므로 $\angle OBD = 30^\circ$ 이다.

$\tan 30^\circ = \dfrac{1}{\sqrt{3}}$ 이므로 $\overline{BD}$는 $\sqrt{3}$ 이다. 그러므로 $\overline{BC} = 2\sqrt{3}$.

$$\therefore \text{정삼각형 } ABC\text{의 넓이}$$
$$= 3 \times \frac{1}{2} \times 2\sqrt{3} \times 1$$
$$= 3\sqrt{3}$$

문제 1.1.22 반지름의 길이가 1인 원에 외접하는 정사각형의 넓이를 구하여라.

풀이

정사각형의 한 내각의 크기는

$$90^\circ \left(= \frac{180^\circ \times (4-2)}{4} \right)$$

이다.

그러므로 $\angle OAE = 45^\circ$ 이다.

따라서 $\overline{AE} = \dfrac{1}{\tan 45^\circ} = 1$이다.

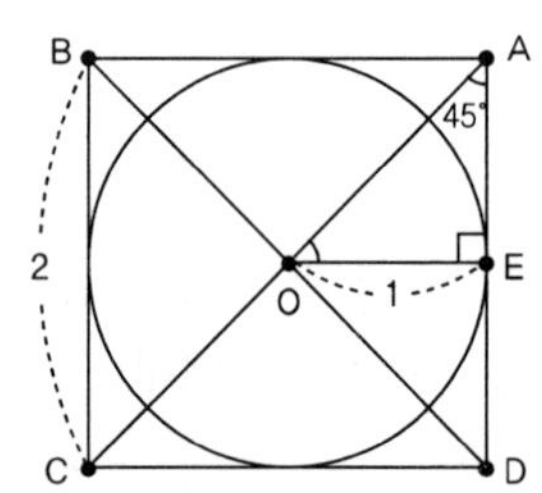

그림 1.3

즉, 외접하는 정사각형의 한 변의 길이가 2이므로 넓이는 $2 \times 2 = 4$이다.

문제 1.1.23 반지름의 길이가 1인 원에 외접하는 정오각형의 넓이를 구하여라.

풀이

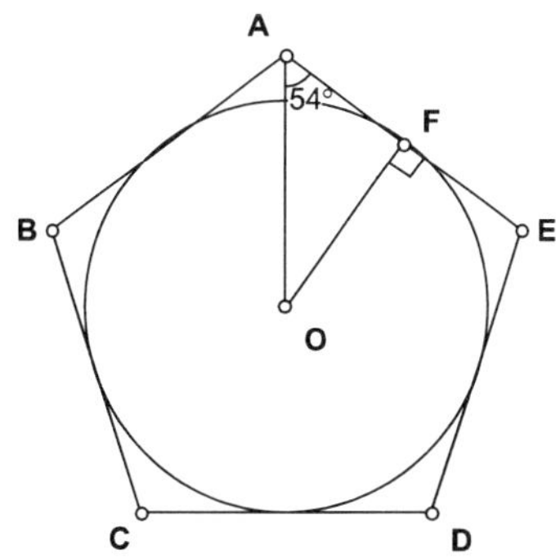

그림 1.4

정오각형의 한 내각의 크기는

$$\frac{180^\circ \times (5-2)}{5} = \frac{180^\circ \times 3}{5} = 108^\circ$$

이다. 그러므로 $\angle OAF = 54^\circ$ 이다. 따라서 $\overline{AF} = \dfrac{1}{\tan 54^\circ}$ 이다.

그러므로 직각삼각형 AFO의 넓이는 $\dfrac{1}{2} \times \dfrac{1}{\tan 54^\circ} \times 1$이고, 구하는 정오각형의 넓이는 $10 \times \dfrac{1}{2} \times \dfrac{1}{\tan 54^\circ} \times 1 = \dfrac{5}{\tan 54^\circ}$ 이다.

문제 1.1.24 반지름의 길이가 1인 원에 외접하는 정육각형의 넓이를 구하여라.

풀이

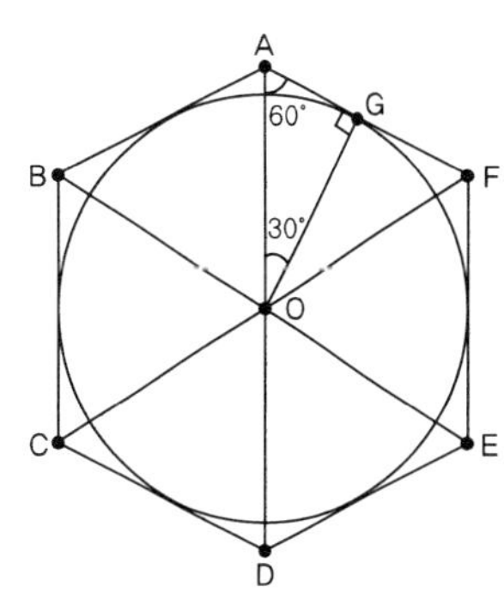

그림 1.5

정육각형의 한 내각의 크기는

$$\frac{180^\circ \times (6-2)}{6} = 120^\circ$$

이다. $\angle OAF = \angle OFA = 60^\circ$ 이므로 정육각형은 오른쪽 그림과 같이 6개의 정삼각형으로 나뉜다.

$\tan 30^\circ = \overline{AG}$이므로

$$\overline{AG} = \frac{1}{\sqrt{3}}$$

이다. 그러므로 정삼각형 AOF의 넓이는

$$\frac{1}{2} \times \frac{2}{\sqrt{3}} \times 1 = \frac{\sqrt{3}}{3}$$

이다.

따라서 구하는 정육각형의 넓이는

$$\frac{\sqrt{3}}{3} \times 6 = 2\sqrt{3}$$

이다.

탐구문제 1.8 반지름의 길이가 1인 원에 외접하는 정n각형의 넓이를 구하여라.

탐구문제 1.9 반지름의 길이가 r인 원에 외접하는 정n각형의 넓이를 구하여라.

탐구문제 1.10 $\tan\left(\frac{\pi}{2} - \theta\right) = \cot\theta$ 임을 보여라.

탐구문제 1.11 탐구문제 1.9에서 n이 무한히 커질 때 정n각형의 넓이는 왜 πr^2에 가까워지는지를 설명하여라.

문제 1.1.25 반지름의 길이가 1인 원에 내접하는 정삼각형의 넓이를 구하여라.

풀이

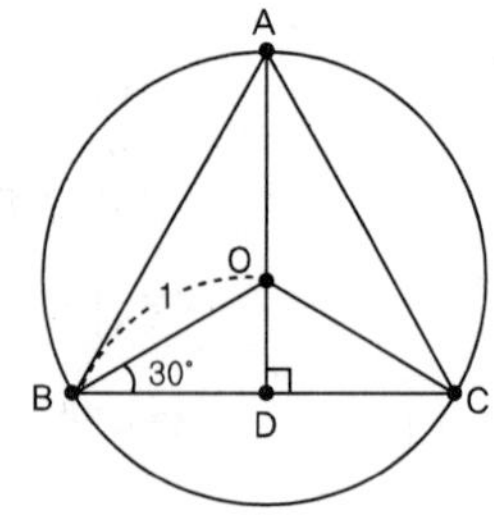

그림 1.6

정삼각형의 한 내각의 크기가 $60°$ 이므로

$\angle OBD = 30°$ 이다.

따라서 $\overline{OD} = \sin 30° = \frac{1}{2}$, $\overline{BD} = \cos 30° = \frac{\sqrt{3}}{2}$.

그러므로 정삼각형 ABC의 넓이는

$$\text{삼각형 } OBC\text{의 넓이} \times 3$$
$$= \left(\sqrt{3} \times \frac{1}{2} \times \frac{1}{2}\right) \times 3 = \frac{3\sqrt{3}}{4}$$

이다.

탐구 문제 1.12 반지름의 길이가 1인 원에 내접하는 정n각형의 넓이를 구하여라.

탐구 문제 1.13 반지름의 길이가 r인 원에 내접하는 정n각형의 넓이를 구하여라.

문제 1.1.26 8로 나누었을 때 나머지가 7인 자연수는 어떤 세 정수의 제곱의 합이 될 수 없다는 것을 보여라.

풀이

$a^2 + b^2 + c^2 = 8m + 7$이라고 가정하자. 여기서 a, b, c는 정수이고 $m \geq 0$도 정수라 가정해보자.

a, b, c를 8로 나누었을 때 나머지를 각각 r_1, r_2, r_3라 하면

$0 \leq r_1, r_2, r_3 \leq 7$이다.

그러므로 $a^2 + b^2 + c^2$를 8로 나누었을 때 나머지는 $r_1^2 + r_2^2 + r_3^2$를 8로 나누었을 때 나머지와 같다.

따라서 $r_1^2 + r_2^2 + r_3^2$를 8로 나누었을 때 나머지는 7이다.

한편

$$0^2 = 0,\ 1^2 = 1,\ 2^2 = 4,\ 3^2 = 9,\ 4^2 = 16,\ 5^2 = 25,\ 6^2 = 36,\ 7^2 = 49$$

이므로 $r_i^2 (i = 1, 2, 3)$ 를 8로 나누었을 때 나머지는 0, 1, 4 중의 하나이다. 이 세 가지의 수 중에서 중복을 허용하여 어느 세수를 합하여도 7이 될 수 없다. 따라서 8로 나누었을 때 나머지가 7인 자연수는 어떤 세 정수의 제곱의 합이 될 수 없다.

문제 1.1.27 네 자리의 자연수 $xyzw$중에서는 3배 했을 때 네 자리의 자연수 $wzyx$가 되는 경우가 없음을 보여라

풀이

$$\begin{array}{r} x\,y\,z\,w \\ \times \quad\;\; 3 \\ \hline w\,z\,y\,x \end{array}$$

x와 w는 숫자의 첫째 자릿수이므로 0이 될 수 없다.

따라서 $1 \leq x,\ w \leq 9,\ 0 \leq y,\ z \leq 9,\ 3x \leq 9$이므로 x는 1, 2, 3중의 하나이다.

따라서 w는 1, 4, 7 중의 하나이다. 특히, 자릿수 올림을 생각하면 $3 \times x \leq w$이므로 x는 1, 2 중의 하나이다.

$3 \times w$의 일의 자릿수가 x이므로 w는 4, 7 중의 하나이다.

(i) $x = 1,\ w = 4$라 가정하자.

$$\begin{array}{r} 1\,y\,z\,4 \\ \times \quad\;\; 3 \\ \hline 4\,z\,y\,1 \end{array}$$

$3 \times 4 = 12$이므로 이것은 모순이다.

(ii) $x = 1,\ w = 7$라 가정하자.

$$\begin{array}{r} 1\,y\,z\,7 \\ \times \quad\;\; 3 \\ \hline 7\,z\,y\,1 \end{array}$$

$3 \times (1yz7) < 3 \times 2000 < 7000$이므로 이것은 모순이다.

(iii) $x = 2,\ w = 4$라 가정하자.

$$\begin{array}{r} 2\,y\,z\,4 \\ \times \quad\;\; 3 \\ \hline 4\,z\,y\,2 \end{array}$$

$3 \times 2 > 4$이므로 이것은 모순이다.

(iv) $x = 2,\ w = 7$라 가정하자.

$$\begin{array}{r} 2\,y\,z\,7 \\ \times \quad\;\; 3 \\ \hline 7\,z\,y\,2 \end{array}$$

$3 \times 7 = 21$이므로 이것은 모순이다.

따라서 위의 (i)~(iv)에 의해서 네 자리의 자연수 $xyzw$ 중에서는 3배 했을 때 $wzyx$가 되는 수는 존재하지 않는다.

별해

(i) $x = 1$이면 $\begin{array}{r} 1\,y\,z\,w \\ \times \quad\ \ 3 \\ \hline w\,z\,y\,1 \end{array}$ $\therefore\ w = 7.$ 모순이다.

(ii) $x = 2$이면 $\begin{array}{r} 2\,y\,z\,w \\ \times \quad\ \ 3 \\ \hline w\,z\,y\,2 \end{array}$ $\therefore\ w = 4.$ 모순이다.

(iii) $x = 3$이면 $\begin{array}{r} 3\,y\,z\,w \\ \times \quad\ \ 3 \\ \hline w\,z\,y\,3 \end{array}$ $\therefore\ w = 1.$ 모순이다.

문제 1.1.28 8로 나누었을 때 나머지가 5인 자연수는 어떤 정수의 제곱이 될 수 없음을 보여라.

풀이

8로 나누었을 때 나머지가 5인 자연수 n이 있어서 그 수가 어떤 정수 m의 제곱이라고 가정해 보자.

그러면 $n = 8k + 5$(k는 음이 아닌 정수) 형태이다. 따라서 $8k + 5 = m^2$이다.

$$m = 8k' + r \ (k'\text{는 정수, } 0 \le r < 8)$$

이라 두면

$$(8k' + r)^2 = 8(8k'^2 + 2k'r) + r^2 = 64k'^2 + 16k'r + r^2$$

이므로 r^2은 8로 나누면 나머지가 5가 되어야 한다. 그런데

r	0	1	2	3	4	5	6	7
r^2	1	2	4	9	16	25	36	49

이므로, r^2은 8로 나눌 때 나머지가 5가 될 수 없다.

따라서 8로 나누었을 때 나머지가 5인 자연수는 어떤 정수의 제곱이 될 수 없다.

문제 1.1.29 1에서 100까지의 자연수를 다음과 같이 연속된 두 개의 수씩 묶어서 차례로 늘어놓았다.

$$(1,\ 2),\ (3,\ 4),\ (5,\ 6),\ \cdots,\ (99,\ 100)$$

이 때 두 수의 곱이 6의 배수가 되는 순서쌍은 모두 몇 개인가?

풀이

연속된 두 수의 곱은 2의 배수이므로 두 연속된 자연수가 6의 배수가 될 필요충분조건은 두 수중의 어느 하나가 3의 배수가 되는 것이다.

1에서 100까지의 자연수 중에서 3의 배수는

$$3,\ 6,\ \cdots,\ 99$$

로 총 33개이고, 연속된 두 자연수가 동시에 3의 배수가 될 수는 없으므로, 따라서 주어진 순서쌍의 두 수의 곱이 6의 배수가 되는 순서쌍의 수는 3의 배수의 개수와 같으므로 33개이다.

문제 1.1.30 1에서 n까지 자연수를 다음과 같이 연속된 두 개의 수씩 묶어서 차례로 늘어놓았다.

$$(1,\ 2),\ (3,\ 4),\ (5,\ 6),\ \cdots,\ (n-1,\ n)$$

이 때 두 수의 곱이 6의 배수가 되는 순서쌍은 모두 몇 개인가?

풀이

문제 1.1.29에서와 같은 방법으로 생각하면 두 수의 곱이 6의 배수가 되는 순서쌍은 1에서 n까지 자연수 중에서 3의 배수를 포함하는 경우이다.

따라서 두 수의 곱이 6의 배수가 되는 순서쌍의 개수는 $\left[\frac{n}{3}\right]$이다 (여기서, $\left[\frac{n}{3}\right]$은 $\frac{n}{3}$을 넘지 않는 최대의 정수를 구하는 가우스 함숫값이다).

문제 1.1.31 1에서 100까지의 자연수를 다음과 같이 연속된 세 개의 수씩 묶어서 차례로 늘어놓았다.

$$(1,\ 2,\ 3),\ (2,\ 3,\ 4),\ (3,\ 4,\ 5),\ \cdots,\ (98,\ 99,\ 100)$$

이때 세 수의 곱이 12의 배수가 되는 순서쌍은 모두 몇 개인가?

풀이

순서쌍들은 세 개의 연속 정수이므로 2의 배수와 3의 배수를 반드시 포함하므로 6의 배수이다. 따라서 세 수의 곱이 12의 배수가 되는 순서쌍은 (짝수, 홀수, 짝수)형태이거나 (홀수, 4의 배수, 홀수)형태이다.

(짝수, 홀수, 짝수)형태는

$$(2,\ 3,\ 4),\ (4,\ 5,\ 6),\ (6,\ 7,\ 8),\ \cdots,\ (98,\ 99,\ 100)$$

이므로 순서쌍의 개수는 $\frac{98}{2}=49$이다.

(홀수, 짝수, 홀수)형태는

$$(1,\ 2,\ 3),\ (3,\ 4,\ 5),\ (5,\ 6,\ 7),\ \cdots,\ (97,\ 98,\ 99)$$

이고 이 중에서 4의 배수를 포함하는 순서쌍은

$$(3,\ 4,\ 5),\ (7,\ 8,\ 9),\ (11,\ 12,\ 13),\ \cdots,\ (95,\ 96,\ 97)$$

이므로 24개의 순서쌍이 조건을 만족한다.

따라서 구하는 총 순서쌍의 개수는 $49+24=73$이다.

문제 1.1.32 1에서 100까지의 자연수를 다음과 같이 연속된 세 개의 수씩 묶어서 차례로 늘어놓았다.

$$(1,\ 2,\ 3),\ (2,\ 3,\ 4),\ (3,\ 4,\ 5),\ \cdots,\ (98,\ 99,\ 100)$$

이때 세 수의 합이 6의 배수가 되는 순서쌍은 모두 몇 개인가?

풀이

순서쌍을 $(n,\ n+1,\ n+2)$라 하면 세 수의 합은

$$n+(n+1)+(n+2)=3n+3$$

이므로 3의 배수이다.

따라서 순서쌍 $(n,\ n+1,\ n+2)$의 세수의 합이 6의 배수가 될 필요충분조건은 $3n+3$이 2의 배수, 즉 n이 홀수일 때이다.

순서쌍의 첫째 성분은 1, 2, 3, ⋯, 98이고 이 중 홀수는 49개이므로 세 수의 합이 6의 배수가 되는 순서쌍은 총 49개이다.

문제 1.1.33 세 자리의 자연수 abc의 각 자리의 숫자들을 바꾸어 세 자리의 자연수 cba의 형태로 만들었을 때 abc보다 198만큼 큰 cba는 모두 몇 개인가?

풀이

$$\begin{array}{r} c\,b\,a \\ -\;a\,b\,c \\ \hline 1\,9\,8 \end{array}$$

먼저, a와 c는 100의 자릿수이므로 $1 \leq a,\ c \leq 9$이다.

한편

$$\begin{aligned} &(100c+10b+a)-(100a+10b+c) \\ &= 99c-99a \\ &= 99(c-a) \end{aligned}$$

가 198이 되어야 한다. 따라서 $c-a=2$ 즉, $c=a+2$이다.

그러므로 이 조건을 만족하는 두 수 a, c의 순서쌍은

$$\begin{aligned} &\{(x,\ y) \mid x=a,\ y=c\} \\ &= \{(1,\ 3),\ (2,\ 4),\ (3,\ 5),\ (4,\ 6),\ (5,\ 7),\ (6,\ 8),\ (7,\ 9)\} \end{aligned}$$

이다. 즉, 구하는 $(a,\ c)$ 순서쌍의 개수는 7이다.

또한 $0 \leq b \leq 9$이므로 문제의 조건을 만족하는 자연수의 개수는 $7 \times 10 = 70$이다.

문제 1.1.34 네 자리의 자연수 $abcd$의 각 자리의 숫자들을 바꾸어 네 자리의 자연수 $dcba$의 형태로 만들었을 때 $abcd$ 보다 8262만큼 큰 $dcba$는 모두 몇 개인가?

풀이

$$\begin{array}{r} d\,c\,b\,a \\ -\;a\,b\,c\,d \\ \hline 8\,2\,6\,2 \end{array}$$

먼저 a와 d는 1000의 자릿수이므로 $1 \le a,\ d \le 9$이다.

한편 문제의 조건에서

$$\begin{aligned}&(1000\times d+100\times c+10\times b+a)-(1000\times a+100\times b+10\times c+d)\\&=999\times d+90\times c-90\times b-999\times a\\&=999(d-a)+90(c-b)\\&=9\times\{111\times(d-a)+10\times(c-b)\}\end{aligned}$$

가 8262가 되어야 한다. 여기서, $8262=9\times918$이므로

$111\times(d-a)+10\times(c-b)=918$이다.

이때 918의 일의 자릿수가 8이므로

$$d-a=8$$

이다. 따라서 $c-b=3$이 되어야 한다.

$1\le a\le 9,\ 1\le d\le 9$이므로 $d-a=8$인 경우는

$a=1,\ d=9$인 경우 밖에 없다.

$0\le b\le 9,\ 0\le c\le 9$이므로 $c-b=3$이 되는 경우는 b가 0, 1, 2, ⋯, 6인 경우이다 (b가 7, 8, 9가 되면 $c\ge 10$이므로 모순이다).

따라서 문제의 조건에 맞는 구하는 네 자리 자연수는

1039, 1149, 1259, 1369, 1479, 1589, 1699

로 총 7개이다.

별해

$$\begin{array}{r} d\,c\,b\,a \\ -\ a\,b\,c\,d \\ \hline 8\,2\,6\,2 \end{array}$$

$1\le a,\ d\le 9$

$$\begin{array}{r} 9\,c\,b\,1 \\ -\ 1\,b\,c\,9 \\ \hline 8\,2\,6\,2 \end{array}$$

$$\begin{array}{r} c\,b \\ -\ b\,c \\ \hline 2\,7 \end{array}$$

$$10\times c+b-(10\times b+c)=27$$

$$\begin{cases}9c-9b=27\\c-b=3\end{cases}$$

$$0\le b,\ c\le 9$$

$$c=b+3$$

$$\therefore\ (c, b)=(0, 3), (1, 4), (2, 5), (3, 6), (4, 7), (5, 8), (6, 9)$$

문제 1.1.35 800의 약수 중에서 어떤 수의 제곱인 약수는 모두 몇 개인가?

풀이

800을 소인수분해하면 $2^5\times 5^2$이다. 즉, $800=2^5\times 5^2$.

따라서 800의 약수 d는

$$d=2^m\times 5^n\ (0\le m\le 5, 0\le n\le 2)$$

이다. 이때 d가 어떤 수의 제곱이 되려면 m과 n이 짝수인 경우이다 (0은 짝수로 간주한다).

따라서 $m=0, 2, 4$이고 $n=0, 2$인 경우이므로 d는

$$2^0\times 5^0,\ 2^2\times 5^0,\ 2^4\times 5^0,\ 2^0\times 5^2,\ 2^2\times 5^2,\ 2^4\times 5^2$$

이다. 따라서 구하는 개수는 $3\times 2=6$이다.

별해

800의 약수의 집합에서 제곱인 약수를 ○로 표시하면

{①, 2, ④, 5, 8, 10, ⑯, 20, ㉕, 32, 40, 50, 80, (100), 160, 200, (400), 800}

이다.

문제 1.1.36 a, b가 정수일 때 $a\times|a+b|=7$ 을 만족하는 a, b의 순서쌍 (a, b)는 모두 몇 개인가?

풀이

$a\times|a+b|=7$이므로 a는 7의 양의 약수이다. 7은 소수이므로 a는 1과 7이다.

(i) $a=1$인 경우:

$|1+b|=7$이므로 $1+b=7$ 또는 $1+b=-7$이다. 즉, $b=6$ 또는 $b=-8$이다.

따라서 a와 b의 순서쌍 (a, b)가 $(1, -6)$, $(1, -8)$일 때 주어진 문제의 조건을 만족한다.

(ii) $a=7$인 경우:

$|7+b|=1$이므로 $7+b=1$ 또는 $7+b=-1$이다.

즉, $b=-6$ 또는 $b=-8$이다.

따라서 a와 b의 순서쌍 (a, b)가 $(7, -6)$, $(7, -8)$일 때 주어진 문제의 조건을 만족한다.

그러므로 (i)과 (ii)에 의해서 주어진 문제의 조건을 만족하는 a와 b의 순서쌍 (a, b)는 총 4개이다.

문제 1.1.37 6개의 (양의)약수를 갖는 자연수 중에서 세 번째로 작은 수를 구하여라.

풀이

6개의 약수를 갖는 자연수를 n이라 하자.

6을 인수분해하면 2×3이므로 $n=p^e$ 또는 $n=p^eq^f$ 형태가 될 수밖에 없다 (여기서 p, q는 소수, e, f는 자연수).

(i) $n=p^e$ 형태일 경우:

$n=2^5$, $n=3^5$, $n=5^5$, $\cdots$ 이다.

(ii) $n=p^eq^f$ 형태일 경우:

$n=2^2\times3$, $n=2\times3^2$, $n=2^2\times5$, $n=2\times5^2$, $n=3^2\times5$, $n=3\times5^2$, $\cdots$ 이다.

따라서 (i)과 (ii)에 의해서

$$n=2^2\times5=20$$

이 세 번째로 작은 수이다.

탐구 문제 1.14 6개의 약수를 갖는 자연수 중에서 최댓값을 구하여라.

문제 1.1.38 30개의 (양의)약수를 갖는 자연수 중에서 세 번째로 작은 수를 구하여라.

풀이

30개의 약수를 갖는 자연수를 n이라 하자. 30을 인수분해하면 $2\times3\times5$이므로 $n=p^e$ 또는 $n=p^eq^f$ 또는 $n=p^eq^fr^g$ 형태가 될 수 밖에 없다(여기서 p, q, r는 소수, e, f, g는 자연수).

(i) $n=p^e$ 형태일 경우:

$n=2^{29}$, $n=3^{29}$, $n=5^{29}$, $\cdots$이다.

(ii) $n=p^eq^f$ 형태일 경우:

$30=2\times15=3\times10=5\times6$이다.

① $30=2\times15$에서, $n=2^{14}\times3$, $n=3^{14}\times2$, $n=2^{14}\times5$, $n=5^{14}\times2$, $n=3^{14}\times5$, $n=5^{14}\times3$, $\cdots$ 이다.

② $30=3\times10$에서, $n=2^9\times3^2$, $n=3^9\times2^2$, $n=2^9\times5^2$, $n=5^9\times2^2$, $n=3^9\times5^2$, $n=5^9\times3^2$, $\cdots$ 이다.

③ $30=5\times6$에서, $n=2^5\times3^4$, $n=2^4\times3^5$, $n=2^5\times5^4$, $n=2^4\times5^5$, $n=3^5\times5^4$, $n=3^4\times5^5$, $\cdots$ 이다.

(iii) $n=p^eq^fr^g$ 형태일 경우:

$30=2\times3\times5$이다. 따라서

$$n=2^4\times3^2\times5,\ n=3^4\times2^2\times5,\ n=2^4\times5^2\times3,$$
$$n=5^4\times2^2\times3,\ n=3^4\times5^2\times2,\ n=5^4\times3^2\times2,\ \cdots$$

이다.

그러므로 (i), (ii) 및 (iii)에 의해서

$$n=2^4\times5^2\times3=1200$$

이 세 번째로 작은 수이다.

탐구 문제 1.15 문제 1.1.38에서 다섯 번째로 작은 수는 얼마인가?

문제 1.1.39 p(p는 소수)개의 (양의)약수를 갖는 자연수 중에서 제일 작은 수를 구하여라.

풀이

p개의 약수를 갖는 자연수를 n이라 하자.

p는 소수이므로 $n = q^e$(q는 소수, e는 자연수)형태 밖에 없다.

여기서 $e+1 = p$이므로 $e = p-1$이다. 따라서

$$n = 2^{p-1},\ 3^{p-1},\ 5^{p-1},\ \cdots$$

이므로 제일 작은 수는 $n = 2^{p-1}$이다.

문제 1.1.40 pq($p < q$인 소수)개의 (양의)약수를 갖는 자연수 중에서 제일 작은 수를 구하여라.

풀이

pq개의 약수를 갖는 자연수를 n이라 하자. pq의 약수는 $1, p, q, pq$이고 $1\times pq$ 또는 $p\times q$의 경우가 pq가 되는 경우이다.

p, q는 소수이므로 $n = a^0 a^{pq-1}$(a는 소수)와 $n = a^{p-1}b^{q-1}$(a, b는 서로 다른 소수)형태 밖에 없다.

(i) $n = a^{pq-1}$ 형태일 경우:

$n = 2^{pq-1}$이 제일 작은 수이다.

(ii) $n = a^{p-1}b^{q-1}$ 형태일 경우:

$p < q$이므로 $n = 2^{q-1}3^{p-1}$이 제일 작은 수이다.

따라서 구하는 제일 작은 수는 2^{pq-1}과 $2^{q-1}3^{p-1}$중에서 작은 것이다.

$$\frac{2^{q-1}3^{p-1}}{2^{pq-1}} = \frac{3^{p-1}}{2^{pq-q}} = \left(\frac{3}{2^q}\right)^{p-1}$$

이고, p, q는 소수로 $p < q$이므로 $p \geq 2$이고 $q \geq 3$이다.

그러므로 $\left(\frac{3}{2^q}\right)^{p-1} < 1$.

따라서 $2^{q-1}3^{p-1}$이 구하는 제일 작은 수이다.

문제 1.1.41 $pqr(p< q< r$은 소수)개의 (양의)약수를 갖는 자연수 중에서 제일 작은 수를 구하여라.

풀이

pqr개의 약수를 갖는 자연수를 n이라 하자. pqr의 약수는 1, p, q, r, pq, pr, qr, pqr이다. 따라서 pqr개의 약수를 갖는 n은 다음과 같다.

p, q, r은 소수이므로 $n= s^e$, $n= s^e t^f$, $n= s^e t^f u^g$(s, t, u는 서로 다른 소수, e, f, g은 자연수)형태 밖에 없다.

(i) $n= s^e$ 형태일 경우:

$n= 2^{pqr-1}$이 제일 작은 수이다.

(ii) $n= s^e t^f$ 형태일 경우:

$n= 2^{pq-1}3^{r-1}$이 제일 작은 수이다.

(iii) $n= s^e t^f u^g$ 형태일 경우:

$n= 2^{r-1}3^{q-1}5^{p-1}$이 제일 작은 수이다.

따라서 제일 작은 수는 2^{pqr-1}, $2^{qr-1}3^{p-1}$, $2^{r-1}3^{q-1}5^{p-1}$의 세 수 중에서 가장 작은 것이다.

$\dfrac{2^{qr-1}3^{p-1}}{2^{pqr-1}}=\left(\dfrac{3}{2^{qr}}\right)^{p-1}$에서 $2^{qr-1}3^{p-1}< 2^{pqr-1}$이다. 한편

$$\frac{2^{r-1}3^{q-1}5^{p-1}}{2^{qr-1}3^{p-1}}=\frac{3^{q-1}5^{p-1}}{2^{qr-r}3^{p-1}}=\frac{5^{p-1}3^{q-1}}{2^{p-1}3^{p-1}2^{qr-r-p-1}}=\left(\frac{5}{6}\right)^{p-1}\frac{3^{q-1}}{2^{(q-1)r-p+1}}$$

이고, $r\geq p+3>p+2$이므로

$$\frac{3^{q-1}}{2^{(q-1)r-p+1}}\leq\frac{3^{q-1}}{2^{(q-1)(-p+2)-p+1}}=$$

$$\frac{3^{q-1}}{4^{q-1}2^{(q-1)p-p+1}}=\left(\frac{3}{4}\right)^{q-1}\frac{1}{2^{(q-1)p-p+1}}<1$$

이다. 따라서 $\left(\dfrac{5}{6}\right)^{p-1}\dfrac{3^{q-1}}{2^{(q-1)r-p+1}}<1.$

위의 사실에서 $2^{r-1}3^{q-1}5^{p-1}$이 구하는 제일 작은 수이다.

문제 1.1.42 12의 (양의)약수의 총 곱을 구하여라.

풀이

12의 (양의)약수는 1, 2, 3, 4, 6, 12이다.

따라서 (양의)약수의 총 곱은 $1\times2\times3\times4\times6\times12=12^3=1728$이다.

문제 1.1.43 36의 (양의)약수의 총 곱을 구하여라.

풀이

36을 소인수 분해하면 $2^2\times3^2$이다.

그러므로 36의 (양의)약수는 1, 2, 3, 4, 6, 9, 12, 18, 36이다.

따라서 (양의)약수의 총 곱은 $36^4\times6$이다.

문제 1.1.44 자연수 n의 약수의 개수가 홀수일 때 $\sqrt{n}$은 n의 약수이다.

풀이

n의 소인수분해가 $p_1^{e_1}p_1^{e_1}\cdots p_k^{e_k}$이라 하자. 약수의 개수는 $(e_1+1)(e_2+1)\cdots(e_k+1)$이므로 이것이 홀수이기 위해서는 $e_1,\ e_2,\ \cdots,\ e_k$가 전부 짝수이어야 된다.

$$e_i=2e_i{}'(i=1,\ 2,\ \cdots,\ k)$$

라 하면

$$n=p_1^{2e_1{}'}p_2^{2e_2{}'}\cdots p_k^{2e_k{}'}=\left(p_1^{e_1{}'}p_2^{e_2{}'}\cdots p_k^{e_k{}'}\right)^2=\left(\left(p_1^{e_1}p_2^{e^2}\cdots p_k^{e_k}\right)^{\frac{1}{2}}\right)^2=(\sqrt{n})^2$$

이다.

따라서 $\sqrt{n}$은 n의 약수이다.

문제 1.1.45 자연수 n의 약수의 개수가 m개일 때, n의 (양의)약수의 총 곱을 구하여라.

풀이

자연수 n의 약수를 작은 것부터 차례대로 $d_1,\ d_2,\ \cdots,\ d_m$으로 쓰자.

(i) m이 짝수인 경우:

n의 약수를 작은 것부터 차례대로 쓰면

$$d_1,\ d_2,\ \cdots,\ d_{\frac{m}{2}},\ \frac{n}{d_{\frac{m}{2}}},\ \cdots,\ \frac{n}{d_2},\ \frac{n}{d_1}$$

이 된다. 따라서 약수의 총 곱은

$$\left(d_1 \cdot \frac{n}{d_1}\right)\left(d_2 \cdot \frac{n}{d_2}\right)\cdots\left(d_{\frac{m}{2}} \cdot \frac{n}{d_{\frac{m}{2}}}\right) = n^{\frac{m}{2}}$$

이 된다.

(ii) m이 홀수인 경우:

n의 약수를 작은 것부터 차례대로 쓰면

$$d_1,\ d_2,\ \cdots,\ d_{\frac{m-1}{2}},\ \sqrt{n},\ \frac{n}{d_{\frac{m-1}{2}}},\ \cdots,\ \frac{n}{d_2},\ \frac{n}{d_1}$$

이 된다. 따라서 약수의 총 곱은

$$\left(d_1 \cdot \frac{n}{d_1}\right)\left(d_2 \cdot \frac{n}{d_2}\right)\cdots\left(d_{\frac{m-1}{2}} \cdot \frac{n}{d_{\frac{m-1}{2}}}\right)\sqrt{n} = n^{\frac{m-1}{2}}\, n^{\frac{1}{2}} = n^{\frac{m}{2}}$$

이 된다.

따라서 (i)과 (ii)에 의해서 n의 (양의)약수의 총 곱은 $n^{\frac{m}{2}}$이다.

문제 1.1.46 $2^n - 1(n \geq 2$인 정수)이 소수이면 n은 소수임을 보여라.

풀이

n이 소수가 아니라고 하자. 그러면 n은 $n \geq 2$인 정수이므로 n은 합성수가 된다. 따라서 $n = ab(1 < a,\ b \leq n)$이라 둘 수 있다. 그러므로

$$2^n - 1 = 2^{ab} - 1 = (2^a)^b - 1 = (2^a - 1)\{(2^a)^{b-1} + (2^a)^{b-2} + \cdots + 2^a + 1\}$$

이고, $2^n - 1$이 소수이므로

$$2^a - 1 = 1 \text{ 또는 } (2^a)^{b-1} + (2^a)^{b-2} + \cdots + 2^a + 1 = 1$$

이다. 즉, $a = 1$ 또는 $b = 1$이다. 그러면 $n = a$ 또는 $n = b$이다.

따라서 n은 소수이다.

탐구 문제 1.16 위 문제 1.1.46의 역은 성립하는가? 그에 대한 이유를 설명하여라.

문제 1.1.47 $m^n - 1(m \geq 2,\ n \geq 2$인 정수)이 소수이면 n은 소수임을 보여라.

풀이

n이 소수가 아니라고 하자. 그러면 $n \geq 2$인 정수이므로 n은 합성수이다. 따라서 $n = ab(1 < a,\ b \leq n)$이라 둘 수 있다. 그러므로

$$m^n - 1 = m^{ab} - 1 = (m^a - 1)\{(m^a)^{b-1} + (m^a)^{b-2} + \cdots + m^a + 1\}$$

이고, $m^n - 1$이 소수이므로

$$m^a - 1 = 1 \text{ 또는 } (m^a)^{b-1} + (m^a)^{b-2} + \cdots + m^a + 1 - 1$$

이다.

$m \geq 2$이므로 $a = 1$또는 $b = 1$이다. 이는 모순이다.

따라서 n은 소수이다.

문제 1.1.48 p가 소수이면 ${}_pC_r(r = 1, 2, \cdots, p-1)$은 p의 배수임을 보여라.

풀이

$$p(p-1)\cdots(p-r+1) = r!{}_pC_r$$

이고 $p(p-1)\cdots(p-r+1)$은 p의 배수이므로 p는 $r!{}_pC_r$의 약수이다.

p는 소수이고 $r = 1, 2, \cdots, p-1$이므로 p는 $r!$의 약수가 아니다.

따라서 p는 ${}_pC_r$의 약수가 된다. 즉, ${}_pC_r\ (r = 1, 2, \cdots, p-1)$은 p의 배수이다.

문제 1.1.49 'n이 합성수이면 ${}_nC_r(r = 1, 2, \cdots, n-1)$은 n의 배수이다.' 라는 명제가 거짓임을 보여라.

풀이

$n = 6,\ r = 2$라고 하자. 그러면 ${}_nC_r = {}_6C_2 = \dfrac{6 \times 5}{2 \times 1} = 15$이다.

그런데 15는 6의 배수가 아니다.

문제 1.1.50 정의역이 $\{x|1 \leq x \leq 5\}$이고 치역이 $\{y|2 \leq x \leq 10\}$인 일대일인 일차함수를 모두 구하여라.

풀이

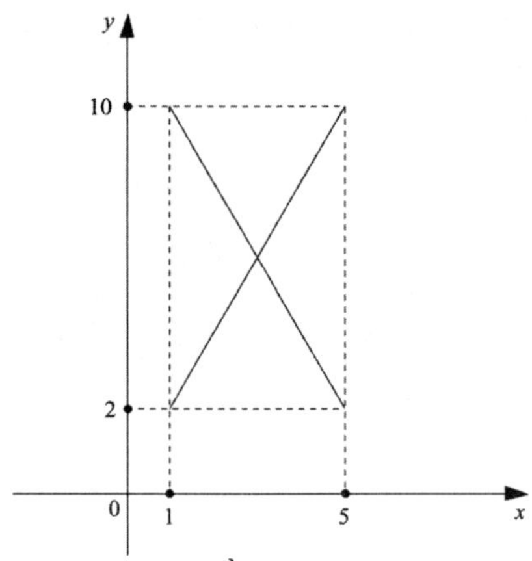

그림 1.6

구하는 일차함수를 $y = ax + b$ 라고 두자.

이 함수의 정의역이 $\{x|1 \leq x \leq 5\}$이고, 치역이 $\{y|2 \leq x \leq 10\}$이기 위해서는 이 함수의 그래프가 점 $(1, 2)$와 점 $(5, 10)$을 지나는 직선이거나 점 $(1, 10)$과 점 $(5, 2)$를 지나는 직선이다.

(i) 점 $(1, 2)$와 점 $(5, 10)$을 지나는 경우:

$$y - 2 = \frac{8}{4}(x - 1)$$

$$\therefore y = 2x$$

(ii) 점 $(1, 10)$와 점 $(5, 2)$을 지나는 경우:

$$y - 10 = \frac{-8}{4}(x - 1)$$

$$\therefore y = -2x + 12$$

따라서 구하는 함수는

$$y = 2x \ (1 \leq x \leq 5), \ y = -2x + 12 \ (1 \leq x \leq 5)$$

이다.

문제 1.1.51 정의역이 $\{x \mid a \leq x \leq b\}$ 이고 치역이 $\{y \mid c \leq x \leq d\}$인 일대일인 일차함수를 모두 구하여라.

풀이

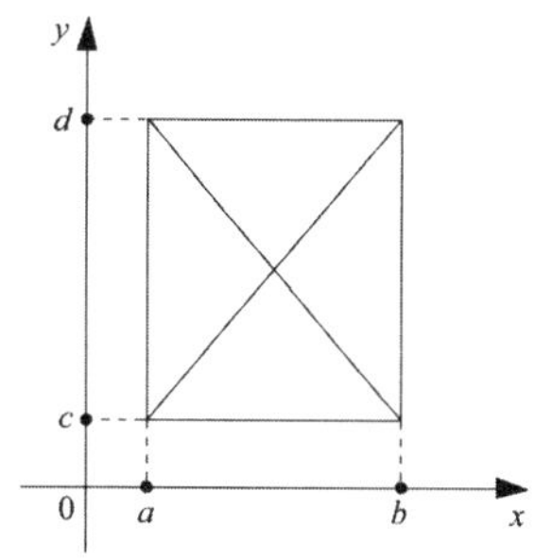

그림 1.7

구하는 일차함수를 $y = ax + b$ 라고 두자.

이 함수의 정의역이 $\{x \mid a \leq x \leq b\}$이고, 치역이 $\{y \mid c \leq x \leq d\}$이기 위해서는 이 함수의 그래프가 점 (a, c)와 점 (b, d)을 지나는 직선이거나 점 (a, d)과 점 (b, c)를 지나야 된다.

(i) 섬 (a, c)와 점 (b, d)를 지나는 경우:

$$y - c = \frac{d - c}{b - a}(x - a)$$

$$\therefore\ y = \frac{d - c}{b - a}(x - a) + c$$

(ii) 점 (a, d)와 점 (b, c)를 지나는 경우:

$$y - d = \frac{c - d}{b - a}(x - a)$$

$$\therefore\ y = \frac{c - d}{b - a}(x - a) + d$$

따라서 (i)과 (ii)에 의해 구하는 함수는

$$y = \frac{d - c}{b - a}(x - a) + c \ \ (a \leq x \leq b),\ \ y = \frac{c - d}{b - a}(x - a) + d \ \ (a \leq x \leq b)$$

이다.

문제 1.1.52 일차함수 $2x+y=4$의 그래프, x축 및 y축으로 둘러싸인 삼각형이 점 $(0, 1)$을 지나는 직선 l에 의하여 넓이가 이등분된다. 이 직선 l의 방정식을 구하여

풀이

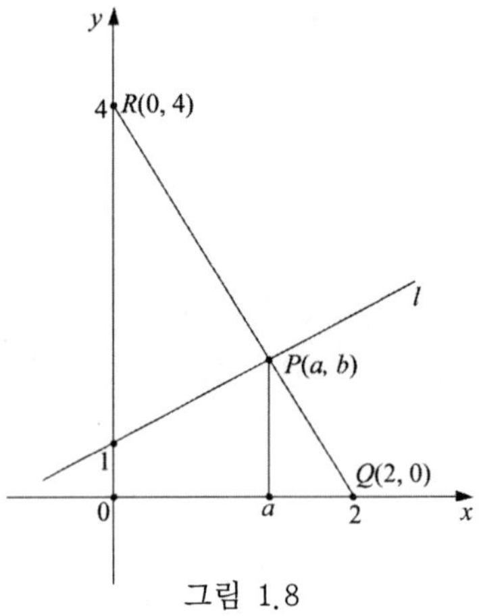

그림 1.8

오른쪽 그림과 같이 직선 l이 점 $P(a, b)$에서 일차함수 $2x+y=4$의 그래프와 만난다고 하자.

$\triangle OQR$의 넓이는 $\frac{1}{2}\times 2\times 4=4$이므로

$\triangle SPR$의 넓이는 2가 되어야 한다.

$$\therefore\ \frac{1}{2}\times a\times 3=2 \Rightarrow a=\frac{4}{3}$$

점 $P(a, b)$가 직선 l상에 있으므로 $2a+b=4$를 만족한다.

따라서 $b=\frac{4}{3}$.

직선 l은 점 $(0, 1)$와 $P\left(\frac{4}{3}, \frac{4}{3}\right)$를 지나므로 구하는 직선 l의 방정식은 $y=\frac{1}{4}x+1$이다.

문제 1.1.53 일차함수 $ax+by=4\ (a>0, b>0)$의 그래프, x축 및 y축으로 둘러싸인 삼각형이 원점을 지나는 직선에 l에 의하여 넓이가 이등분된다. 이 직선 l의 방정식을 구하여라.

풀이

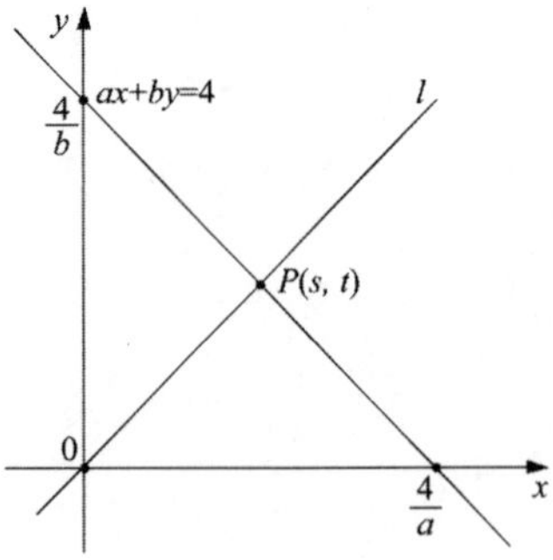

그림 1.9

일차함수 $ax+by=4$의 그래프와 직선 l이 점 $P(s, t)$에서 만난다고 하자. 그러면 주어진 삼각형의 넓이가 $\frac{4}{a}\times\frac{4}{b}\times\frac{1}{2}=\frac{8}{ab}$이므로 $s=\frac{2}{a}$이다.

점 $P(s, t)$가 직선 $ax+by=4$위에 있으므로 $t=\frac{2}{b}$이다.

직선 l은 원점과 점 $\left(\frac{2}{a}, \frac{2}{b}\right)$을 지나므로, 구하는 직선 l의 방정식은

$$y=\frac{\frac{2}{b}}{\frac{2}{a}}x=\frac{a}{b}x$$

이다.

탐구 문제 1.17 삼각형의 넓이를 이등분하면서 한 꼭지점을 지나는 직선은 대변의 중점을 지남을 보여라.

문제 1.1.54 5를 100번 곱하여 얻은 수와 7을 100번 곱하여 얻은 두 수를 곱하였을 때 일의 자리의 수는 무엇인가?

풀이

5를 100번 곱하여 얻은 수와 7을 100번 곱하여 얻은 수를 곱한 수를 n이라 하면 $n=5^{100}\times7^{100}=35^{100}$이다. 35는 몇 번을 곱하여도 일의 자릿수가 5이므로 답은 5이다.

문제 1.1.55 4를 50번 곱하여 얻은 수와 7을 50번 곱하여 얻은 두 수를 곱한 수를 5로 나누었을 때 나머지는 얼마인가?

풀이

4를 50번 곱하여 얻은 수와 7을 50번 곱하여 얻은 수를 곱한 수를 n이라 하자. 그러면 $n=4^{50}\times7^{50}=(4\times7)^{50}=(25+3)^{50}$이다. n을 5로 나눈 나머지는 3^{50}을 5로 나눈 나머지와 같다.

$$3^k: 3^1, 3^2, 3^3, 3^4, 3^5, \cdots, 3^{50}$$

$$\text{나머지}: 3,\ 4,\ 2,\ 1,\ 3,\ \cdots,\ 4$$

이처럼 나머지는 3, 4, 2, 1 네 수가 반복되어서 나오고 3^{50}을 5로 나누었을 때 나머지는 $50 = 4 \times 12 + 2$이므로 4이다.

문제 1.1.56 두 정수의 제곱의 일의 자리 수의 차는 2이다. 이 때 이 두 제곱의 곱의 일의 자리 수를 구하여라.

풀이

n을 임의의 정수라 하자.

n의 일의 자릿수: 0 1 2 3 4 5 6 7 8 9

n^2의 일의 자릿수: 0 1 4 9 6 5 6 9 4 1

따라서 n^2의 일의 자릿수는 0, 1, 4, 5, 6, 9 중의 하나이다.
두 정수의 제곱의 일의 자릿수의 차가 2인 경우는 4와 6인 경우이므로 두 제곱의 곱의 일의 자릿수는 4이다.

문제 1.1.57 2^n이 100!을 나눌 때 n의 최댓값은 무엇인가?
(여기서 $100! = 1 \times 2 \times 3 \times \cdots \times 100$이다.)

풀이

우선 $1 \sim 100$의 수 중에서 2의 배수는 하나 있을 때 마다 n에 1씩 더해진다.
2의 배수의 개수는 $\left[\frac{100}{2}\right] = 50$이다 (여기서, $[x]$는 x를 넘지 않는 최대의 정수이다).
2의 배수 중에서 4의 배수는 하나 있을 때 마다 또 다시 n에 1씩 더해진다.
4의 배수의 개수는 $\left[\frac{100}{4}\right] = 50$이다. 이런 식으로 계산되므로 답은

$$\left[\frac{100}{2}\right] + \left[\frac{100}{4}\right] + \left[\frac{100}{8}\right] + \left[\frac{100}{16}\right] + \left[\frac{100}{32}\right] + \left[\frac{100}{64}\right]$$
$$= 50 + 25 + 12 + 6 + 3 + 1 = 97$$

이다.

문제 1.1.58 x, y가 자연수이고 x^2+y^2이 3의 배수이면 x^2+y^2은 9의 배수임을 보여라.

풀이

$x=3k+a,\ y=3k'+b$라 두자

여기서 $k,\ k'$는 정수이고 $0\le a,\ b\le 2$이다.

x^2+y^2이 3의 배수이므로 a^2+b^2도 3의 배수이다.

$0\le a,\ b\le 2$이므로 a^2이나 b^2를 3으로 나누면 0 또는 1이므로 a^2+b^2이 3의 배수가 되기 위해서는 $a=0,\ b=0$일 수밖에 없다.

즉 $x=3k,\ y=3k'$이므로

$$x^2+y^2=9k^2+9k'^2=9(k^2+k'^2)$$

은 9의 배수이다.

문제 1.1.59 한 변이 a인 정n각형의 주위를 반지름의 길이가 r인 원이 한 바퀴 돌 때 원이 그리는 영역의 넓이를 구하여라.

풀이

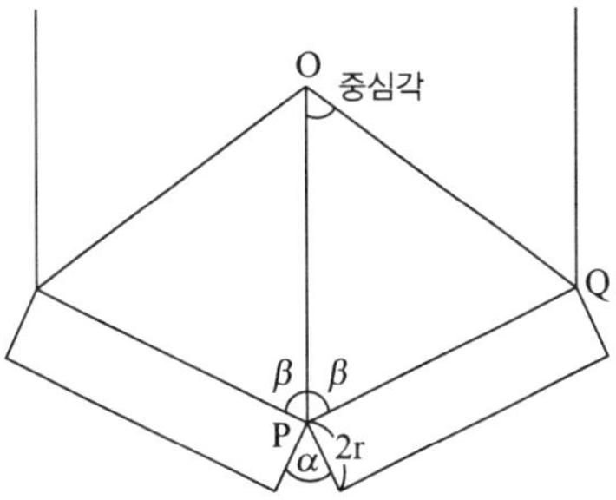

그림 1.10

정n각형이므로 중심각의 크기$=\dfrac{2\pi}{n}$이다.

$\triangle OPQ$는 이등변삼각형이므로 $\beta=\dfrac{1}{2}\left(\pi-\dfrac{2\pi}{n}\right)$이다.

따라서

$$\begin{aligned}\alpha&=2\pi-\pi-2\beta\\&=\pi-\left(\pi-\frac{2\pi}{n}\right)\end{aligned}$$

$$= \frac{2\pi}{n}$$

이다.

원이 한 바퀴돌때 원이 그리는 영역은 가로의 길이가 a고 세로의 길이가 $2r$인 직사각형 n개와 반지름의 길이가 $2r$이고 중심각의 크기가 $\frac{2\pi}{n}$인 부채꼴 n개의 합으로 이루어진다.

따라서 영역의 넓이는

$$2rna + n \times \frac{\frac{2\pi}{n}}{2\pi} \times \pi(2r)^2 = 2rna + 4\pi r^2$$

이다.

문제 1.1.60 한 변이 a인 정n각형의 주위를 반지름의 길이가 r인 원이 한 바퀴 돌 때 원의 중심이 이동하는 거리를 구하여라.

풀이

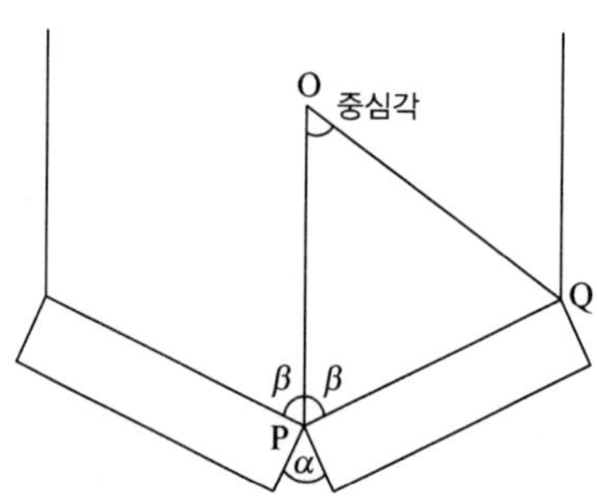

그림 1.11

정n각형이므로 중심각의 크기$= \frac{2\pi}{n}$이다.

$\triangle OPQ$는 이등변삼각형이므로 $\beta = \frac{1}{2}\left(\pi - \frac{2\pi}{n}\right)$이다.

따라서

$$\begin{aligned} \alpha &= 2\pi - \pi - 2\beta \\ &= \pi - \left(\pi - \frac{2\pi}{n}\right) \end{aligned}$$

$$= \frac{2\pi}{n}$$

이다. 원이 한 바퀴돌때 원의 중심은 정사각형 부분에서는 a만큼 부채꼴 부분에서는 반지름의 길이가 r이고 중심각의 크기가 $\frac{2\pi}{n}$인 부채꼴의 호의 길이만큼 이동한다.

따라서 원의 중심의 이동거리는

$$na + n \times \frac{1}{2\pi} \times \frac{2\pi}{n} \times 2r\pi = na + 2\pi r$$

이다.

문제 1.1.61 반지름의 길이가 r인 원에 내접하는 정n각형의 한 변의 길이는 일마인가?

풀이

반지름의 길이가 r인 원의 중심을 O라 하고 이 원에 내접하는 정n각형의 한 변을 $\overline{AB}$라 하자. 그러면 $\triangle ABC$는 이등변삼각형이므로, $\overline{AB}$의 중점을 M이라 하면 $\beta = \angle AOM = \frac{1}{2} \times \angle AOB$이다. 정$n$각형이므로 $\angle AOB = \frac{2\pi}{n}$이고, 결국 $\beta = \frac{\pi}{n}$이다.

따라서 $\alpha = \angle OAM = \frac{\pi}{2} - \beta = \frac{\pi}{2} - \frac{\pi}{n}$가 된다. $\overline{AB}$는 $\overline{AM}$의 2배이므로

$$\begin{aligned} \overline{AB} &= 2r\cos\alpha \\ &= 2r\cos\left(\frac{\pi}{2} - \frac{\pi}{\mathrm{n}}\right) \\ &= 2r\sin\frac{\pi}{n} \end{aligned}$$

이다.

탐구 문제 1.18 문제 1.1.24와 문제 1.1.25에서 반지름의 길이가 r인 원에 내접하는 정n각형의 넓이를 구한 결과와 위 문제 1.1.61의 결과를 비교하여 그 차이점을 설명하여라.

문제 1.1.62 문제 1.1.60과 문제 1.1.61을 이용하여 반지름의 길이가 r인 원의 주위를 반지름의 길이가 s인 원이 한 바퀴 돌 때 원의 중심이 이동하는 거리를 구하여라.

풀이

문제 1.1.60에 의해서 원의 중심이 이동하는 거리 l은 $2nr\sin\frac{\pi}{n}+2\pi s$이다.
정n각형이 원의 경우는 $n\to\infty$인 경우이므로

$$l=\lim_{n\to\infty}\left(2nr\sin\frac{\pi}{n}+2\pi s\right)=2\pi s+2r\lim_{n\to\infty}n\sin\frac{\pi}{n}=2\pi s+2r\lim_{n\to\infty}\frac{\sin\frac{\pi}{n}}{\frac{\pi}{n}}\pi$$

$$=2\pi s+2\pi r\lim_{x\to0}\frac{\sin x}{x}=2\pi s+2\pi r=2\pi(r+s)$$

이다.

문제 1.1.63 윗면이 반지름의 길이가 s인 원이고 아랫면이 반지름의 길이가 r인 원일 때 직원뿔대의 옆넓이를 구하여라(단, 여기서 모선의 길이는 l이라고 하자).

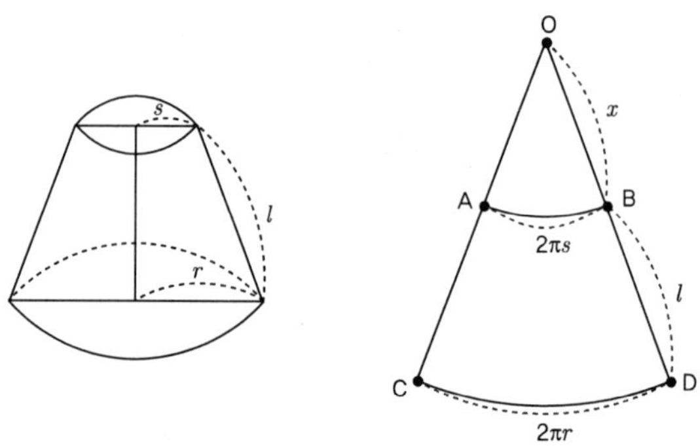

그림 1.12

풀이

위 그림 1.12의 왼쪽 그림과 같은 직원뿔대의 옆면을 펼치면 그림 1.12의 오른쪽 그림과 같은 부채꼴 OCD의 일부분인 도형 $ACDB$가 된다.
$\overline{OB}$의 길이를 x라 하면

$$x:2\pi s=(x+l):2\pi r$$

이다.

$$\therefore\ xr=s(x+l)$$

한편 모선의 길이가 l이고 밑면이 반지름 r인 원인 직원뿔의 옆면의 넓이는 πrl이다.

따라서 직원뿔대의 옆넓이는

$$\begin{aligned} &\pi r(x+l)-\pi sx \\ &=\pi(xr+rl-sx) \\ &=\pi(sx+sl+rl-sx) \\ &=\pi(r+s)l \end{aligned}$$

이다.

문제 1.1.64 반지름의 길이가 r인 원에 내접하는 정n각형의 주위를 반지름의 길이가 s인 원이 한 바퀴 돌 때 원이 그리는 영역의 넓이를 구하여라. 또 반지름의 길이가 r인 원의 주위를 반지름의 길이가 s인 원이 한 바퀴 돌때 원이 그리는 영역의 넓이를 구하여라.

풀이

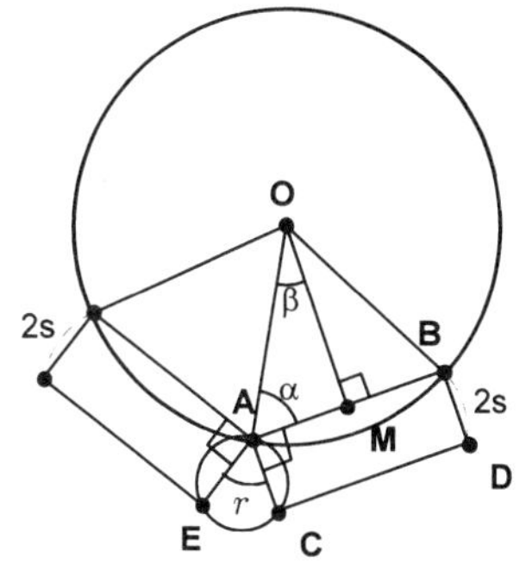

그림 1.13

위 그림 1.13과 같이 반지름의 길이가 r인 원의 중심을 O라하고 이 원에 내접하는 정n각형의 한 변을 $\overline{AB}$라 하자. 그러면 $\triangle OAB$는 이등변삼각형이므로, $\overline{AB}$의 중점을 M이라 하면 $\beta=\angle AOM=\frac{1}{2}\times\angle AOB$이다.

정n각형이므로 $\angle AOB=\frac{2\pi}{n}$이다. 따라서 $\beta=\frac{\pi}{n}$이다.

즉, $\alpha=\angle OAM=\frac{\pi}{2}-\beta=\frac{\pi}{2}-\frac{\pi}{n}$이다.

$\overline{AB}$의 길이는 $\overline{AM}$의 길이의 2배이므로

$$\begin{aligned}\overline{AB} &= 2r\cos\alpha \\ &= 2r\cos\left(\frac{\pi}{2}-\frac{\pi}{n}\right) \\ &= 2r\sin\frac{\pi}{n}\end{aligned}$$

이다.

한편 점 A에서 원의 외부로 길이가 $2s$인 수직선을 그어 위의 그림 1.13과 같이 각각 C, E라 하고 두 수직선의 교각을 γ라 하자.

그러면

$$\text{중심각의 크기} = 2\pi-\pi-2\alpha = \pi-\left(\pi-\frac{2\pi}{n}\right) = \frac{2\pi}{n}$$

이다.

반지름의 길이가 s인 원이 한 바퀴 돌 때 이 원이 그리는 영역은 n개의 직사각형과 n개의 부채꼴로 만들어진다. 따라서 구하고자하는 영역의 넓이는

$$n\times\left(2r\cdot\sin\frac{\pi}{n}\right)\times 2s+n\frac{\frac{2\pi}{n}}{2\pi}\pi(2s)^2 = 4s\left(rn\cdot\sin\frac{\pi}{n}+s\pi\right)$$

이다.

한편 반지름의 길이가 r인 원의 주위를 반지름의 길이가 s인 원이 한 바퀴 돌 때 원이 그리는 영역의 넓이는 $n\to\infty$인 경우이므로 그 영역의 넓이는

$$\begin{aligned}&\lim_{n\to\infty}4s\left(rn\cdot\sin\frac{\pi}{n}+s\pi\right) = 4sr\lim_{n\to\infty}n\sin\frac{\pi}{n}+4s^2\pi \\ &= 4sr\pi\lim_{n\to\infty}\frac{\sin\frac{\pi}{n}}{\frac{\pi}{n}}+4s^2\pi = 4sr\pi+4s^2\pi = 4s(r+s)\pi\end{aligned}$$

이며 따라서 구하는 넓이는 $\pi\{(r+2s)^2-r^2\}$과 같다.

문제 1.1.65 길이가 l인 줄로 정n각형을 만들었을 때 넓이는 얼마인가? 또 원을 만들었을 때 넓이는 얼마인가?

풀이

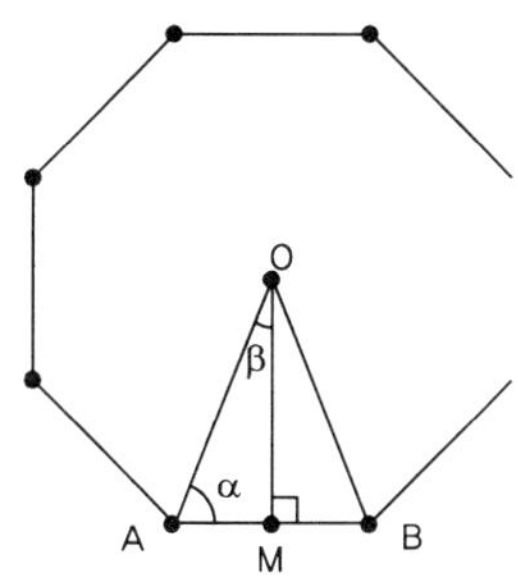

그림 1.14

그림과 같이 정n각형의 중심을 O라 하고 한 변을 $\overline{AB}$라 하자.

정n각형이므로 $\angle AOB = \dfrac{2\pi}{n}$이다.

중심 O에서 선분 AB에 내린 수선의 발을 M이라 하고 $\angle AOM$ 을 β라 하면 $\beta = \dfrac{1}{2}\angle AOB = \dfrac{\pi}{n}$이다. 따라서 $\alpha = \angle OAM = \dfrac{\pi}{2} - \dfrac{\pi}{n}$이다.

한편 $\overline{AB} = \dfrac{l}{n}$이므로 $\overline{AM} = \dfrac{l}{2n}$이 된다. 따라서 선분 OM의 길이는

$$\frac{l}{2n}\tan\alpha = \frac{l}{2n}\tan\left(\frac{\pi}{2} - \frac{\pi}{n}\right) = \frac{l}{2n}\cot\frac{\pi}{n}$$

이 된다.

여기에서 정n각형의 넓이는

$$n \times \frac{1}{2} \times \frac{l}{n} \times \frac{l}{2n}\cot\frac{\pi}{n} = \frac{l^2}{4n}\cot\frac{\pi}{n}$$

이다.

한편 원인 경우는 n이 무한대로 갈 때이므로

$$\lim_{n\to\infty}\frac{l^2}{4n}\cot\frac{\pi}{n} = \frac{l^2}{4}\lim_{n\to\infty}\frac{\frac{\pi}{n}}{\tan\frac{\pi}{n}} \cdot \frac{1}{\pi} = \frac{l^2}{4\pi}$$

이다.

탐구 문제 1.19 등주문제 및 등주부등식에 관한 내용들을 조사하여라.

문제 1.1.66 다항방정식 $a_nx^n + a_{n-1}x^{n-1} + \cdots + a_1x + a_0 = 0\ (a_n \neq 0)$의 근과 계수와의 관계식을 구하여라.

풀이

$f(x) = a_nx^n + a_{n-1}x^{n-1} + \cdots + a_1x + a_0$라 두자.

$f(x) = 0$의 근을 $\alpha_1,\ \alpha_2,\ \cdots,\ \alpha_n$이라고 하면

$f(x) = a_n(x-\alpha_1)(x-\alpha_2)\cdots(x-\alpha_n)$이 되고

x^{n-1}의 계수를 비교를 하면

$$a_{n-1} = a_n(-\alpha_1 - \alpha_2 - \ldots - \alpha_n) = -a_n\sum_{i_1=1}^{n}\alpha_i.$$

$$\therefore \sum_{i_1=1}^{n}\alpha_i = -\frac{a_{n-1}}{a_n}$$

같은 방법으로 x^{n-2}의 계수를 비교하면

$$a_{n-2} = a_n\begin{Bmatrix}(\alpha_1\alpha_2 + \alpha_1\alpha_3 + \ldots + \alpha_1\alpha_n) + (\alpha_2\alpha_3 + \alpha_2\alpha_4 + \ldots + \alpha_2\alpha_n) \\ + \cdots + (\alpha_{n-2}\alpha_{n-1} + \alpha_{n-2}\alpha_n) + \alpha_{n-1}\alpha_n\end{Bmatrix}$$

$$= a_n\sum_{i_1<i_2}^{n}\alpha_{i_1}\alpha_{i_2}.$$

$$\therefore \sum_{i_1<i_2}^{n}\alpha_{i_1}\alpha_{i_2} = \frac{a_{n-2}}{a_n}$$

이런 방법으로 계산을 계속하면

$$\sum_{i_1<i_2<\cdots<i_r}\alpha_{i_1}\alpha_{i_2}\cdots\alpha_{i_r} = (-1)^r\frac{a_{n-r}}{a_n}$$

이 된다. 특히, $\alpha_1\alpha_2\cdots\alpha_n = (-1)^n\dfrac{a_0}{a_n}$이다.

탐구 문제 1.20 2차방정식 $ax^2+bx+c=0$의 두 근 α, β에 대해 근과 계수와의 관계식을 구하여라.

탐구 문제 1.21 3차방정식 $ax^3+bx^2+cx+d=0$의 세 근을 α, β, γ라 할 때 근과 계수와의 관계식을 찾아라.

탐구 문제 1.22 4차방정식의 근과 계수와의 관계식은?

문제 1.1.67 $x_1, x_2, \cdots, x_{2n}$이 정수일 때

$$\left(x_1^2-x_2^2\right)\left(x_3^2-x_4^2\right)\cdots\left(x_{2n-1}^2-x_{2n}^2\right)$$

는 A^2-B^2(여기서 A, B는 정수)형태임을 보여라.

풀이

수학적 귀납법으로 증명하여 보자.

먼저 $n=1$일 때는 $x_1^2-x_2^2$이므로 $A^2-B^2(A,\ B$는 정수)형태이다.

$n=k$일 때 성립한다고 하자. 그러면 어떤 정수 A와 B에 대해

$\left(x_1^2-x_2^2\right)\left(x_3^2-x_4^2\right)\cdots\left(x_{2k-1}^2-x_{2k}^2\right)=A^2-B^2$이다.

$n=k+1$이면

$$\begin{aligned}&\left(x_1^2-x_2^2\right)\left(x_3^2-x_4^2\right)\cdots\left(x_{2k-1}^2-x_{2k}^2\right)\left(x_{2k+1}^2-x_{2k+2}^2\right)\\&=\left(A^2-B^2\right)\left(x_{2k+1}^2-x_{2k+2}^2\right)\\&=\left(Ax_{2k+1}+Bx_{2k+2}\right)^2-\left(Ax_{2k+2}+Bx_{2k+1}\right)^2\end{aligned}$$

이다. 즉, 이 경우도 $A^2-B^2(A,\ B$는 정수)형태이다.

따라서 모든 자연수 n에 대해, $x_1,\ x_2,\ \cdots,\ x_{2n}$이 정수일 때

$\left(x_1^2-x_2^2\right)\left(x_3^2-x_4^2\right)\cdots\left(x_{2n-1}^2-x_{2n}^2\right)$는 $A^2-B^2(A,\ B$는 정수)형태이다.

문제 1.1.68 n차 다항방정식

$$f(x)=a_nx^n+a_{n-1}x^{n-1}+\cdots+a_1x+a_0=0\ (a_n\neq 0)$$

의 근을 $\alpha_1,\ \alpha_2,\ \cdots,\ \alpha_n$이라 할 때, $k\alpha_1,\ k\alpha_2,\ \cdots,\ k\alpha_n\ (k\neq 0)$을 근으로 하는 다항방정식을 구하여라.

풀이

$\alpha_1,\ \alpha_2,\ \cdots,\ \alpha_n$이 방정식 $f(x)=0$의 근이므로

$$f(x)=a_n(x-\alpha_1)(x-\alpha_2)\cdots(x-\alpha_n)$$

이다. $k\alpha_1,\ k\alpha_2,\ \cdots,\ k\alpha_n$을 근으로 하는 방정식은

$$a_n(x-k\alpha_1)(x-k\alpha_2)\cdots(x-k\alpha_n)=0$$

이다. 따라서 $a_nk^n\left(\frac{x}{k}-\alpha_1\right)\left(\frac{x}{k}-\alpha_2\right)\cdots\left(\frac{x}{k}-\alpha_n\right)=0.$

$k\neq 0$이므로 $a_n\left(\frac{x}{k}-\alpha_1\right)\left(\frac{x}{k}-\alpha_2\right)\cdots\left(\frac{x}{k}-\alpha_n\right)=f\left(\frac{x}{k}\right)=0.$

그러므로 구하는 방정식은 $a_n\frac{x^n}{k^n}+a_{n-1}\frac{x^{n-1}}{k^{n-1}}+\cdots+a_1\frac{x}{k}+a_0=0$이다.

즉, $a_nx^n+a_{n-1}kx^{n-1}+a_{n-2}k^2x^{n-2}+\cdots+a_1k^{n-1}x+a_0k^n=0$이다.

문제 1.1.69 n차 다항방정식

$$f(x)=a_nx^n+a_{n-1}x^{n-1}+\cdots+a_1x+a_0=0\ \ (a_n\neq 0)$$

의 근을 $\alpha_1,\ \alpha_2,\ \cdots,\ \alpha_n$이라 할 때 $\alpha_1-h,\ \alpha_2-h,\ \cdots,\ \alpha_n-h$을 근으로 하는 다항방정식을 구하여라.

풀이

$\alpha_1,\ \alpha_2,\ \cdots,\ \alpha_n$이 방정식 $f(x)=0$의 근이므로

$$f(x)=a_n(x-\alpha_1)(x-\alpha_2)\cdots(x-\alpha_n)$$

이다. $a_1-h,\ a_2-h,\ \cdots,\ a_n-h$을 근으로 하는 방정식은

$$a_n[x-(\alpha_1-h)][x-(\alpha_2-h)]\cdots[x-(\alpha_n-h)]=0$$

이다. 따라서

$$a_n[(x+h)-\alpha_1][(x+h)-\alpha_2]\cdots[(x+h)-\alpha_n]=f(x+h)$$

이므로 $f(x+h)=0$이다. 그러므로 구하는 다항방정식은

$$a_n(x+h)^n + a_{n-1}(x+h)^{n-1} + \cdots + a_1(x+h) + a_0 = 0$$

이다.

문제 1.1.70 n차 다항방정식

$$f(x) = a_nx^n + a_{n-1}x^{n-1} + \cdots + a_1x + a_0 = 0 \ \ (a_n \neq 0)$$

의 근을 α_1, α_2, $\cdots$, α_n이라 할 때 $\frac{1}{\alpha_1}$, $\frac{1}{\alpha_2}$, $\cdots$, $\frac{1}{\alpha_n}$을 근으로 하는 방정식을 구하여라.

풀이

$f(x) = 0$의 근이 α_1, α_2, $\cdots$, α_n이므로

$$f(x) = a_n(x-\alpha_1)(x-\alpha_2)\cdots(x-\alpha_n) = 0$$

이다. $\frac{1}{\alpha_1}$, $\frac{1}{\alpha_2}$, $\cdots$, $\frac{1}{\alpha_n}$을 근으로 하는 방정식은

$$a_n\left(x-\frac{1}{\alpha_1}\right)\left(x-\frac{1}{\alpha_2}\right)\cdots\left(x-\frac{1}{\alpha_n}\right) = 0$$

$$\Leftrightarrow\ x^na_n\left(1-\frac{1}{x\alpha_1}\right)\left(1-\frac{1}{x\alpha_2}\right)\cdots\left(1-\frac{1}{x\alpha_n}\right) = 0$$

이다. 양변에 $\alpha_1\alpha_2\cdots\alpha_n$을 곱하면

$$x^na_n\left(\alpha_1-\frac{1}{x}\right)\left(\alpha_2-\frac{1}{x}\right)\cdots\left(\alpha_n-\frac{1}{x}\right) = 0$$

$$\Leftrightarrow\ x^na_n\left(\frac{1}{x}-\alpha_1\right)\left(\frac{1}{x}-\alpha_2\right)\cdots\left(\frac{1}{x}-\alpha_n\right) = 0$$

$$\Leftrightarrow\ a_n\left(\frac{1}{x}-\alpha_1\right)\left(\frac{1}{x}-\alpha_2\right)\cdots\left(\frac{1}{x}-\alpha_n\right) = 0$$

이 된다. 따라서 구하는 방정식은 $f\left(\frac{1}{x}\right) = 0$이다.

즉, 구하는 방정식은

$$a_n\left(\frac{1}{x}\right)^n + a_{n-1}\left(\frac{1}{x}\right)^{n-1} + \cdots + a_1\left(\frac{1}{x}\right) + a_0 = 0$$

이다.

문제 1.1.71 m, n이 임의의 양의 정수이고 $m \geq 2$일 때 $m^n - 1$은 $m-1$의 배수임을 보여라.

풀이

m, n이 임의의 양의 정수이므로

$$m^n - 1 = (m-1)(m^{n-1} + m^{n-2} + \cdots + m + 1)$$

이다. $m-1$과 $m^{n-1} + m^{n-2} + \cdots + m + 1$이 정수이므로

$m^n - 1$은 $m-1$의 배수이다.

문제 1.1.72 n이 홀수일 때 $n^3 - n$은 24의 배수임을 보여라.

풀이

$n^3 - n = n(n-1)(n+1)$으로 연속된 3개의 정수의 곱이므로 3의 배수이다.

또한, n이 홀수이므로 $n = 2k+1$로 두자. 그러면

$$\begin{aligned} n^3 - n &= n(n-1)(n+1) \\ &= (2k+1)(2k)(2k+2) \\ &= 4k(k+1)(2k+1) \end{aligned}$$

가 된다.

$k(k+1)$은 연속된 2개의 정수이므로 2의 배수이다. 따라서 $4k(k+1)$은 8의 배수이다. 3과 8은 서로소이므로 $n^3 - n$은 24의 배수이다.

문제 1.1.73 $\displaystyle\sum_{k=1}^{n} \frac{1}{k(k+3)}$을 구하여라.

풀이

$\dfrac{1}{A \cdot B} = \dfrac{1}{B-A}\left(\dfrac{1}{A} - \dfrac{1}{B}\right)$을 이용하면

$$\begin{aligned} \sum_{k=1}^{n} \frac{1}{k(k+3)} &= \sum_{k=1}^{n} \frac{1}{3}\left(\frac{1}{k} - \frac{1}{k+3}\right) \\ &= \frac{1}{3}\left\{\left(\frac{1}{1} - \frac{1}{4}\right) + \left(\frac{1}{2} - \frac{1}{5}\right) + \left(\frac{1}{3} - \frac{1}{6}\right) + \left(\frac{1}{4} - \frac{1}{7}\right) + \left(\frac{1}{5} - \frac{1}{8}\right) + \cdots \right. \end{aligned}$$

$$+\left(\frac{1}{n-3}-\frac{1}{n}\right)+\left(\frac{1}{n-2}-\frac{1}{n+1}\right)$$

$$+\left(\frac{1}{n-1}-\frac{1}{n+2}\right)+\left(\frac{1}{n}-\frac{1}{n+3}\right)\Bigg\}$$

$$=\frac{1}{3}\left\{\left(\frac{1}{1}+\frac{1}{2}+\frac{1}{3}\right)-\left(\frac{1}{n+1}+\frac{1}{n+2}+\frac{1}{n+3}\right)\right\}$$

이다.

문제 1.1.74 $\displaystyle\sum_{k=1}^{n}\frac{1}{k(k+1)(k+2)}$ 을 구하여라.

풀이

$$\sum_{k=1}^{n}\frac{1}{k(k+1)(k+2)}$$

$$=\sum_{k+1}^{n}\frac{1}{(k+2)-k}\left\{\frac{1}{k(k+1)}-\frac{1}{(k+1)(k+2)}\right\}$$

$$=\frac{1}{2}\left\{\sum_{k+1}^{n}\frac{1}{k(k+1)}-\sum_{k=1}^{n}\frac{1}{(k+1)(k+2)}\right\}$$

$$=\frac{1}{2}\left\{\sum_{k=1}^{n}\left(\frac{1}{k}-\frac{1}{k+1}\right)-\sum_{k=1}^{n}\left(\frac{1}{k+1}-\frac{1}{k+2}\right)\right\}$$

$$=\frac{1}{2}\left\{\left(\frac{1}{1}-\frac{1}{2}\right)+\left(\frac{1}{2}-\frac{1}{3}\right)+\cdots+\left(\frac{1}{n}-\frac{1}{n+1}\right)\right\}$$

$$-\frac{1}{2}\left\{\left(\frac{1}{2}-\frac{1}{3}\right)+\left(\frac{1}{3}-\frac{1}{4}\right)+\cdots+\left(\frac{1}{n+1}-\frac{1}{n+2}\right)\right\}$$

$$=\frac{1}{2}\left\{\left(\frac{1}{1}-\frac{1}{n+1}\right)-\left(\frac{1}{2}-\frac{1}{n+2}\right)\right\}$$

$$=\frac{1}{2}\left\{\left(1-\frac{1}{2}\right)-\left(\frac{1}{n+1}-\frac{1}{n+2}\right)\right\}$$

별해

$$\sum_{k=1}^{n}\frac{1}{k(k+1)(k+2)}$$

$$=\sum_{k=1}^{n}\frac{1}{(k+2)-(k+1)}\left\{\frac{1}{k(k+1)}-\frac{1}{k(k+2)}\right\}$$

$$= \sum_{k=1}^{n} \frac{1}{k(k+1)} - \sum_{k=1}^{n} \frac{1}{k(k+2)}$$

$$= \sum_{k=1}^{n} \left(\frac{1}{k} - \frac{1}{k+1}\right) - \frac{1}{2} \sum_{k=1}^{n} \left(\frac{1}{k} - \frac{1}{k+2}\right)$$

$$= \left(1 - \frac{1}{n}\right) - \frac{1}{2}\left\{\left(1 + \frac{1}{2}\right) - \left(\frac{1}{n+1} + \frac{1}{n+2}\right)\right\}$$

문제 1.1.75 $\displaystyle\sum_{k=1}^{n} \frac{1}{k(k+1)(k+2)(k+3)}$을 구하여라.

풀이

$$\sum_{k=1}^{n} \frac{1}{k(k+1)(k+2)(k+3)}$$

$$= \sum_{k=1}^{n} \frac{1}{(k+3)-k} \left\{\frac{1}{k(k+1)(k+2)} - \frac{1}{(k+1)(k+2)(k+3)}\right\}$$

$$= \frac{1}{3} \sum_{k=1}^{n} \left\{\frac{1}{k(k+1)(k+2)} - \frac{1}{(k+1)(k+2)(k+3)}\right\}$$

$$= \frac{1}{3} \cdot \frac{1}{2}\left\{\left(1 - \frac{1}{2}\right) - \left(\frac{1}{n+1} - \frac{1}{n+2}\right)\right\}$$

$$- \frac{1}{3} \sum_{k=1}^{n} \frac{1}{(k+3)-(k+1)} \left\{\frac{1}{(k+1)(k+2)} - \frac{1}{(k+2)(k+3)}\right\}$$

$$= \frac{1}{6}\left\{\frac{1}{2} - \left(\frac{1}{n+1} - \frac{1}{n+2}\right)\right\} - \frac{1}{6} \sum_{k=1}^{n} \left(\frac{1}{k+1} - \frac{1}{k+2} - \frac{1}{k+2} + \frac{1}{k+3}\right)$$

$$= \frac{1}{6}\left\{\left(\frac{1}{1} - \frac{1}{2}\right) - \left(\frac{1}{n+1} - \frac{1}{n+2}\right) - \left(\frac{1}{2} - \frac{1}{3}\right) + \left(\frac{1}{n+2} - \frac{1}{n+3}\right)\right\}$$

$$= \frac{1}{6}\left(\frac{1}{3} - \frac{1}{n+1} + \frac{2}{n+2} - \frac{1}{n+3}\right)$$

문제 1.1.76 $1^2 - 2^2 + 3^2 - 4^2 + \cdots - 198^2 + 199^2$을 구하여라.

풀이

$k^2 - (k+1)^2 = -(2k+1)$ 이므로

$$1^2-2^2+3^2-4^2+\cdots-198^2+199^2$$
$$=1-\{(2^2-3^2)+(4^2-5^2)+(6^2-7^2)+(8^2-9^2)+\cdots+(198^2-199^2)\}$$
$$=1+\{(2\times2+1)+(2\times4+1)+(2\times6+1)+\cdots+(2\times198+1)\}$$
$$=1+99+4(1+2+3+\cdots+99)$$
$$=100+4\times\frac{99\times100}{2}=19900$$

이다.

별해

$$1^2-2^2+3^2+\cdots-198^2+199^2=1^2\{(3^2-2^2)+(4^2-3^2)+\cdots+(199^2-198^2)\}$$
$$=1^2+\{(3-2)(3+2)+(4-3)(4+3)+\cdots\}$$
$$=1+2+3+\cdots+199$$
$$=1990$$

문제 1.1.77 n이 홀수일 때 $1^2-2^2+3^2-4^2+\cdots-(n-1)^2+n^2$을 구하여라.

풀이

$k^2-(k+1)^2=-(2k+1)$이므로

$$1^2-2^2+3^2-4^2+\cdots-(n-1)^2+n^2$$
$$=1-\left[(2^2-3^2)+(4^2-5^2)+(6^2-7^2)+(8^2-9^2)+\cdots+\{(n-1)^2-n^2\}\right]$$
$$=1+\left[(2\times2+1)+(2\times4+1)+(2\times6+1)+\cdots+\{2\times(n-1)+1\}\right]$$
$$=1+\frac{n-1}{2}+4\times\left(1+2+3+\cdots+\frac{n-1}{2}\right)$$
$$=\frac{n+1}{2}+4\times\frac{\frac{n-1}{2}\times\left(1+\frac{n-1}{2}\right)}{2}$$
$$=\frac{n(n+1)}{2}$$

이다.

별해

$$1^2-2^2+3^2-4^2+\cdots-(n-1)^2+n^2$$
$$=1-[(2-3)(2+3)+(4-5)(4+5)+\cdots+\{(n-1)-n\}\{(n-1)+n\}]$$
$$=1+\{5+9+13+\cdots+(2n-1)\}$$
$$=1+\sum_{k=1}^{\frac{n-1}{2}}(4k+1)$$

문제 1.1.78 앞 뒤 어느 쪽으로 읽어도 같은 네 자리 자연수의 몇 개인가?

풀이

앞 뒤 어느 쪽으로 읽어도 같은 네 자리 자연수를 $abcd$라 하자.

그러면 $abcd=dcba$이다. 즉 $abba$ 형태이다.

a는 천의 자릿수이므로 $1\le a\le 9$이다. $0\le b\le 9$이므로 조건을 만족하는 자연수의 개수는 $9\times 10=90$이다.

문제 1.1.79 자연수 k의 순서를 거꾸로 한 수를 l이라 하자. 예를 들면 $k=1234$이면 $l=4321$이다. $k-l$이 9의 배수임을 보여라.

풀이

$k=a_na_{n-1}\cdots a_1a_0$이라 두면 $l=a_0a_1\cdots a_{n-1}a_n$이다.

$k=10^n\times a_n+10^{n-1}\times a_{n-1}+\cdots+10\times a_1+a_0$이고

$l=10^n\times a_0+10^{n-1}\times a_1+\cdots+10\times a_{n-1}+a_n$이다.

즉, $k-l$

$$=(10^n\times a_n-a_n)+(10^{n-1}\times a_{n-1}-10\times a_{n-1})+\cdots+(a_0-10^n\times a_0)$$
$$=(10^n-10^0)a_n+10(10^{n-2}-10^0)a_{n-1}+\cdots+(10^0-10^n)a_0$$

가 된다.

$k-l$의 모든 항은 $(10^l-10^m)\times$정수의 형태이므로 9의 배수가 된다.

따라서 $k-l$은 9의 배수이다.

문제 1.1.80

주사위를 네 번 던져서 나온 수를 a, b, c, d라 할 때 $\frac{d}{a+b+c}=1$이 될 확률을 구하여라.

풀이

주사위를 네 번 던져서 나오는 총 경우의 수는 6^4이다.

$\frac{d}{a+b+c}=1$인 경우, 즉 $d=a+b+c$인 경우는 다음과 같다.

(i) $d=3$인 경우:

$(a, b, c)=(1, 1, 1)$ ∴ 한 가지

(ii) $d=4$인 경우:

$(a, b, c)=(1, 1, 2), (1, 2, 1), (2, 1, 1)$ ∴ 세 가지

(iii) $d=5$인 경우:

① $a=1$인 경우:

$b+c=4$이다. 따라서 $(a, b, c)=(1, 1, 3), (1, 3, 1), (1, 2, 2)$

∴ 세 가지

② $a=2$인 경우:

$b+c=3$이다. 따라서 $(a, b, c)=(2, 1, 2), (2, 2, 1)$ ∴ 두 가지

③ $a=3$인 경우:

$b+c=2$이다. 따라서 $(a, b, c)=(3, 1, 1)$ ∴ 한 가지

그러므로 ①~③에 의해서 $d=5$일 때는 총 여섯 가지의 경우가 있다.

(iv) $d=6$인 경우:

① $a=1$인 경우:

$b+c=5$이다. 따라서 $(a, b, c)=(1, 1, 4), (1, 2, 3), (1, 3, 2), (1, 4, 1)$

∴ 네 가지

② $a=2$인 경우:

$b+c=4$이다. 따라서 $(a, b, c)=(2, 1, 3), (2, 2, 2), (2, 3, 1)$

∴ 세 가지

③ $a=3$인 경우:

$b+c=3$이다. 따라서 $(a, b, c)=(3, 1, 2), (3, 2, 1)$ ∴ 두 가지

④ $a=4$인 경우:

$b+c=2$이다. 따라서 $(a, b, c)=(4, 1, 1)$ $\therefore$ 한 가지

그러므로 ①~④에 의해서 $d=6$일 때는 총 열 가지의 경우가 있다.

$d \geq 7$인 경우는 일어나지 않으므로

(ⅰ)~(ⅳ)에 의해 $\dfrac{d}{a+b+c}=1$ 인 경우는 총 $1+3+6+10=20$(가지)가 된다.

따라서 그 때 확률은 $\dfrac{20}{6^4}$이다.

문제 1.1.81 주사위를 네 번 던져서 나온 수를 a, b, c, d라 할 때 $\dfrac{d}{a+b+c}$가 정수가 될 확률을 구하여라.

풀이

$3 \leq a+b+c \leq 18$ 이므로 $\dfrac{d}{a+b+c}=1$ 또는 2이다.

$\dfrac{d}{a+b+c}=1$인 경우는 총 20가지가 있다.

$\dfrac{d}{a+b+c}=2$인 경우는 $a+b+c=3$이고 $d=6$인 경우이므로

$(a, b, c)=(1, 1, 1)$인 경우 밖에 없다.

따라서 $\dfrac{d}{a+b+c}$가 정수인 경우는 총 21가지이므로

그 때의 확률은 $\dfrac{21}{6^4}$이다.

1.2 문제 일반화하기

문제 1.2.1 p가 한 자리의 소수일 때 두 자리 자연수 pp의 약수의 개수를 구하여라.

풀이

$$\begin{aligned} pp &= 10p + p \\ &= 11p \end{aligned}$$

11과 p는 서로 다른 소수이므로 약수의 개수는 $2 \times 2 = 4$이다.

문제 1.2.2 p가 한 자리의 소수일 때 세 자리 자연수 ppp의 약수의 개수를 구하여라.

풀이

$$\begin{aligned} ppp &= 100p + 10p + p \\ &= 111p \\ &= 3 \times 37 \times p \end{aligned}$$

(i) $p = 3$일 때:

ppp의 소인수분해는 $ppp = 3^2 \times 37$

따라서 ppp의 약수의 개수는 $3 \times 2 = 6$이다.

(ii) $p \neq 3$일 때:

ppp의 소인수분해는 $ppp = 3 \times 37 \times p$

따라서 ppp의 약수의 개수는 $2 \times 2 \times 2 = 8$이다.

별해

$$ppp = p \times 3 \times 37$$

(i) $p = 3$, $ppp = 3^2 \times 37$

(ii) $p \neq 3$, $ppp = p \times 3 \times 37$

즉, 222, 555, 777의 약수의 개수는 8이고 333의 약수의 개수는 6이다.

문제 1.2.3 p가 한 자리의 소수일 때 네 자리 자연수 $pppp$의 약수의 개수를 구하여라.

풀이

$$\begin{aligned} pppp &= 1000p + 100p + 10p + p \\ &= 1111p \\ &= 11 \times 101 \times p \end{aligned}$$

11, 101, p가 서로 다른 소수이므로 약수의 개수는 $2 \times 2 \times 2 = 8$이다.

문제 1.2.4 p가 한 자리의 소수일 때 다섯 자리 자연수 $ppppp$의 약수의 개수를 구하여라.

풀이

$$\begin{aligned} ppppp &= 10000p + 1000p + 100p + 10p + p \\ &= 11111p \\ &= 41 \times 271 \times p \end{aligned}$$

41, 271, p가 서로 다른 소수이므로 약수의 개수는 $2 \times 2 \times 2 = 8$이다.

문제 1.2.5 p가 한 자리의 소수일 때 여섯 자리 자연수 $pppppp$의 약수의 개수를 구하여라.

풀이

$$\begin{aligned} pppppp &= 100000p + 10000p + 1000p + 100p + 10p + p \\ &= 111111p \\ &= 11 \times 3 \times 7 \times 13 \times 37 \times p \end{aligned}$$

(ⅰ) $p = 3$ 또는 $p = 7$일 때:

$pppppp$의 소인수분해는 $pppppp = 3^2 \times 7 \times 11 \times 13 \times 37$

또는 $pppppp = 3 \times 7^2 \times 11 \times 13 \times 37$.

따라서 약수의 개수는 $2 \times 3 \times 2 \times 2 \times 2 = 48$이다.

(ⅱ) $p \neq 3$, $p \neq 7$일 때:

$pppppp$의 소인수분해는 $pppppp = 11 \times 3 \times 7 \times 13 \times 37 \times p$.

따라서 약수의 개수는 $2 \times 2 \times 2 \times 2 \times 2 \times 2 = 64$이다.

문제 1.2.6 ab가 두 자리의 소수일 때 네 자리 자연수 $abab$의 약수의 개수를 구하여라.

풀이

$$\begin{aligned} abab &= 1000a + 100b + 10a + b \\ &= 1010a + 101b \\ &= 101(10a + b) \\ &= 101 \times ab \end{aligned}$$

ab와 101은 서로 다른 소수이므로 약수의 개수는 $2 \times 2 = 4$이다.

탐구 문제 1.23 1313의 약수는 1, 13, 101, 1313임을 확인하여라.

문제 1.2.7 ab가 두 자리의 소수일 때 여섯 자리 자연수 $ababab$의 약수의 개수를 구하여라.

풀이

$$\begin{aligned} ababab &= 100000a + 10000b + 1000a + 100b + 10a + b \\ &= 101010a + 10101b \\ &= 10101(10a + b) \\ &= 3 \times 7 \times 13 \times 37 \times (10a + b) \\ &= 3 \times 7 \times 13 \times 37 \times ab \end{aligned}$$

(i) 두 자리의 소수 ab가 13 또는 37일 경우:

$ababab$의 소인수분해는 $3 \times 7 \times 13^2 \times 37$ 또는 $3 \times 7 \times 13 \times 37^2$이므로 약수의 개수는 $2 \times 2 \times 3 \times 2 = 24$이다.

(ii) 두 자리의 소수 ab가 13이 아니고 37도 아닌 경우:

$ababab$의 소인수분해는 $3 \times 7 \times 13 \times 37 \times ab$이므로 약수의 개수는 $2 \times 2 \times 2 \times 2 \times 2 = 32$이다.

문제 1.2.8 abc가 세 자리의 소수일 때 여섯 자리 자연수 $abcabc$의 약수의 개수를 구하여라.

풀이

$$\begin{aligned} abcabc &= 100000a+10000b+1000c+100a+10b+c \\ &= 100100a+10010b+1001c \\ &= 1001(100a+10b+c) \\ &= 7\times 11\times 13\times abc \end{aligned}$$

7, 11, 13, abc가 서로 다른 소수들이므로 약수의 개수는 $2\times 2\times 2\times 2=16$이다.

탐구 문제 1.24

$$1001=10^3+1=(10+1)(10^2-10+1)$$

임을 이용하여 1001의 소인수분해를 구하여라.

문제 1.2.9 $abcde$가 다섯 자리의 소수일 때 열자리 자연수 $abcdeabcde$의 약수의 개수를 구하여라.

풀이

$$\begin{aligned} abcdeabcde &= 100001(10000a+1000b+100c+10d+e) \\ &= 11\times 9091\times(10000a+1000b+100c+10d+e) \\ &= 11\times 9091\times abcde \end{aligned}$$

11, 9091, $abcde$는 서로 다른 소수이므로 $abcdeabcde$의 약수의 개수는 $2\times 2\times 2=8$이다(여기서, 100001은 10^5+1형태이므로 $10+1=11$의 배수임을 이용한다).

탐구 문제 1.25

$$\begin{aligned} 100001 &= 10^5+1=(10+1)(10^4-10^3+10^2-10+1) \\ &= 11\times 9091 \end{aligned}$$

임을 확인하여라.

문제 1.2.10 어떤 자연수 n에 대하여 n^m-1은 $n-1$의 배수임을 보여라 (단, m은 자연수이다).

풀이

모든 자연수 m에 대하여

$$n^m-1=(n-1)(n^{m-1}+n^{m-2}+n^{m-3}+\cdots+n+1)$$

이므로 n^m-1은 $n-1$의 배수이다.

문제 1.2.11 $7^{500}-1$은 6의 배수임을 보여라.

풀이

n^m-1은 $n-1$의 배수이므로 $7^{500}-1$은 6의 배수이다.

문제 1.2.12 어떤 자연수 n에 대하여 n^m+1은 $n+1$의 배수임을 보여라 (단, m은 홀수인 자연수이다).

풀이

모든 홀수인 자연수 m에 대하여

$$n^m+1=(n+1)(n^{m-1}-n^{m-2}+n^{m-3}-n^{m-4}+\cdots-n+1)$$

이므로 n^m+1은 $n+1$의 배수이다.

탐구 문제 1.26

$$x^m-1=(x+1)(x^{m-1}-x^{m-2}+\cdots+x-1)$$

이고 $x=10$이면

$$10^m-1=(10+1)(10^{m-1}-10^{m-2}+\cdots+10-1)=11k$$

임을 이용하여 x^m-1은 어떤 수의 배수가 되는지를 설명하여라 (단, m은 자연수이다).

문제 1.2.13 $7^{501}+1$은 8의 배수임을 보여라.

풀이

모든 홀수인 자연수 m에 대하여 n^m+1은 $n+1$의 배수이므로 $7^{501}+1$은 8의 배수이다.

문제 1.2.14 짝수 자릿수의 자연수 $n=100\cdots001$은 11의 배수임을 보여라.

풀이

어떤 홀수 m에 대하여 $n=10^m+1$이므로 n은 $10+1=11$의 배수이다.

탐구 문제 1.27 짝수 자릿수의 $99\cdots99$는 10^m-1(m : 짝수)이므로 $(10^{\frac{m}{2}}-1)(10^{\frac{m}{2}}+1)$로 나타남을 보여라.

문제 1.2.15 n자리의 자연수 N에서 홀수 번째 자리의 수의 합에서 짝수 번째 자리의 수의 합을 뺀 수가 11의 배수이면 N은 11의 배수임을 보여라.

풀이

n자리의 자연수 N을 $N=a_na_{n-1}a_{n-2}\cdots a_4a_3a_2a_1$라 두면

$$
\begin{aligned}
N &= a_n10^{n-1}+a_{n-1}10^{n-2}+a_{n-2}10^{n-3}+\cdots+a_310^2+a_210+a_1 \\
&= a_1+a_2(11-1)+a_3(99+1)+a_4(1001-1)+a_5 \\
&\quad (9999+1)-a_6(100001-1)+\cdots \\
&= 11a_2+99a_3+1001a_4+9999a_5+100001a_6+\cdots \\
&\quad +(a_1-a_2+a_3-a_4+a_5-a_6+\cdots) \\
&= 11a_2+99a_3+1001a_4+9999a_5+100001a_6\cdots \\
&\quad +(a_1+a_3+a_5+\cdots)-(a_2+a_4+a_6+\cdots)
\end{aligned}
$$

이다.

한편 11, 90, 11, 99, 1001, 9999, 10001, …이 11의 배수이므로

$$(a_1 + a_3 + a_5 + \cdots) - (a_2 + a_4 + a_6 + \cdots)$$

가 11의 배수이면 N은 11의 배수이다.

탐구 문제 1.28 52525로 위의 문제 1.2.15를 확인하여라.

문제 1.2.16 $n = p$(p는 소수)일 때 n보다 작고 n과 서로소인 자연수의 개수를 구하여라.

풀이

m은 자연수로 $1 \le m < n$이라고 하자. $(m,\ p)$를 m과 p의 최대공약수라 하면, p는 소수이므로 $(m,\ p) = 1$ 또는 $(m,\ p) = p$이다.

만약 $(m,\ p) = p$이면 m은 p의 배수가 되어야 한다. $1 \le m < n$일 때 이것은 불가능하므로 $1 \le m < n$인 모든 m에 대하여 $(m,\ p) = 1$이다.

즉, m과 $n = p$은 서로소이다.

따라서 구하는 자연수의 개수는 $p - 1$개다.

문제 1.2.17 A, B를 집합이라고 하고, $|A|$를 집합 A의 원소의 개수라고 하자. 그러면 $|A \cup B| = |A| + |B| - |A \cap B|$임을 보여라.

풀이

$$\begin{aligned} |A \cup B| &= |A - B| + |B - A| + |A \cap B| \\ &= (|A| - |A \cap B|) + (|B| - |A \cap B|) + |A \cap B| \\ &= |A| + |B| - |A \cap B| \end{aligned}$$

탐구 문제 1.29

$$\begin{aligned} |A \cup B \cup C| = |A| + |B| + |C| \\ - |A \cap B| - |B \cap C| - |A \cap C| \\ + |A \cap B \cap C| \end{aligned}$$

임을 확인하여라.

탐구 문제 1.30

$$
\begin{aligned}
|A \cup B \cup C \cup D| = |A| + |B| + |C| + |D| \\
- |A \cap B| - |A \cap C| - |A \cap D| - |B \cap C| \\
- |B \cap D| - |C \cap D| \\
+ |A \cap B \cap C| + |A \cap B \cap D| \\
+ |B \cap C \cap D| + |A \cap C \cap D| \\
- |A \cap B \cap C \cap D|
\end{aligned}
$$

임을 확인하여라.

문제 1.2.18 1부터 1000까지의 자연수 중에서 3 또는 5의 배수들의 개수를 구하여라.

풀이

1부터 1000까지의 자연수 중에서, 3의 배수들의 집합을 A라 하고 5의 배수들의 집합을 B라고 하자. 그러면

$$
\begin{aligned}
A &= \{3, 6, 9, \cdots, 999\} \\
&= \{3 \times 1, 3 \times 2, 3 \times 3, \cdots, 3 \times 333\} \\
B &= \{5, 10, 15, \cdots, 1000\} \\
&= \{5 \times 1, 5 \times 2, 5 \times 3, \cdots, 5 \times 200\}
\end{aligned}
$$

이다.

1부터 1000까지의 자연수 중에서 3의 배수이면서 동시에 5의 배수인 수들의 집합은 $A \cap B$이고, 3의 배수이면서 동시에 5의 배수인 수는 3과 5의 최소공배수 15의 배수이므로

$$
\begin{aligned}
A \cap B &= \{15, 30, 45, \cdots, 990\} \\
&= \{15 \times 1, 15 \times 2, 15 \times 3, \cdots, 15 \times 66\}
\end{aligned}
$$

이다.

한편, 1부터 1000까지의 자연수 중에서 3 또는 5의 배수들의 집합은 $A \cup B$이므로 이들의 개수는 $|A \cup B|$이다.

따라서 우리가 구하는 개수는

$$
\begin{aligned}
|A \cup B| &= |A| + |B| - |A \cap B| \\
&= 333 + 200 - 66 \\
&= 467
\end{aligned}
$$

이다.

문제 1.2.19 1부터 1000까지의 자연수 중에서 a 또는 b의 배수들의 개수를 구하여라 (단, a, b는 서로 다른 소수이다).

풀이

1부터 1000까지의 자연수 중에서, a의 배수들의 집합을 A라 하고 b의 배수들의 집합을 B라고 하자. 그러면

$$A=\left\{a,\ 2a,\ 3a,\ \cdots,\ \left[\frac{1000}{a}\right]a\right\}$$
$$=\left\{a\times 1,\ a\times 2,\ a\times 3,\ \cdots,\ a\times\left[\frac{1000}{a}\right]\right\}$$
$$B=\left\{b,\ 2b,\ 3b,\ \cdots,\ \left[\frac{1000}{b}\right]b\right\}$$
$$=\left\{b\times 1,\ b\times 2,\ b\times 3,\ \cdots,\ b\times\left[\frac{1000}{b}\right]\right\}$$

이다.

1부터 1000까지의 자연수 중에서 a의 배수이면서 동시에 b의 배수인 수들의 집합은 $A\cap B$이고, a의 배수이면서 동시에 b의 배수인 수는 a와 b의 최소공배수 ab의 배수이므로

$$A\cap B=\left\{ab,\ 2ab,\ 3ab,\ \cdots,\ \left[\frac{1000}{ab}\right]ab\right\}$$
$$=\left\{ab\times 1,\ ab\times 2,\ ab\times 3,\ \cdots,\ ab\times\left[\frac{1000}{ab}\right]\right\}$$

이다.

한편, 1부터 1000까지의 자연수 중에서 a 또는 b의 배수들의 집합은 $A\cup B$이므로 이들의 개수는 $|A\cup B|$이다.

따라서 우리가 구하는 개수는

$$|A\cup B|=|A|+|B|-|A\cap B|$$
$$=\left[\frac{1000}{a}\right]+\left[\frac{1000}{b}\right]-\left[\frac{1000}{ab}\right]$$

이다.

문제 1.2.20 1부터 n까지 자연수들의 총합을 구하여라.

풀이

1부터 n까지 자연수들의 총합을 S_n이라고 하자. 그러면

$$S_n = 1+2+\cdots+(n-1)+n$$

$$S_n = n+(n-1)+\cdots+2+1$$

이다. 양변을 각각 더하면,

$$2S_n = \overbrace{(1+n)+(1+n)+\cdots+(1+n)}^{n\text{개}}$$

이다. 따라서

$$S_n = \frac{n(n+1)}{2}$$

이다.

별해

$S_n = \sum_{k=1}^{n} \frac{n(n+1)}{2}$을 n에 대해 수학적 귀납법을 이용하여 보인다.

$n=1$일 때 $\sum_{k=1}^{1} k = 1 = \frac{1(1+1)}{2}$이므로 성립한다.

$n=k$일 때 $\sum_{k=1}^{k} k = \frac{k(k+1)}{2}$을 가정하자.

$n=k+1$일 때 $$\sum_{k=1}^{k+1} k = \sum_{k=1}^{k} k + (k+1)$$

$$= \frac{k(k+1)}{2} + (k+1)$$

$$= \frac{k(k+1)+2(k+1)}{2}$$

$$= \frac{(k+1)(k+2)}{2}$$

이므로 성립한다.

$$\therefore\ S_n = \sum_{k=1}^{n} \frac{n(n+1)}{2}$$

문제 1.2.21 1부터 1000까지의 자연수 중에서 3 또는 5의 배수들의 총합을 구하여라.

풀이

1부터 1000까지의 자연수 중에서, 3의 배수들의 집합을 A라 하고 5의 배수들의 집합을 B라고 하자. 그러면

$$\begin{aligned} A &= \{3, 6, 9, \cdots, 999\} \\ &= \{3\times1, 3\times2, 3\times3, \cdots, 3\times333\} \\ B &= \{5, 10, 15, \cdots, 1000\} \\ &= \{5\times1, 5\times2, 5\times3, \cdots, 5\times200\} \end{aligned}$$

이다.

1부터 1000까지의 자연수 중에서 3의 배수이면서 동시에 5의 배수인 수들의 집합은 $A\cap B$이고, 3의 배수이면서 동시에 5의 배수인 수는 3과 5의 최소공배수 15의 배수이므로

$$\begin{aligned} A\cap B &= \{15, 30, 45, \cdots, 990\} \\ &= \{15\times1, 15\times2, 15\times3, \cdots, 15\times66\} \end{aligned}$$

이다.

한편, 1부터 1000까지의 자연수 중에서 3 또는 5의 배수들의 집합은 $A\cup B$이므로

$$\begin{aligned} \text{문제에서 요구하는 총합} &= \text{집합 } A\cup B\text{의 원소들의 총합} \\ &= \text{집합 } A\text{의 원소들의 총합} + \text{집합 } B\text{의 원소들의 총합} \\ &\quad - \text{집합 } A\cap B\text{의 원소들의 총합} \\ &= (3\times1+3\times2+\cdots+3\times333) \\ &\quad +(5\times1+5\times2+\cdots+5\times200) \\ &\quad -(15\times1+15\times2+\cdots+15\times66) \\ &= 3\times\frac{333\times334}{2}+5\times\frac{200\times201}{2}-15\times\frac{66\times67}{2} \\ &= 234168 \end{aligned}$$

이다.

문제 1.2.22 1부터 1000까지의 자연수 중에서 a 또는 b의 배수들의 총합을 구하여라 (단 a, b는 서로소이다).

풀이

1부터 1000까지의 자연수 중에서, a의 배수들의 집합을 A라 하고 b의 배수들의 집합을 B라고 하자. 그러면

$$\begin{aligned} A &= \left\{a,\ 2a,\ 3a,\ \cdots,\ \left[\frac{1000}{a}\right]a\right\} \\ &= \left\{a\times 1,\ a\times 2,\ a\times 3,\ \cdots,\ a\times\left[\frac{1000}{a}\right]\right\} \\ B &= \left\{b,\ 2b,\ 3b,\ \cdots,\ \left[\frac{1000}{b}\right]b\right\} \\ &= \left\{b\times 1,\ b\times 2,\ b\times 3,\ \cdots,\ b\times\left[\frac{1000}{b}\right]\right\} \end{aligned}$$

이다.

1부터 1000까지의 자연수 중에서 a의 배수이면서 동시에 b의 배수인 수들의 집합은 $A\cap B$이고, a의 배수이면서 동시에 b의 배수인 수는 a과 b의 최소공배수 ab의 배수이므로

$$\begin{aligned} A\cap B &= \left\{ab,\ 2ab,\ 3ab,\ \cdots,\ \left[\frac{1000}{ab}\right]ab\right\} \\ &= \left\{ab\times 1,\ ab\times 2,\ ab\times 3,\ \cdots,\ ab\times\left[\frac{1000}{ab}\right]\right\} \end{aligned}$$

이다.

한편, 1부터 1000까지의 자연수 중에서 a 또는 b의 배수들의 집합은 $A\cup B$이므로

문제에서 요구하는 총합
= 집합 $A\cup B$의 원소들의 총합
= 집합 A의 원소들의 총합+집합 B의 원소들의 총합
  −집합 $A\cap B$의 원소들의 총합

$$= \left(a\times 1 + a\times 2 + \cdots + a\times\left[\frac{1000}{a}\right]\right) + \left(b\times 1 + b\times 2 + \cdots + b\times\left[\frac{1000}{b}\right]\right)$$

$$-\left(ab\times 1+ab\times 2+\cdots+ab\times\left[\frac{1000}{ab}\right]\right)$$

$$=a\times\frac{\left[\frac{1000}{a}\right]\times\left(\left[\frac{1000}{a}\right]+1\right)}{2}+b\times\frac{\left[\frac{1000}{b}\right]\times\left(\left[\frac{1000}{b}\right]+1\right)}{2}$$

$$-ab\times\frac{\left[\frac{1000}{ab}\right]\times\left(\left[\frac{1000}{ab}\right]+1\right)}{2}$$

이다.

문제 1.2.23 $n\geq 2$인 모든 자연수 n에 대하여

$$A\cap(B_1\cup B_2\cup\cdots\cup B_n)=(A\cap B_1)\cup(A\cap B_2)\cup\cdots\cup(A\cap B_n)$$

이 성립함을 보여라.

풀이

n에 대한 수학적 귀납법으로 증명하여 보자.

먼저, $n=2$인 경우:

$$\text{좌변}=A\cap(B_1\cup B_2)=(A\cap B_1)\cup(A\cap B_2)=\text{우변(분배법칙)}$$

이 성립한다.

이제 $n=k(k\geq 2)$인 경우에 성립한다고 가정하자. 그러면

$$A\cap(B_1\cup B_2\cup\cdots\cup B_k)=(A\cap B_1)\cup(A\cap B_2)\cup\cdots\cup(A\cap B_k)$$

가 성립한다.

$n=k+1$인 경우:

$$\begin{aligned}\text{좌변}&=A\cap(B_1\cup B_2\cup\cdots\cup B_k\cup B_{k+1})\\&=A\cap\{(B_1\cup B_2\cup\cdots\cup B_k)\cup B_{k+1}\}\\&=\{A\cap(B_1\cup B_2\cup\cdots\cup B_k)\}\cup(A\cap B_{k+1})\\&-\{(A\cap B_1)\cup(A\cap B_2)\cup\cdots\cup(A\cap B_k)\}\cup(A\cap B_{k+1})\\&=(A\cap B_1)\cup(A\cap B_2)\cup\cdots\cup(A\cap B_{k+1})\\&=\text{우변}\end{aligned}$$

이 성립한다.

따라서, $n\geq 2$인 모든 자연수 n에 대하여

$$A \cap (B_1 \cup B_2 \cup \cdots \cup B_n) = (A \cap B_1) \cup (A \cap B_2) \cup \cdots \cup (A \cap B_n)$$

이 성립한다.

문제 1.2.24 $n \geq 2$인 모든 자연수 n에 대하여

$$A \cup (B_1 \cap B_2 \cap \cdots \cap B_n) = (A \cup B_1) \cap (A \cup B_2) \cap \cdots \cap (A \cup B_n)$$

이 성립함을 보여라.

풀이

n에 대한 수학적 귀납법으로 증명하여 보자.

먼저, $n=2$인 경우:

$$\text{좌변} = A \cup (B_1 \cap B_2) = (A \cup B_1) \cap (A \cup B_2) = \text{우변 (분배법칙)}$$

이 성립한다.

이제 $n=k(k \geq 2)$인 경우에 성립한다고 가정하자. 그러면

$$A \cup (B_1 \cap B_2 \cap \cdots \cap B_k) = (A \cup B_1) \cap (A \cup B_2) \cap \cdots \cap (A \cup B_k)$$

가 성립한다.

$n=k+1$인 경우:

$$\begin{aligned}
\text{좌변} &= A \cup (B_1 \cap B_2 \cap \cdots \cap B_k \cap B_{k+1}) \\
&= A \cup \{(B_1 \cap B_2 \cap \cdots \cap B_k) \cap B_{k+1}\} \\
&= \{A \cup (B_1 \cap B_2 \cap \cdots \cap B_k)\} \cap (A \cup B_{k+1}) \\
&= \{(A \cup B_1) \cap (A \cup B_2) \cap \cdots \cap (A \cup B_k)\} \cap (A \cup B_{k+1}) \\
&= (A \cup B_1) \cap (A \cup B_2) \cap \cdots \cap (A \cup B_{k+1}) \\
&= \text{우변}
\end{aligned}$$

이 성립한다.

따라서 $n \geq 2$인 모든 자연수 n에 대하여

$$A \cup (B_1 \cap B_2 \cap \cdots \cap B_n) = (A \cup B_1) \cap (A \cup B_2) \cap \cdots \cap (A \cup B_n)$$

이 성립한다.

문제 1.2.25 A, B, C를 집합이라고 하고, $|A|$를 집합 A의 원소의 개수라고 하자. 그러면

$$|A\cup B\cup C|=|A|+|B|+|C|-\{|A\cap B|+|B\cap C|+|C\cap A|\}+|A\cap B\cap C|$$

이다.

풀이

$$
\begin{aligned}
&|A\cup B\cup C|\\
&=|A\cup(B\cup C)|\\
&=|A|+|B\cup C|-|A\cap(B\cup C)|\\
&=|A|+|B|+|C|-|B\cap C|-|(A\cap B)\cup(A\cap C)|\\
&=|A|+|B|+|C|-|B\cap C|-\{|A\cap B|+|A\cap C|-|(A\cap B)\cap(A\cap C)|\}\\
&=|A|+|B|+|C|-|B\cap C|-\{|A\cap B|+|A\cap C|-|A\cap B\cap C|\}\\
&=|A|+|B|+|C|-\{|A\cap B|+|B\cap C|+|C\cap A|\}+|A\cap B\cap C|
\end{aligned}
$$

탐구 문제 1.31

$$
\begin{aligned}
|A_1\cup A_2\cup\cdots\cup A_k|&=|A_1|+|A_2|+\cdots+|A_k|\\
&-(|A_1\cap A_2|+|A_1\cap A_3|+\cdots+|A_{k-1}\cap A_k|)\\
&\cdots+(-1)^{k-1}|A_1\cap A_2\cap\cdots\cap A_k|
\end{aligned}
$$

임을 보여라.

문제 1.2.26 1부터 1000까지의 자연수 중에서 3, 5 또는 7의 배수들의 개수를 구하여라.

풀이

1부터 1000까지의 자연수 중에서 3의 배수들의 집합을 A, 5의 배수들의 집합을 B, 7의 배수들의 집합을 C라고 하자. 그러면

$$
\begin{aligned}
A&=\{3,6,9,\cdots,999\}\\
&=\{3\times1,3\times2,3\times3,\cdots,3\times333\}\\
B&=\{5,10,15,\cdots,1000\}\\
&=\{5\times1,5\times2,5\times3,\cdots,5\times200\}\\
C&=\{7,14,21,\cdots,994\}\\
&=\{7\times1,7\times2,7\times3,\cdots,7\times142\}
\end{aligned}
$$

이다. 1부터 1000까지의 자연수 중에서 3의 배수이면서 동시에 5의 배수인 수들의 집합은 15의 배수들이므로

$$A\cap B=\{15, 30, 45, \cdots, 990\}=\{15\times 1, 15\times 2, 15\times 3, \cdots, 15\times 66\}$$

이고, 1부터 1000까지의 자연수 중에서 5의 배수이면서 동시에 7의 배수인 수들의 집합은 35의 배수들이므로

$$B\cap C=\{35, 70, 105, \cdots, 980\}=\{35\times 1, 35\times 2, 35\times 3, \cdots, 35\times 28\}$$

이며, 1부터 1000까지의 자연수 중에서 3의 배수이면서 동시에 7의 배수인 수들의 집합은 21의 배수들이므로

$$C\cap A=\{21, 42, 63, \cdots, 987\}=\{21\times 1, 21\times 2, 21\times 3, \cdots, 21\times 47\}$$

이다. 따라서 1부터 1000까지의 자연수 중에서 3과 5의 배수이면서 동시에 7의 배수인 수들의 집합은 105의 배수들이므로

$$\begin{aligned} A\cap B\cap C &= \{105, 210, 315, \cdots, 945\} \\ &= 105\times 1, 105\times 2, 105\times 3, \cdots, 105\times 9\} \end{aligned}$$

이다.

한편, 1부터 1000까지의 자연수 중에서 3, 5 또는 7의 배수들의 집합은 $A\cup B\cup C$이므로 원소의 개수는 $|A\cup B\cup C|$이다.

따라서 우리가 구하는 개수는

$$\begin{aligned} |A\cup B\cup C| &= |A|+|B|+|C|-\{|A\cap B|+|B\cap C|+|C\cap A|\}-|A\cap B\cap C| \\ &= 333+200+142-(66+28+47)+9 \\ &= 543 \end{aligned}$$

이다.

문제 1.2.27 1부터 1000까지의 자연수 중에서 a, b 또는 c의 배수들의 총합을 구하여라 (단 a, b, c는 서로소이다).

풀이

1부터 1000까지의 자연수 중에서, a의 배수들의 집합을 A, b의 배수들의 집합을 B, c의 배수들의 집합을 C라고 하자. 그러면

$$A=\left\{a, 2a, 3a, \cdots, \left[\frac{1000}{a}\right]a\right\}$$

$$= \left\{a \times 1,\ a \times 2,\ a \times 3,\ \cdots,\ a \times \left[\frac{1000}{a}\right]\right\}$$

$$B = \left\{b,\ 2b,\ 3b,\ \cdots,\ \left[\frac{1000}{b}\right]b\right\}$$

$$= \left\{b \times 1,\ b \times 2,\ b \times 3,\ \cdots,\ b \times \left[\frac{1000}{b}\right]\right\}$$

$$C = \left\{c,\ 2c,\ 3c,\ \cdots,\ \left[\frac{1000}{c}\right]c\right\}$$

$$= \left\{c \times 1,\ c \times 2,\ c \times 3,\ \cdots,\ c \times \left[\frac{1000}{c}\right]\right\}$$

이다.

1부터 1000까지의 자연수 중에서 a의 배수이면서 동시에 b의 배수인 수들의 집합은 $A \cap B$이고, a의 배수이면서 동시에 b의 배수인 수는 a와 b의 최소공배수 ab의 배수이므로

$$A \cap B = \left\{ab,\ 2ab,\ 3ab,\ \cdots,\ \left[\frac{1000}{ab}\right]ab\right\}$$

$$= \left\{ab \times 1,\ ab \times 2,\ ab \times 3,\ \cdots,\ ab \times \left[\frac{1000}{ab}\right]\right\}$$

이다.

같은 방법으로,

$$B \cap C = \left\{bc,\ 2bc,\ 3bc,\ \cdots,\ \left[\frac{1000}{bc}\right]bc\right\}$$

$$= \left\{bc \times 1,\ bc \times 2,\ bc \times 3,\ \cdots,\ bc \times \left[\frac{1000}{bc}\right]\right\}$$

$$A \cap C = \left\{ac,\ 2ac,\ 3ac,\ \cdots,\ \left[\frac{1000}{ac}\right]ac\right\}$$

$$= \left\{ac \times 1,\ ac \times 2,\ ac \times 3,\ \cdots,\ ac \times \left[\frac{1000}{ac}\right]\right\}$$

$$A \cap B \cap C = \left\{abc,\ 2abc,\ 3abc,\ \cdots,\ \left[\frac{1000}{abc}\right]abc\right\}$$

$$= \left\{abc \times 1,\ abc \times 2,\ abc \times 3,\ \cdots,\ abc \times \left[\frac{1000}{abc}\right]\right\}$$

이다.

한편, 1부터 1000까지의 자연수 중에서 a, b 또는 c의 배수들의 집합은 $A \cup B \cup C$이므로

문제에서 요구하는 총합

= 집합 $|A\cup B\cup C|$의 원소들의 총합

= 집합 A의 원소들의 총합 + 집합 B의 원소들의 총합+ 집합 C의 원소들의 총합

- 집합 $A\cap B$의 원소들의 총합 - 집합 $B\cap C$의 원소들의 총합

- 집합 $C\cap A$의 원소들의 총합 + 집합 $A\cap B\cap C$의 원소들의 총합

$$= \left(a\times 1 + a\times 2 + \cdots + a\times\left[\frac{1000}{a}\right]\right) + \left(b\times 1 + b\times 2 + \cdots + b\times\left[\frac{1000}{b}\right]\right)$$
$$+ \left(c\times 1 + c\times 2 + \cdots + c\times\left[\frac{1000}{c}\right]\right) - \left(ab\times 1 + ab\times 2 + \cdots + ab\times\left[\frac{1000}{ab}\right]\right)$$
$$- \left(bc\times 1 + bc\times 2 + \cdots + bc\times\left[\frac{1000}{bc}\right]\right)$$
$$- \left(ca\times 1 + ca\times 2 + \cdots + ca\times\left[\frac{1000}{ca}\right]\right)$$
$$+ \left(abc\times 1 + abc\times 2 + \cdots + abc\times\left[\frac{1000}{abc}\right]\right)$$
$$= a\times\frac{\left[\frac{1000}{a}\right]\times\left(\left[\frac{1000}{a}\right]+1\right)}{2} + b\times\frac{\left[\frac{1000}{b}\right]\times\left(\left[\frac{1000}{b}\right]+1\right)}{2}$$
$$+ c\times\frac{\left[\frac{1000}{c}\right]\times\left(\left[\frac{1000}{c}\right]+1\right)}{2} - ab\times\frac{\left[\frac{1000}{ab}\right]\times\left(\left[\frac{1000}{ab}\right]+1\right)}{2}$$
$$- bc\times\frac{\left[\frac{1000}{bc}\right]\times\left(\left[\frac{1000}{bc}\right]+1\right)}{2} - ca\times\frac{\left[\frac{1000}{ca}\right]\times\left(\left[\frac{1000}{ca}\right]+1\right)}{2}$$
$$+ abc\times\frac{\left[\frac{1000}{abc}\right]\times\left(\left[\frac{1000}{abc}\right]+1\right)}{2}$$

이다.

문제 1.2.28 $n=pq$ (p, q는 서로 다른 소수)일 때 n보다 작고 n과 서로소인 자연수의 개수를 구하여라.

풀이

m은 자연수로 $1\le m<n$이라고 하고, (m, k)를 m과 k의 최대공약수라 하자.

pq의 약수는 1, p, q, pq이므로 $(m,\ pq)=1$, $(m,\ pq)=p$, $(m,\ pq)=q$ 또는 $(m,\ pq)=pq$이다.

(i) $(m,\ pq)=1$인 경우:

n과 m은 서로소이다.

(ii) $(m,\ pq)=p$인 경우:

m은 p의 배수이므로 $m=\{p,\ 2p,\ 3p,\ \cdots,\ (q-1)p\}$이고 이 경우는 n과 m은 서로소가 아니다.

$A=\{p,\ 2p,\ 3p,\ \cdots,\ (q-1)p\}$라고 두면, $|A|=q-1$이다.

(iii) $(m,\ pq)=q$인 경우:

m은 q의 배수이므로 $m=\{q,\ 2q,\ 3q,\ \cdots,\ (p-1)q\}$이고 이 경우는 n과 m은 서로소가 아니다.

$B=\{q,\ 2q,\ 3q,\ \cdots,\ (p-1)q\}$라고 두면, $|B|=p-1$이다.

(iv) $(m,\ pq)=pq$인 경우:

m은 $n=pq$의 배수이므로 $m\ge n$이다. $1\le m<n$이므로 이것은 불가능하다.

한편 (ii)와 (iii)을 동시에 만족하는 자연수는 존재하지 않는다.

왜냐하면 만약 m이 (ii)와 (iii)을 동시에 만족한다면 $m=kp=tq$ ($k=1,\ 2,\ \cdots,\ q-1\ ;\ t=1,\ 2,\ \cdots,\ p-1$)이다.

$kp=tq$에서 p는 tq의 소인수이다. p, q는 서로 다른 소수이므로 p는 t의 소인수이다. $t=1,\ 2,\ \cdots,\ p-1$이므로 따라서 m이 (ii)와 (iii)을 동시에 만족하는 것은 불가능하기 때문이다.

여기에서 우리는 $A\cap B=\phi$, 즉 $|A\cap B|=0$임을 알 수 있다.

따라서 구하는 자연수의 개수는

$$\begin{aligned} pq-1-|A\cup B| &= pq-1-(|A|+|B|-|A\cap B|) \\ &= (pq-1)-(p-1)-(q-1) \\ &= (p-1)(q-1) \end{aligned}$$

이다.

문제 1.2.29 p, q가 소수일 때, p가 q를 나누면 $p=q$이다.

풀이

p가 q를 나누므로 p는 q의 약수이다. q는 소수이므로 (양의)약수로써 1과 q만을 가진다. p는 소수이므로 1이 아니다. 따라서 $p=q$이다.

문제 1.2.30 p, q, r이 소수일 때, p가 qr을 나누면 $p=q$ 또는 $p=r$이다.

풀이

p가 qr을 나누므로 p는 qr의 약수이다. q, r은 소수이므로 qr의 약수는 1, q, r, qr이다. p는 소수이므로 1도 아니고 qr도 아니다. 따라서 $p=q$ 또는 $p=r$이다.

문제 1.2.31 p, q_1, q_2, $\cdots q_n$이 소수일 때, p가 $q_1q_2\cdots q_n$을 나누면 어떤 $i(i=1, 2, \cdots, n)$에 대해서 $p=q_i$이다.

풀이

p가 $q_1q_2\cdots q_n$을 나누므로 p는 $q_1q_2\cdots q_n$의 약수이다. q_1, q_2, $\cdots q_n$은 소수이므로 $q_1q_2\cdots q_n$의 약수는 1, q_1, q_2, $\cdots q_n$, q_1q_2, q_1q_3, $\cdots$, $q_{n-1}q_n$, $\cdots$, $q_2q_3\cdots q_n$, $q_1q_2\cdots q_n$이다.

p는 소수이므로 1 또는 두 개 이상의 소수들의 곱이 아니다. 따라서 어떤 $i(i=1, 2, \cdots, n)$에 대해서 $p=q_i$이다.

문제 1.2.32 $n=pqr(p, q, r$는 서로 다른 소수)일 때, n보다 작고 n과 서로소인 자연수의 개수를 구하여라.

풀이

a, b가 자연수일 때 (a, b)가 a와 b의 최대공약수를 나타낸다고 하자.

m이 자연수로서 $1\le m<n$이라고 하면 $n=pqr$의 약수는 1, p, q, r, pq, pr, qr, pqr이므로 $(m, n)=1$, $(m, n)=p$, $(m, n)=q$, $(m, n)=r$, $(m, n)=pq$, $(m, n)=pr$, $(m, n)=qr$ 또는 $(m, n)=pqr$이다.

(i) $(m, n) = 1$인 경우:

n과 m은 서로소이다.

(ii) $(m, n) = p$인 경우:

m은 p의 배수이므로 $m = p, 2p, 3p, \cdots, (qr-1)p$이고 이 경우는 n과 m은 서로소가 아니다.

$A = \{p, 2p, 3p, \cdots, (qr-1)p\}$로 두면, $|A| = qr-1$이다.

(iii) $(m, n) = q$인 경우:

m은 q의 배수이므로 $m = q, 2q, 3q, \cdots, (pr-1)q$이고 이 경우는 n과 m은 서로소가 아니다.

$B = \{q, 2q, 3q, \cdots, (pr-1)q\}$로 두면, $|B| = pr-1$이다.

(iv) $(m, n) = r$인 경우:

m은 p의 배수이므로 $m = r, 2r, 3r, \cdots, (pq-1)r$이고 이 경우는 n과 m은 서로소가 아니다.

$C = \{r, 2r, 3r, \cdots, (pq-1)r\}$로 두면, $|C| = pq-1$이다.

(v) $(m, n) = pq$인 경우:

m은 pq의 배수이므로 $m = pq, 2pq, 3pq, \cdots, (r-1)pq$이고 이 경우는 n과 m은 서로소가 아니다. 그리고 이 경우는 m이 p의 배수이고 동시에 q의 배수인 경우이다. 따라서 $A \cap B = \{pq, 2pq, 3pq, \cdots, (r-1)pq\}$이고 $|A \cap B| = r-1$이다.

(vi) $(m, n) = qr$인 경우:

m은 qr의 배수이므로 $m = qr, 2qr, 3qr, \cdots, (p-1)qr$이고 이 경우는 n과 m은 서로소가 아니다. 그리고 이 경우는 m이 q의 배수이고 동시에 r의 배수인 경우이다. 따라서 $B \cap C = \{qr, 2qr, 3qr, \cdots, (p-1)qr\}$이고 $|B \cap C| = p-1$이다.

(vii) $(m, n) = pr$인 경우:

m은 pr의 배수이므로 $m = pr, 2pr, 3pr, \cdots, (q-1)pr$이고 이 경우는 n과 m은 서로소가 아니다. 그리고 이 경우는 m이 p의 배수이고 동시에 r의 배수인 경우이다. 따라서 $A \cap C = \{pr, 2pr, 3pr, \cdots, (q-1)pr\}$이고 $|A \cap C| = q-1$이다.

(viii) $(m, n) = pqr$인 경우:

$1 \le m < n$이므로 이것은 불가능하다. 그리고 이 경우는 m이 p, q의 배수이고 동시에 r의 배수인 경우이다. 따라서 $A \cap B \cap C = \phi$이고 $|A \cap B \cap C| = 0$이다.

그러므로 구하는 m의 개수는

$$\begin{aligned} & pqr - 1 - |A \cup B \cup C| \\ &= pqr - 1 - (|A| + |B| + |C|) + (|A \cap B| + |B \cap C| + |A \cap C| - |A \cap B \cap C|) \\ &= pqr - 1 - \{(qr-1) + (pr-1) + (pq-1)\} + \{(r-1) + (p-1) + (q-1)\} \\ &= pqr - 1 - (qr + pr + pq) + (p + q + r) \\ &= qr(p-1) - q(p-1) - r(p-1) + (p-1) \\ &= (p-1)(qr - q - r + 1) \\ &= (p-1)(q-1)(r-1) \end{aligned}$$

이다.

별해

$$pqr - \left(\left[\frac{pqr}{p}\right] + \left[\frac{pqr}{q}\right] + \left[\frac{pqr}{r}\right]\right) + \left[\frac{pqr}{pq}\right] + \left[\frac{pqr}{qr}\right] + \left[\frac{pqr}{pr}\right] - \left[\frac{pqr}{pqr}\right]$$
$$= pqr - (pq + pr + qr) + (p + q + r) - 1$$

이고, 이것이 구하는 m의 개수이다.

문제 1.2.32 두 자연수 A, B가 자연수 a의 배수이면 $A+B$, $A-B$도 a의 배수임을 보여라.

풀이

두 자연수 A, B가 자연수 a의 배수이므로

$$A = ka,\ B = ta\ (k,\ t\text{는 자연수})$$

로 둘 수 있다. 그러면

$$A + B = ka + ta = (k+t)a,$$
$$A - B = ka - ta = (k-t)a$$

이고 $k+t$, $k-t$가 정수이므로, $A+B$, $A-B$도 a의 배수이다.

문제 1.2.33 임의의 자연수 n에 대하여, n과 $n+1$은 서로소임을 보여라.

풀이

n과 $n+1$이 서로소가 아니라고 가정하면, n과 $n+1$은 2보다 크거나 같은 공약수를 가진다. 이 공약수는 소수인 약수를 가진다. 이 소수를 p라고 하면 p는 n과 $n+1$의 공약수이다. 즉, n과 $n+1$은 p의 배수이다.
즉, $(n+1)-n=1$이 p의 배수가 되는데 이것은 모순이다.
따라서 n과 $n+1$은 서로소이다.

문제 1.2.34 임의의 자연수 n에 대하여, n과 $n+2$의 최대공약수를 구하여라.

풀이

(i) n이 홀수인 경우:

n과 $n+2$의 최대공약수를 d라 하고 $d>1$이라고 가정해 보자. $d>1$이므로 d의 소인수 p가 있을 것이다. 이 p는 n과 $n+2$의 공약수이므로 n과 $n+2$는 p의 배수이다. 따라서 $(n+2)-n=2$는 p의 배수이므로 p는 2가 될 수밖에 없다.
n이 홀수이므로 이것은 불가능하다.
그러므로 n이 홀수인 경우에는 n과 $n+2$의 최대공약수가 1이다.

(ii) n이 짝수인 경우:

n과 $n+2$이 짝수이므로 n과 $n+2$의 최대공약수는 2보다는 크거나 같다.
n과 $n+2$의 최대공약수를 d라 하면, $d>1$이므로 d는 소수인 약수를 가진다.
p를 d의 소인수라면, p는 n과 $n+2$의 공약수이므로 n과 $n+2$은 p의 배수이다.
따라서 $(n+2)-n=2$는 p의 배수이므로 p는 2가 될 수밖에 없다.
$d=2^k(k\geq 1)$라고 두자.
n과 $n+2$은 2^k의 배수이므로, $(n+2)-n=2$는 2^k의 배수이다.
여기서 $k=1$임을 알 수 있으므로, n이 짝수인 경우에는 n과 $n+2$의 최대공약수가 2이다.

(ii)의 별해

$n=2k$라 두면 $n+2=2k+2=2(k+1)$이고 k와 $k+1$은 서로소이므로, n과 $n+2$의 최대공약수는 2뿐이다.

문제 1.2.35 집합 $X=\{1, 2\}$이고 A, B가 X의 부분집합이라고 하자. $A \subseteq B$를 만족하는 순서쌍 (A, B)는 몇 개나 만들 수 있을까?

풀이

집합 X의 부분집합은 ϕ, $\{1\}$, $\{2\}$, X의 네 가지이다.

(i) $A=\phi$인 경우:

B는 ϕ, $\{1\}$, $\{2\}$, X의 네 가지가 가능하다.

(ii) $A=\{1\}$인 경우:

B는 $\{1\}$, X의 두 가지가 가능하다.

(iii) $A=\{2\}$인 경우:

B는 $\{2\}$, X의 두 가지가 가능하다.

(iv) $A=X$인 경우:

B는 X의 한 가지만 가능하다.

따라서 만들 수 있는 순서쌍의 개수는 $4+2\times2+1=9$이다.

문제 1.2.36 집합 $X=\{1, 2, 3, 4, 5\}$의 부분집합 중에서 1과 2를 포함하는 부분집합은 몇 개인가?

풀이

1과 2를 포함하는 X의 부분집합을 A라 하자.

A가 3을 포함하느냐 안하느냐에 따라 두 가지, 4를 포함하느냐 안하느냐에 따라 두 가지, 마찬가지로 5를 포함하느냐 안하느냐에 따라 두 가지가 있다.

따라서 1과 2를 포함하는 부분집합은 $2\times2\times2=2^3$(가지)가 있다.

문제 1.2.37 집합 X의 원소의 개수는 n이고, A, B가 X의 부분집합이라고 하자. $A \subseteq B$를 만족하는 순서쌍(A, B)는 몇 개나 만들 수 있는가?

풀이

A의 원소의 개수는 0, 1, 2, …, n인 경우가 있다.

(i) A의 원소의 개수가 0인 경우:

이 경우에 A를 선택하는 경우의 수가 1개이고 그 각각의 경우에 B를 선택하는 경우가 2^n개가 있다. 따라서 이 경우에 문제에서 요구하는 순서쌍의 개수는 2^n이다.

(ii) A의 원소의 개수가 1인 경우:

이 경우에 A를 선택하는 경우의 수가 ${}_nC_1$개이고 그 각각의 경우에 B를 선택하는 경우가 2^{n-1}개가 있다. 따라서 이 경우에 문제에서 요구하는 순서쌍의 개수는 ${}_nC_1 \times 2^{n-1}$이다.

(iii) A의 원소의 개수가 2인 경우:

이 경우에 A를 선택하는 경우의 수가 ${}_nC_2$개이고, 그 각각의 경우에 B를 선택하는 경우가 2^{n-2}개가 있다. 따라서 이 경우에 문제에서 요구하는 순서쌍의 개수는 ${}_nC_2 \times 2^{n-2}$이다.

(iv) A의 원소의 개수가 r인 경우$(1 \le r \le n)$:

이 경우에 A를 선택하는 경우의 수가 ${}_nC_r$개이고, 그 각각의 경우에 B를 선택하는 경우가 2^{n-r}개가 있다. 따라서 이 경우에 문제에서 요구하는 순서쌍의 개수는 ${}_nC_r \times 2^{n-r}$이다.

따라서 $A \subseteq B$를 만족하는 순서쌍 (A, B)의 개수는

$$2^n + {}_nC_1 \times 2^{n-1} + {}_nC_2 \times 2^{n-2} + \cdots + {}_nC_r \times 2^{n-r} + \cdots + {}_nC_n \times 2^{n-n}$$
$$= \sum_{r=0}^{n_n} C_r \times 2^{n-r}$$
$$= \sum_{r=0}^{n_n} C_r \times 1^r \times 2^{n-r}$$
$$= (1+2)^n$$
$$= 3^n$$

이다.

탐구 문제 1.32 ${}_nC_k + {}_nC_{k-1} = {}_{n+1}C_k$($n$, k : 자연수)임을 보여라.

문제 1.2.38 임의의 자연수 n에 대하여 두 자연수 $n!+1$과 $(n+1)!+1$은 서로소임을 보여라.

풀이

두 자연수 $n!+1$과 $(n+1)!+1$은 서로소가 아니라고 가정해보자. 그러면 두 자연수 $n!+1$과 $(n+1)!+1$의 최대공약수는 1보다 크므로 두 수는 소인수 p를 약수로 가진다. 즉 $n!+1$과 $(n+1)!+1$는 둘 다 p의 배수이다. 따라서 $\{(n+1)!+1\}-\{n!+1\}=(n+1)!-n!=n\times n!$은 p의 배수이다. p는 소수이므로 n이 p의 배수이거나 $n!$이 p의 배수이다. 결과적으로 $n!$이 p의 배수이다.
한편 $n!+1$도 p의 배수이므로 $(n!+1)-n!=1$이 p의 배수이다.
이것은 모순이므로 두 자연수 $n!+1$과 $(n+1)!+1$은 서로소이다.

문제 1.2.39 $A_n=\left\{y \mid y=\left[\frac{x}{n}\right],\ 0\le x\le 100\right\}$로 정의할 때, A_2를 구하여라(단, $[x]$는 x를 넘지 않는 최대의 정수이다).

풀이

$0\le x\le 100$이므로 $0\le \frac{x}{2}\le 50$. 그러므로 $\left[\frac{x}{2}\right]=0, 1, 2, \cdots, 50$.
따라서 $A_2=\left\{y \mid y=\left[\frac{x}{2}\right],\ 0\le x\le 100\right\}=\{0, 1, 2, \cdots, 50\}$이다.

문제 1.2.40 $A_n=\left\{y \mid y=\left[\frac{x}{n}\right],\ 0\le x\le 100\right\}$로 정의할 때, A_3을 구하여라.

풀이

$0\le x\le 100$이므로 $0\le \frac{x}{3}\le \frac{100}{3}$. 그러므로 $\left[\frac{x}{3}\right]=0, 1, 2, \cdots, 33$이 된다.

따라서 $A_3 = \left\{ y \mid y = \left[\dfrac{x}{3} \right], 0 \le x \le 100 \right\} = \{0, 1, 2, \cdots, 33\}$이다.

문제 1.2.41 $A_n = \left\{ y \mid y = \left[\dfrac{x}{n} \right], 0 \le x \le 100 \right\}$로 정의할 때, A_n(n은 양의 정수)를 구하여라.

풀이

$0 \le x \le 100$이므로 $0 \le \dfrac{x}{n} \le \dfrac{100}{n}$.

그러므로 $\left[\dfrac{x}{n} \right] = 0, 1, 2, \cdots, \left[\dfrac{100}{n} \right]$이 된다.

따라서 $A_n = \left\{ y \mid y = \left[\dfrac{x}{n} \right], 0 \le x \le 100 \right\} = \left\{ 0, 1, 2, \cdots, \left[\dfrac{100}{n} \right] \right\}$

이다.

문제 1.2.42 $A_n = \left\{ y \mid y = \left[\dfrac{x}{n} \right], 0 \le x \le 100 \right\}$로 정의할 때, $A_m \cap A_n$을 구하여라. (단, m, n은 양의 정수이고, $m \le n$이다.)

풀이

$0 \le x \le 100$이므로 $0 \le \dfrac{x}{n} \le \dfrac{100}{n}$, $0 \le \dfrac{x}{m} \le \dfrac{100}{m}$.

그러므로 $\left[\dfrac{x}{n} \right] = 0, 1, 2, \cdots, \left[\dfrac{100}{n} \right]$, $\left[\dfrac{x}{m} \right] = 0, 1, 2, \cdots, \left[\dfrac{100}{m} \right]$이 된다.

따라서

$$A_n = \left\{ y \mid y = \left[\frac{x}{n} \right], 0 \le x \le 100 \right\} = \left\{ 0, 1, 2, \cdots, \left[\frac{100}{n} \right] \right\}$$

$$A_m = \left\{ y \mid y = \left[\frac{x}{m} \right], 0 \le x \le 100 \right\} = \left\{ 0, 1, 2, \cdots, \left[\frac{100}{m} \right] \right\}$$

이다.

$m \le n$이므로, $\dfrac{100}{n} \le \dfrac{100}{m}$이다.

따라서 $\left[\dfrac{100}{n} \right] \le \left[\dfrac{100}{m} \right]$이므로, $A_m \cap A_n = A_n$이다.

문제 1.2.43 $\frac{x+y}{10}$가 1보다 작은 기약분수라 하자. 이 조건을 만족하는 두 자연수 x, y의 순서쌍 (x, y)의 개수를 구하여라.

풀이

$10=2\times5$이므로 $\frac{x+y}{10}$가 기약분수가 되기 위해서는 $x+y$가 2 또는 5를 인수로 갖지 않아야 된다. 따라서 $x+y=3, 7, 9$이다.

(i) $x=1$일 때:

$y=2, 6, 8$인 세 가지가 조건을 만족한다.

(ii) $x=2$일 때:

$y=1, 5, 7$인 세 가지가 조건을 만족한다.

(iii) $x=3$일 때:

$y=4, 6$인 두 가지가 조건을 만족한다.

(iv) $x=4$일 때:

$y=3, 5$인 두 가지가 조건을 만족한다.

(v) $x=5$일 때:

$y=2, 4$인 두 가지가 조건을 만족한다.

(vi) $x=6$일 때:

$y=1, 3$인 두 가지가 조건을 만족한다.

(vii) $x=7$일 때:

$y=2$인 한 가지가 조건을 만족한다.

(viii) $x=8$일 때:

$y=1$인 한 가지가 조건을 만족한다.

(ix) $x=9$일 때:

만족하는 경우가 없다.

따라서 문제의 조건을 만족하는 순서쌍의 개수는 $3\times2+2\times4+1\times2=16$이다.

별해

① $x+y=3$인 경우

② $x+y=7$인 경우

③ $x+y=9$인 경우

문제 1.2.44 $\frac{x+y}{9}$가 1보다 작은 기약분수라 하자. 이 조건을 만족하는 두 자연수 x, y의 순서쌍 (x, y)의 개수를 구하여라.

풀이

$9=3^2$이므로 $\frac{x+y}{9}$가 기약분수가 되기 위해서는 $x+y$가 3을 인수로 갖지 않아야 된다. 따라서 $x+y=2, 4, 5, 7, 8$이다.

(i) $x=1$일 때:

$y=1, 3, 4, 6, 7$인 다섯 가지가 조건을 만족한다.

(ii) $x=2$일 때:

$y=2, 3, 5, 6$인 네 가지가 조건을 만족한다.

(iii) $x=3$일 때:

$y=1, 2, 4, 5$인 네 가지가 조건을 만족한다.

(iv) $x=4$일 때:

$y=1, 3, 4$인 세 가지가 조건을 만족한다.

(v) $x=5$일 때:

$y=2, 3$인 두 가지가 조건을 만족한다.

(vi) $x=6$일 때:

$y=1, 2$인 두 가지가 조건을 만족한다.

(vii) $x=7$일 때:

$y=1$인 한 가지가 조건을 만족한다.

(viii) $x=8$이상일 때:

만족하는 경우가 없다.

따라서 문제의 조건을 만족하는 순서쌍의 개수는

$$5\times1+4\times2+3\times1+2\times2+1\times1=21$$

이다.

문제 1.2.45 $\frac{20x+y}{200}$가 1보다 작은 기약분수라 하자. 이 조건을 만족하는 두 자연수 x, y의 순서쌍 (x, y)의 개수를 구하여라.

풀이

$200=2^3\times5^2$이므로 $\frac{20x+y}{200}$가 기약분수가 되기 위해서는 $20x+y$가 2 또는 5를 인수로 갖지 않아야 된다.

(i) $x=1$일 때:

$y=1, 3, 7, 9, 11, 13, 17, 19, \cdots, 171, 173, 177, 179$이고

이 경우는 4×18가지이다.

(ii) $x=2$일 때:

$y=1, 3, 7, 9, 11, 13, 17, 19, \cdots, 151, 153, 157, 159$이고

이 경우는 4×16가지이다.

(iii) $x=3$일 때:

$y=1, 3, 7, 9, 11, 13, 17, 19, \cdots, 131, 133, 137, 139$이고

이 경우는 4×14가지이다.

(iv) $x=4$일 때:

$y=1, 3, 7, 9, 11, 13, 17, 19, \cdots, 111, 113, 117, 119$이고

이 경우는 4×12가지이다.

(v) $x=5$일 때:

$y=1, 3, 7, 9, 11, 13, 17, 19, \cdots, 91, 93, 97, 99$이고

이 경우는 4×10가지이다.

(vi) $x=6$일 때:

$y=1, 3, 7, 9, 11, 13, 17, 19, \cdots, 71, 73, 77, 79$이고

이 경우는 4×8가지이다.

(vii) $x=7$일 때:

$y=1, 3, 7, 9, 11, 13, 17, 19, \cdots, 51, 53, 57, 59$이고

이 경우는 4×6가지이다.

(viii) $x=8$일 때:

$y=1, 3, 7, 9, 11, 13, 17, 19, \cdots, 31, 33, 37, 39$이고

이 경우는 4×4가지이다.

(ix) $x=9$일 때:

$y=1, 3, 7, 9, 11, 13, 17, 19, \cdots, 11, 13, 17, 19$이고

이 경우는 4×2가지이다.

따라서 문제의 조건을 만족하는 순서쌍의 개수는

$$\begin{aligned}&4\times18+4\times16+4\times14+4\times12+4\times10+4\times8+4\times6+4\times4+4\times2\\&=8\times(9+8+7+6+5+4+3+2+1)\\&=8\times45\\&=360\end{aligned}$$

이다.

문제 1.2.46 $i=1, 2, 3, \cdots$에 대하여

$$P_i=\left\{x \mid \frac{i(i-1)}{2}<x\le\frac{i(i+1)}{2},\ x\text{는 자연수}\right\}$$

라고 정의하자.

$P_i=\phi$을 만족하는 i가 있는가? 있다면 구하여라.

풀이

$\dfrac{i(i+1)}{2}-\dfrac{i(i-1)}{2}=i\ge1$이므로

구간 $\left(\dfrac{i(i-1)}{2}, \dfrac{i(i+1)}{2}\right]$은 반드시 자연수를 하나 이상 포함한다.

즉, $P_i\ne\phi$이다. 따라서 $P_i=\phi$을 만족하는 i는 없다.

탐구 문제 1.33 고정된 수 k에 대해서 $k=$홀수일 때와 $k=$짝수일 때 각각 P_i가 공집합인 k의 범위를 i로 표현하여라.

문제 1.2.47 $i = 1, 2, 3, \cdots$에 대하여

$$P_i = \left\{ x \mid \frac{i(i-1)}{3} < x \leq \frac{i(i+1)}{3},\ x\text{는 자연수} \right\}$$

라고 정의하자.

$P_i = \phi$을 만족하는 i가 있는가? 있다면 구하여라.

풀이

$P_1 = \left\{ x \mid 0 < x \leq \frac{2}{3},\ x\text{는, 자연수} \right\}$이므로, $P_1 = \phi$이다.

이제 $i \geq 2$라고 가정하자. 그러면

$$\frac{i(i+1)}{3} - \frac{i(i-1)}{3} = \frac{2i}{3} > 1$$

이므로 구간 $\left(\frac{i(i-1)}{3}, \frac{i(i+1)}{3} \right]$은 반드시 자연수를 하나 이상 포함한다.

즉 이 경우에는 $P_i \neq \phi$이다. 따라서 문제에서 요구하는 i는 1일 때 뿐이다.

문제 1.2.48 $i = 1, 2, 3, \cdots$에 대하여

$$P_i = \left\{ x \mid \frac{i(i-1)}{k} < x \leq \frac{i(i+1)}{k},\ x\text{는 자연수} \right\}$$

라고 정의하자. 단, $i \leq k$이고 k는 고정된 하나의 자연수라고 하자. 그러면 $P_i \neq \phi$임을 보여라.

풀이

$$\frac{i(i+1)}{k} - \frac{i(i-1)}{k} = \frac{2i}{k}.$$

$i \geq \frac{k}{2}$인 모든 i에 대하여, $\frac{2i}{k} \geq 1$이므로 구간 $\left(\frac{i(i-1)}{3}, \frac{i(i+1)}{3} \right]$은 반드시 자연수를 하나 이상 포함한다. 즉, $P_i \neq \phi$이다.

탐구 문제 1.34 $i < k$일 때 P_i는 공집합일 수 있음을 보여라.

문제 1.2.49 서로 다른 세 소수의 곱이 세 소수의 합의 3배와 같을 때, 이 세 소수를 구하여라.

풀이

서로 다른 세 소수를 p, q, r이라고 두자. 그러면

$$pqr = 3(p+q+r)$$

이다.

p, q, r은 서로 다른 소수이고 pqr은 소인수를 가지므로, 이 중에 하나는 3이다.

p가 3이라고 가정하면 $3qr = 3(3+q+r)$이다.

즉, $qr = 3+q+r$이다. 따라서 $(q-1)(r-1) = 4$이다.

$q < r$이라고 가정하면, $q-1 = 1$, $r-1 = 4$이다. 따라서 $q = 2$, $r = 5$이다.

이 결과로, 우리가 구하는 세 소수는 2, 3, 5이다.

문제 1.2.50 서로 다른 세 소수의 곱이 세 소수의 합의 7배와 같을 때, 이 세 소수를 구하여라.

풀이

서로 다른 세 소수를 p, q, r이라고 두자. 그러면 $pqr = 7(p+q+r)$이다.

p, q, r은 서로 다른 소수이고 pqr은 소인수를 가지므로, 이 중에 하나는 7이다.

p가 7이라고 가정하면 $7qr = 7(7+q+r)$이다.

즉, $qr = 7+q+r$이다. 따라서 $(q-1)(r-1) = 8$이다.

$q < r$이라고 가정하면, $q-1 = 1$, $r-1 = 8$ 또는 $q-1 = 2$, $r-1 = 4$이다.

따라서 $q = 2$, $r = 9$ 또는 $q = 3$, $r = 5$이다.

9는 소수가 아니므로, 우리가 구하는 세 소수는 3, 5, 7이다.

문제 1.2.51

$$N=\sum_{k=1}^{n} k! = 1!+2!+3!+4!+5!+\cdots+n!$$

라고 하자. N을 5로 나누었을 때 나올 수 있는 나머지를 모두 구하여라 (단, $n! = 1\times 2\times 3\times\cdots\times n$).

풀이

$n=1$이면, $N=1!=1$이므로 나머지는 1이다.

$n=2$이면, $N=1!+2!=3$이므로 나머지는 3이다.

$n=3$이면, $N=1!+2!+3!=9$이므로 나머지는 4이다.

$n=4$이면, $N=1!+2!+3!+4!=33$이므로 나머지는 3이다.

$n\ge 5$인 n에 대하여, $n=1\times 2\times 3\times 4\times 5\times\cdots\times n$은 5의 배수이다.

즉, $n\ge 5$이면 $N=1!+2!+3!+\cdots+n!$을 5로 나누었을 때 나머지는 33을 5로 나누었을 때 나머지 3과 같다.

따라서 나올 수 있는 나머지는 1, 3, 4이다.

문제 1.2.52

$$N=\sum_{k=1}^{n} k! = 1!+2!+3!+4!+5!+\cdots+n!$$

이라고 하자. N의 일의 자리의 숫자를 구하여라 (단, $n! = 1\times 2\times 3\times\cdots\times n$이다).

풀이

$n=1$이면, $N=1!=1$이므로 일의 자리의 숫자는 1이다.

$n=2$이면, $N=1!+2!=3$이므로 일의 자리의 숫자는 3이다.

$n=3$이면, $N=1!+2!+3!=9$이므로 일의 자리의 숫자는 9이다.

$n=4$이면, $N=1!+2!+3!+4!=33$이므로 일의 자리의 숫자는 3이다.

$n\ge 5$인 n에 대하여, $n=1\times 2\times 3\times 4\times 5\times\cdots\times n$은 10의 배수이다.

즉, $n\ge 5$일 때 $N=1!+2!+3!+\cdots+n!$의 일의 자리의 숫자는 $n=4$일 때 N의 일의 자리의 숫자 3과 같다.

따라서 나올 수 있는 일의 자리 숫자는 1, 3, 9이다.

문제 1.2.53 어떤 두 자리의 숫자가 있는데, 그 두 숫자 사이에 0을 한개 끼어 넣는다면 새로운 수는 원래 수보다 180이 커진다. 이런 두 자리의 숫자를 모두 구하여

풀이

두 자리의 숫자를 ab라 하면 $(100a+b)-(10a+b)=180$이므로 $90a=180$이다.

그러므로 $a=2$이다.

따라서, 문제의 조건을 만족하는 두 자리의 숫자는

$$20,\ 21,\ 22,\ 23,\ 24,\ 25,\ 26,\ 27,\ 28,\ 29$$

이다.

문제 1.2.54 어떤 두 자리의 숫자가 있는데, 그 두 숫자 사이에 0을 두개 끼어 넣는다면 새로운 수는 원래 수보다 1980이 커진다. 이런 두 자리의 숫자를 모두 구하여라.

풀이

두 자리의 숫자를 ab라 하면 $(1000a+b)-(10a+b)=1980$이다.

여기서, $990a=1980$이므로 $a=2$이다.

따라서, 문제의 조건을 만족하는 두 자리의 숫자는

$$20,\ 21,\ 22,\ 23,\ 24,\ 25,\ 26,\ 27,\ 28,\ 29$$

이다.

문제 1.2.55 n이 어떤 자연수라고 하자. n^2을 3으로 나누었을 때, 나올 수 없는 나머지를 모두 구하여라.

풀이

$n=3k+r(r=0,1,2)$ k는 음이 아닌 정수라고 두면

$$n^2=9k^2+6kr+r^2=3(3k^2+2kr)+r^2$$

이다.

(i) $r=0$인 경우:

$r^2=0$이므로, n^2을 3으로 나누었을 때 나머지는 0이다.

(ii) $r=1$인 경우:

$r^2 = 1$이므로, n^2을 3으로 나누었을 때 나머지는 1이다.

(iii) $r = 2$인 경우:

$r^2 = 4$이므로, n^2을 3으로 나누었을 때 나머지는 1이다.

따라서 n^2을 3으로 나누었을 때, 나올 수 없는 나머지는 2이다.

문제 1.2.56 n이 어떤 자연수라고 하자. n^2을 4로 나누었을 때, 나올 수 없는 나머지를 모두 구하여라.

풀이

$n = 4k + r(r = 0, 1, 2, 3)$ k는 음이 아닌 정수라고 두면

$$n^2 = 16k^2 + 8kr + r^2 = 4(4k^2 + 2kr) + r^2$$

이다. 여기서 k는 0보다 크거나 같은 정수이다.

(i) $r = 0$인 경우:

$r^2 = 0$이므로, n^2을 4로 나누었을 때 나머지는 0이다.

(ii) $r = 1$인 경우:

$r^2 = 1$이므로, n^2을 4로 나누었을 때 나머지는 1이다.

(iii) $r = 2$인 경우:

$r^2 = 4$이므로, n^2을 4로 나누었을 때 나머지는 0이다.

(iv) $r = 3$인 경우:

$r^2 = 9$이므로, n^2을 4로 나누었을 때 나머지는 1이다.

따라서 n^2을 4로 나누었을 때, 나올 수 없는 나머지는 2, 3이다.

문제 1.2.57 n이 어떤 자연수라고 하자. n^2을 5로 나누었을 때, 나올 수 없는 나머지를 모두 구하여라.

풀이

$n = 5k + r(r = 0, 1, 2, 3, 4)$, k는 음이 아닌 정수라고 두면

$$n^2 = 25k^2 + 10kr + r^2 = 5(5k^2 + 2kr) + r^2$$

이다. 여기서 k는 0보다 크거나 같은 정수이다.

(i) $r=0$인 경우:

$r^2=0$이므로, n^2을 5로 나누었을 때 나머지는 0이다.

(ii) $r=1$인 경우:

$r^2=1$이므로, n^2을 5로 나누었을 때 나머지는 1이다.

(iii) $r=2$인 경우:

$r^2=4$이므로, n^2을 5로 나누었을 때 나머지는 4이다.

(iv) $r=3$인 경우:

$r^2=9$이므로, n^2을 5로 나누었을 때 나머지는 4이다.

(v) $r=4$인 경우:

$r^2=16$이므로, n^2을 5로 나누었을 때 나머지는 1이다.

따라서 n^2을 5로 나누었을 때, 나올 수 없는 나머지는 2, 3이다.

문제 1.2.58 a와 b가 정수라고 하자. $a-b$가 자연수 k의 배수이면 a와 b를 k로 나누었을 때 나머지가 같음을 보여라.

풀이

a를 k로 나누었을 때 나머지를 r이라고 하고, b를 k로 나누었을 때 나머지를 s라 하자. 그러면

$$a=kq_1+r(r=0,1,2,\cdots,k-1),$$
$$b=kq_2+s(s=0,1,2,\cdots,k-1)$$

이다. 따라서

$$a-b=k(q_1-q_2)+(r-s)$$

이다. $a-b$가 k의 배수이므로 $r-s$도 k의 배수이다.

$-(k-1)\le r-s\le k-1$이므로 $r-s=0$, 즉 $r=s$이다.

문제 1.2.59 두 정수 a와 b가 자연수 k로 나누었을 때 나머지가 같으면 $a-b$가 자연수 k의 배수임을 보여라.

풀이

a와 b가 k로 나누었을 때 나머지가 같으므로

$$a = kq_1 + r(r = 0, 1, 2, \cdots, k-1),$$

$$b = kq_2 + r(r = 0, 1, 2, \cdots, k-1)$$

로 둘 수 있다. 여기서

$$\begin{aligned} a - b &= (kq_1 + r) - (kq_2 + r) \\ &= k(q_1 - q_2) \end{aligned}$$

이므로 $a-b$는 k의 배수이다.

문제 1.2.60 두 정수 a와 b가 자연수 k로 나누었을 때 나머지가 각각 r과 s라고 하자. $a+b$를 k로 나누었을 때 나머지와 $r+s$를 k로 나누었을 때 나머지는 서로 같음을 보여라.

풀이

a와 b가 k로 나누었을 때 나머지가 각각 r과 s이기 때문에

$$a = kq_1 + r(r = 0, 1, \cdots, k-1),$$

$$b = kq_2 + s(s = 0, 1, \cdots, k-1)$$

로 둘 수 있다(여기서, q_1, q_2는 정수이다).

$a+b$를 k로 나누었을 때 나머지를 t_1이라 하고 $r+s$를 k로 나누었을 때 나머지를 t_2라 하면,

$$a + b = kq_3 + t_1(t_1 = 0, 1, \cdots, k-1),$$

$$r + s = kq_4 + t_2(t_2 = 0, 1, \cdots, k-1)$$

로 둘 수 있다(여기서, q_3, q_4는 정수이다).

그러면

$$\begin{aligned} a + b &= (kq_1 + r) + (kq_2 + s) \\ &= k(q_1 + q_2) + (r + s) \\ &= k(q_1 + q_2) + (kq_4 + t_2) \\ &= k(q_1 + q_2 + q_4) + t_2 \end{aligned}$$

이다.

따라서 $a+b$를 k로 나누었을 때 나머지와 $r+s$를 k로 나누었을 때 나머지는 서로 같다.

문제 1.2.61 두 정수 a와 b가 자연수 k로 나누었을 때 나머지가 각각 r과 s라고 하자. ab를 k로 나누었을 때 나머지와 rs를 k로 나누었을 때 나머지는 서로 같음을 보여라.

풀이

a와 b가 k로 나누었을 때 나머지가 각각 r과 s이기 때문에

$$a = kq_1 + r\,(r = 0, 1, \cdots, k-1),$$
$$b = kq_2 + s\,(s = 0, 1, \cdots, k-1)$$

로 둘 수 있다(여기서, q_1, q_2는 정수이다).

ab를 k로 나누었을 때 나머지를 t_1이라 하고 rs를 k로 나누었을 때 나머지를 t_2라 하면,

$$ab = kq_3 + t_1\,(t_1 = 0, 1, \cdots, k-1),$$
$$rs = kq_4 + t_2\,(t_2 = 0, 1, \cdots, k-1)$$

로 둘 수 있다(여기서, q_3, q_4는 정수이다).

그러면

$$\begin{aligned} ab &= (kq_1 + r)(kq_2 + s) \\ &= k(kq_1q_2 + sq_1 + rq_2) + rs \\ &= k(kq_1q_2 + sq_1 + rq_2) + (kq_4 + t_2) \\ &= k(kq_1q_2 + sq_1 + rq_2 + q_4) + t_2 \end{aligned}$$

이다.

따라서 ab를 k로 나누었을 때 나머지와 rs를 k로 나누었을 때 나머지는 서로 같다.

문제 1.2.62 어떤 정수 a를 자연수 k로 나누었을 때 나머지를 r이라고 하자.
a^n를 k로 나누었을 때 나머지와 r^n를 k로 나누었을 때 나머지는 서로 같음을 보여라(단, n은 $n \geq 2$인 자연수이다).

풀이

a를 k로 나누었을 때 나머지가 r이기 때문에

$$a = kq + r\,(r = 0, 1, \cdots, k-1)$$

로 둘 수 있다(여기서, q는 정수이다).

a^n를 k로 나누었을 때 나머지를 t_n이라 하고 r^n를 k로 나누었을 때 나머지를 s_n라 하면,

$$a^n = kq_n + t_n \, (t_n = 0, 1, \cdots, k-1)$$

$$r^n = kq_n' + s_n \, (s_n = 0, 1, \cdots, k-1)$$

로 둘 수 있다(여기서, q_n, q_n'는 정수이다).

이제 n에 대한 수학적 귀납법으로 $t_n = s_n$임을 보이자.

여기서, 우리는 a와 b가 자연수 k로 나누었을 때 나머지가 각각 r과 s라고 하면 ab를 k로 나누었을 때 나머지와 rs를 k로 나누었을 때 나머지는 서로 같음을 이용하자.

먼저 $n=2$인 경우는 위의 경우에서 $a=b$인 경우이므로, a^2를 k로 나누었을 때 나머지와 r^2를 k로 나누었을 때 나머지는 서로 같음을 알 수 있다.

이제 $n = m\,(m \geq 2)$인 경우에 a^n를 k로 나누었을 때 나머지와 r^n를 k로 나누었을 때 나머지는 서로 같다고 가정하자. 그 나머지를 t_m라 하면

$$a^m = kq_m + t_m \, (t_m = 0, 1, \cdots, k-1),$$

$$r^m = kq_m' + t_m \, (t_m = 0, 1, \cdots, k-1)$$

이다.

$n = m+1$인 경우는

$$\begin{aligned}
a^n &= a^{m+1} \\
&= aa^m \\
&= (kq+r)(kq_m + t_m) \\
&= k(kqq_m + qt_m + rq_m) + rt_m \\
&= k(kqq_m + qt_m + rq_m) + r(r^m - kq_m') \\
&= k(kqq_m + qt_m + rq_m - rq_m') + r^{m+1} \\
&= k(kqq_m + qt_m + rq_m - rq_m') + r^n
\end{aligned}$$

이다. $a^n - r^n$이 k의 배수이므로 a^n를 k로 나누었을 때 나머지와 r^n를 k로 나누었을 때 나머지는 서로 같다.

따라서, $n \geq 2$인 모든 n에 대하여 a^n를 k로 나누었을 때 나머지와 r^n를 k로 나누었을 때 나머지는 서로 같다.

문제 1.2.63

$$f(x) = a_n x^n + a_{n-1} x^{n-1} + \cdots + a_1 x + a_0$$

를 x에 대한 다항함수라고 하자. 정수 x를 k로 나누었을 때 나머지가 r이면, $f(x)$를 k로 나누었을 때 나머지와 $f(r)$를 k로 나누었을 때 나머지가 같음을 보여라(단, a_0, a_1, $\cdots$, a_n은 모두 정수이다).

풀이

x를 k로 나누었을 때 나머지가 r이므로,

$x = kq + r$ $(r = 0, 1, \cdots, k-1$, q는 정수)로 둘 수 있다.

$i = 0, 1, 2, \cdots, n$에 대하여,

x^i과 r^i을 k로 나누었을 때, 나머지는 같다. 여기서 $x^0 = 1$이다.

즉, $a_i x^i$과 $a_i r^i$을 k로 나누었을 때, 나머지는 같다.

따라서, $\sum_{i=0}^{n} a_i x^i$과 $\sum_{i=0}^{n} a_i r^i$을 k로 나누었을 때, 나머지는 같다.

그러므로, $f(x)$와 $f(r)$을 k로 나누었을 때, 나머지는 같다.

문제 1.2.64 2^{1001}을 7로 나누었을 때 나머지를 구하여라.

풀이

$2^3 = 8$이므로 2^3을 7로 나누면 나머지가 1이다.

한편 $2^{1001} = 2^{3 \times 333 + 2} = 4 \times (2^3)^{333} = 4 \times 8^{333}$이다.

그러므로, 2^{1001}을 7로 나눈 나머지는 4를 7로 나눈 나머지와 같다.

따라서, 구하고자 하는 나머지는 4이다.

문제 1.2.65 $2^{1001} + 2^{990} + 5$을 7로 나누었을 때 나머지를 구하여라.

풀이

$2^3 = 8$이므로 2^3을 7로 나누면 나머지가 1이다.

한편

$$2^{1001} = 2^{3\times 333+2} = 4\times(2^3)^{333} = 4\times 8^{333},$$
$$2^{990} = 2^{3\times 330} = (2^3)^{330} = 8^{330}$$

이다. $2^{1001}+2^{990}+5=f(x)$을 7을 나눈 나머지는 $4\times 1+1+5=10$을 7로 나눈 나머지인 3이 된다.

문제 1.2.66 n이 어떤 자연수라고 하자. n^2을 a로 나누었을 때, 나머지가 될 수 있는 수들의 최대 개수는 $\frac{a}{2}+1$이다(단, a는 짝수이다).

풀이

$n=ak+r(r=0,1,2,3,\cdots,a-1)$(단, k는 음이 아닌 정수)라고 두면

$$n^2=a^2k^2+2akr+r^2=a(ak^2+2kr)+r^2$$

이다. 여기서 n^2을 a로 나누었을 때 나머지와 r^2을 a로 나누었을 때 나머지가 서로 같음을 알 수 있다.

r	0	1	2	$\cdots$	$\frac{a}{2}-1$	$\frac{a}{2}$	$\frac{a}{2}+1$	$\cdots$	$a-2$	$a-1$
r^2	0	1	4	$\cdots$	$(\frac{a}{2}-1)^2$	$(\frac{a}{2})^2$	$(\frac{a}{2}+1)^2$	$\cdots$	$(a-2)^2$	$(a-1)^2$

$\left(\frac{a}{2}+1\right)^2-\left(\frac{a}{2}-1\right)^2=2a$이므로 a의 배수이다. 그러므로 $\left(\frac{a}{2}+1\right)^2$와 $\left(\frac{a}{2}-1\right)^2$를 a로 나누었을 때 나머지는 서로 같다.

같은 방법으로 $\frac{a}{2}$를 중심으로 대칭인 위치에 있는 r의 값들에 대하여 r^2을 a로 나누었을 때 나머지가 서로 같음을 알 수 있다.

따라서 나머지가 될 수 있는 수들은 최대로 $\frac{a}{2}+1$개이다.

탐구 문제 1.35 10^2을 6으로 나누었을 때의 나머지 개수는 4이다. 그러나 10^2을 8로 나누었을 때 나머지 개수는 3이다. 그 이유를 설명하여라.

문제 1.2.67 n이 어떤 자연수라고 하자. n^2을 a로 나누었을 때, 나머지가 될 수 있는 수들의 최대 개수는 $\frac{a+1}{2}$이다(단, a는 홀수이다).

풀이

$n=ak+r(r=0, 1, 2, 3, \cdots, a-1)$(단, k는 음이 아닌 정수)라고 두면

$$n^2=a^2k^2+2akr+r^2=a(ak^2+2kr)+r^2$$

이다. 여기서 n^2을 a로 나누었을 때 나머지와 r^2을 a로 나누었을 때 나머지가 서로 같음을 알 수 있다.

r	0	1	2	$\cdots$	$\frac{a-1}{2}$	$\frac{a+1}{2}$	$\cdots$	$a-2$	$a-1$
r^2	0	1	4	$\cdots$	$\left(\frac{a-1}{2}\right)^2$	$\left(\frac{a+1}{2}\right)^2$	$\cdots$	$(a-2)^2$	$(a-1)^2$

$\left(\frac{a+1}{2}\right)^2-\left(\frac{a-1}{2}\right)^2=a$이므로 a의 배수이다. 그러므로 $\left(\frac{a+1}{2}\right)^2$와 $\left(\frac{a-1}{2}\right)^2$를 a로 나누었을 때 나머지는 서로 같다.

문제 1.2.66과 같은 방법으로 0을 제외한 표에서 대칭인 위치에 있는 r의 값들에 대하여 r^2을 a로 나누었을 때 나머지가 서로 같음을 알 수 있다.

따라서 나머지가 될 수 있는 수들은 최대로 $\frac{a-1}{2}+1=\frac{a+1}{2}$개이다.

문제 1.2.68 n이 어떤 자연수라고 하자. n^2을 p로 나누었을 때, 나머지가 될 수 있는 수들의 개수는 $\frac{p+1}{2}$이다(단, p는 2보다 큰 소수이다).

풀이

$n=pk+r(r=0, 1, 2, 3, \cdots, p-1)$(단, k는 음이 아닌 정수)라고 두면

$$n^2=p^2k^2+2pkr+r^2=p(pk^2+2kr)+r^2$$

이다. 여기서 n^2을 p로 나누었을 때 나머지와 r^2을 p로 나누었을 때 나머지가 서로 같음을 알 수 있다.

r	0	1	2	$\cdots$	$\frac{p-1}{2}$	$\frac{p+1}{2}$	$\cdots$	$p-2$	$p-1$
r^2	0	1	4	$\cdots$	$\left(\frac{p-1}{2}\right)^2$	$\left(\frac{p+1}{2}\right)^2$	$\cdots$	$(p-2)^2$	$(p-1)^2$

$\left(\frac{p+1}{2}\right)^2-\left(\frac{p-1}{2}\right)^2=p$이므로 p의 배수이다. 그러므로 $\left(\frac{p+1}{2}\right)^2$와 $\left(\frac{p-1}{2}\right)^2$를 p로 나누었을 때 나머지는 서로 같다.

문제 1.2.66과 같은 방법으로 0을 제외한 표에서 대칭인 위치에 있는 r의 값들에 대하여 r^2을 p로 나누었을 때 나머지가 서로 같음을 알 수 있다.

따라서 나머지가 될 수 있는 수들은 최대로 $\frac{p-1}{2}+1=\frac{p+1}{2}$개이다.

한편, $i, j=0, 1, 2, \cdots, \frac{p-1}{2}$에 대하여 i^2과 j^2을 p로 나눈 나머지가 같다고 가정하자. 그러면 i^2-j^2은 p의 배수이다. 즉, p는 $(i-j)(i+j)$의 약수이다. p는 소수이므로 p는 $i-j$의 약수이거나 또는 $i+j$의 약수이다.

만약 $i+j$의 약수이면 $0\le i+j\le p-1$의 조건에서 $i=j=0$이다.

만약 $i-j$의 약수이면 $-\frac{p-1}{2}\le i-j\le \frac{p-1}{2}$의 조건에서 $i-j=0$, 즉, $i=j$이다. 그러므로 $i\ne j$이면 i^2과 j^2을 p로 나눈 나머지가 서로 같을 수 없다.

결론적으로 n^2을 p로 나누었을 때, 나머지가 될 수 있는 수들의 개수는 $\frac{p+1}{2}$개이다.

문제 1.2.69 어떤 자연수 n에 대하여, $n+13$은 11의 배수이고 $n+11$은 13의 배수이다. n을 143으로 나눌 때 나머지와 이 조건을 만족하는 n의 최솟값을 구하여라.

풀이

$n+13$이 11의 배수이므로 $n+13+11=n+24$도 11의 배수이다.

마찬가지로, $n+11+13=n+24$은 13의 배수이다. $n+24$는 11과 13의 공배수이고 11과 13은 서로소이므로 $n+24$은 $11\times 13=143$의 배수이다.

$n+24=143\times k$(여기서, k는 정수)라고 두면

$$n = 143 \times k - 24 = 143 \times (k-1) + 119$$

이다. 따라서 n을 143로 나눌 때 나머지는 119이고, 이 조건을 만족하는 n의 최솟값도 119이다.

문제 1.2.70 어떤 자연수 n에 대하여, $n+p$는 q의 배수이고 $n+q$는 p의 배수이다. n을 pq로 나눌 때 나머지와 이 조건을 만족하는 n의 최솟값을 구하여라 (단, p, q는 서로소인 소수).

풀이

$n+p$가 q의 배수이므로 $n+p+q$도 q의 배수이다.
마찬가지로, $n+q+p = n+p+q$는 p의 배수이다. $n+p+q$는 p와 q의 공배수이고 p와 q는 서로소이므로 $n+p+q$는 pq의 배수이다.
$n+p+q = pq \times k$(k는 정수)라고 두면

$$\begin{aligned} n &= pqk - (p+q) \\ &= pq(k-1) + (pq - p - q) \\ &= pq(k-1) + (p-1)(q-1) - 1 \end{aligned}$$

이다. 따라서 n을 pq로 나눌 때 나머지는 $(p-1)(q-1)-1$이고, 이 조건을 만족하는 n의 최솟값도 $(p-1)(q-1)-1$이다.

문제 1.2.71 가로의 길이가 60 cm, 세로의 길이가 48 cm인 화이트보드가 있다. 이 화이트보드를 남는 부분이 없이 정사각형 모양의 색종이로 장식을 하려고 한다. 될 수 있는 대로 적은 개수의 색종이로 장식하려고 할 때 색종이의 한 변의 길이는 얼마로하면 되는가?(단, 색종이의 모양은 동일하게 장식한다고 하자.)

풀이

정사각형 색종이 한 변의 길이를 $x$cm라고 하자. 남는 부분이 없어야 되므로 x는 60과 48의 약수가 되어야 된다. 즉, 60과 48의 공약수가 되어야 된다. 한편, 될 수 있는 대로 적은 개수의 색종이로 장식하려면 x의 값이 커야 된다. 따라서 x는 60과 48의 최대공약수 12가 되어야 된다.

문제 1.2.72 가로가 2 cm, 세로가 1 cm인 직사각형 모양의 판지가 있다. 이 판지를 빈틈없이 이어 붙여서 정사각형 모양을 만들려고 할 때, 최소로 필요한 판지는 몇 개인가? (단, 판지의 모양은 동일하게 이어 붙인다고 하자.)

풀이

다음 모양과 같이 최소 두 개의 판지가 필요하다.

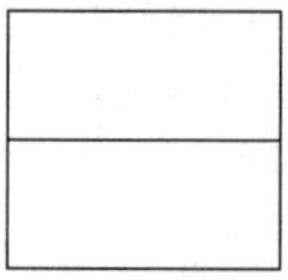

문제 1.2.73 가로가 2 cm, 세로가 1 cm인 직사각형 모양의 판지가 있다. 이 판지를 빈틈없이 이어 붙여서 정사각형 모양을 만들려고 할 때, 최소로 필요한 판지는 몇 개인가?

풀이

(i) 판지의 모양이 동일한 경우:

이 모양이 최소이므로 최소로 필요한 판지는 두 개이다.

(ii) 판지의 모양이 동일하지 않는 경우:

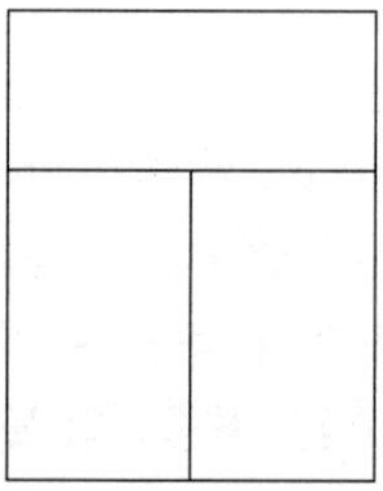

이 모양이 반드시 나와야 하므로 필요한 판지의 개수는 적어도 4이상이다.

따라서 (i)와 (ii)에 의해서 최소로 필요한 판지의 개수는 2이다.

문제 1.2.74 가로가 2 cm, 세로가 3 cm인 직사각형 모양의 판지가 있다. 이 판지를 빈틈없이 이어 붙여서 정사각형 모양을 만들려고 할 때, 최소로 필요한 판지는 몇 개인가? (단, 판지의 모양은 동일한 모양으로 이어 붙인다고 하자.)

풀이

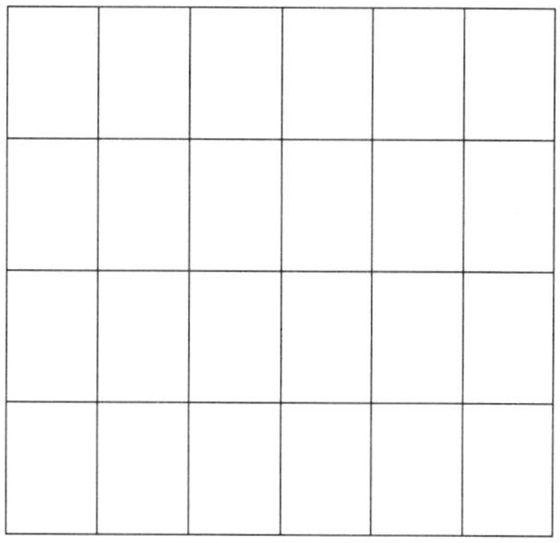

가로방향으로 x개, 세로방향으로 y개를 이어 붙여서 정사각형 모양을 만들었다고 하자. 그러면

$$2x = 3y$$

가 성립한다. x와 y는 자연수이므로 $3y$는 2의 배수이다. 2와 3이 서로소이므로 y는 2의 배수이다. 따라서 $3y$는 6의 배수이다.

같은 방법으로 $2x$도 6의 배수이다. 즉, 만들어진 정사각형 모양의 한 변의 길이는 6의 배수이다. 최소의 판지로 만들기 위해서는 한 변의 길이는 6의 최소의 배수인 6이 될 수밖에 없다.

결론적으로 가로방향으로 세 개, 세로방향으로 두 개가 필요하므로 여섯 개가 최소로 필요하다.

문제 1.2.75 가로가 $m$cm, 세로가 $n$cm인 직사각형 모양의 판지가 있다. 이 판지를 빈틈없이 이어 붙여서 정사각형 모양을 만들려고 할 때, 최소로 필요한 판지는 몇 개인가? (단, m과 n은 서로소이고 판지의 모양은 동일한 모양으로 이어 붙인다고 하자.)

풀이

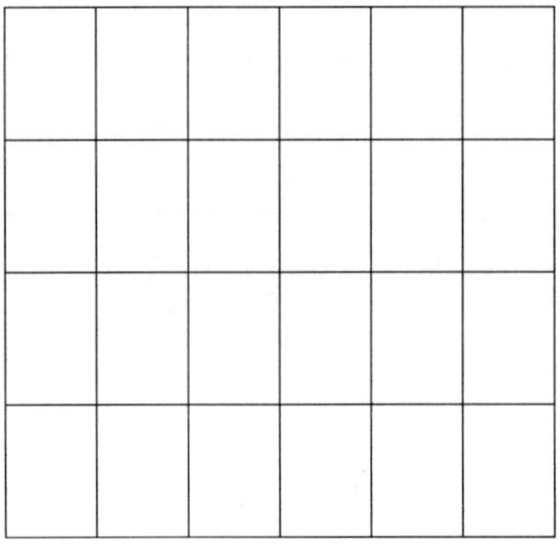

가로방향으로 x개, 세로방향으로 y개를 이어 붙여서 정사각형 모양을 만들었다고 하자. 그러면

$$mx = ny$$

가 성립한다. x와 y는 자연수이므로 ny는 m의 배수이다. m와 n이 서로소이므로 y는 m의 배수이다. 따라서 ny는 m와 n의 최소공배수인 mn의 배수이다.

같은 방법으로 mx도 mn의 배수이다. 즉 만들어진 정사각형 모양의 한 변의 길이는 mn의 배수이다. 최소의 판지로 만들기 위해서는 한 변의 길이는 mn의 최소의 배수인 mn이 될 수밖에 없다.

결론적으로 가로방향으로 n개, 세로방향으로 m개가 필요하므로 mn개가 최소로 필요하다.

문제 1.2.76 가로가 $m$cm, 세로가 $n$cm인 직사각형 모양의 판지가 있다. 이 판지를 빈틈없이 이어 붙여서 정사각형 모양을 만들려고 할 때, 최소로 필요한 판지는 몇 개인가?(단, 판지의 모양은 동일한 모양으로 이어 붙인다고 하자)

풀이

(i) m과 n이 서로소인 경우:

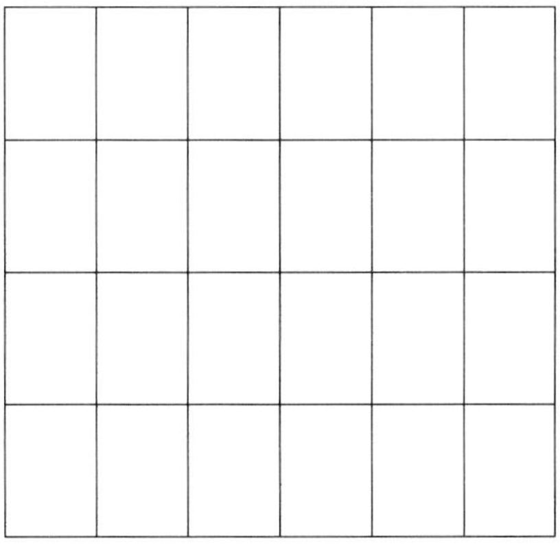

가로방향으로 x개, 세로방향으로 y개를 이어 붙여서 정사각형 모양을 만들었다고 하자. 그리면

$$mx = ny$$

가 성립한다. x와 y는 자연수이므로 ny는 m의 배수이다. m와 n이 서로소이므로 y는 m의 배수이다. 따라서 ny는 m와 n의 최소공배수인 mn의 배수이다.

같은 방법으로 mx도 mn의 배수이다. 즉 만들어진 정사각형 모양의 한 변의 길이는 mn의 배수이다. 최소의 판지로 만들기 위해서는 한 변의 길이는 mn의 최소의 배수인 mn이 될 수밖에 없다.

결론적으로 가로방향으로 n개, 세로방향으로 m개가 필요하므로 mn개의 판지가 최소로 필요하다.

(ii) m과 n이 서로소가 아닌 경우:

m과 n의 공약수를 d라 하자. 가로가 $m$cm, 세로가 $n$cm인 판지로 만든 도형은 가로가 $\frac{m}{d}$cm, 세로가 $\frac{n}{d}$cm인 판지로 만든 도형의 확대이다.

만약 (m, n)을 m과 n의 최대공약수라 한다면, 문제의 경우는 가로가

$\dfrac{m}{(m,\ n)}$cm, 세로가 $\dfrac{n}{(m,\ n)}$cm인 판지로 만드는 경우와 같다.

$\dfrac{m}{(m,\ n)}$과 $\dfrac{n}{(m,\ n)}$은 서로소이므로 최소로 필요한 판지의 개수는,

(ii)의 결과로는 $\dfrac{m}{(m,\ n)} \times \dfrac{n}{(m,\ n)} = \dfrac{mn}{(m,\ n)^2}$이다.

(i)와 (ii)의 결과에 의해서, 최소로 필요한 판지의 개수는 $\dfrac{mn}{(m,\ n)^2}$이다.

문제 1.2.77 가로가 60 cm, 세로가 48 cm, 깊이가 36 cm인 웅덩이가 있다. 이 웅덩이를 정육면체 모양의 벽돌로 빈틈없이 메우려고 할 때 필요한 최소의 벽돌의 개수를 구하여라(단, 모든 벽돌의 모양은 동일하게 메운다고 하자).

풀이

메우는데 사용할 벽돌의 한 변의 길이를 $x$cm라고 하자. 빈틈이 없기 위해서는 x는 60, 48, 및 36의 약수가 되어야 된다. 즉, xx는 60, 48, 36의 공약수가 되어야 된다.

한편 사용할 벽돌의 개수가 최소가 되기 위해서는 x의 값이 커야 된다.

따라서 x는 60, 48, 36의 최대공약수 12가 되어야 되며, 이때 사용될 벽돌의 개수는 $5 \times 4 \times 3 = 60$이다.

문제 1.2.78 가로가 2 cm, 세로가 3 cm, 높이가 1 cm인 직육면체가 있다. 이 직육면체들을 이어 붙여서 정육면체를 만들 때, 최소로 필요한 직육면체의 개수를 구하여라(단, 모든 직육면체의 모양은 동일하게 이어 붙인다고 하자).

풀이

먼저 만들어진 정육면체의 윗면이 정사각형이 되어야 하므로, 정육면체의 가로와 세로는 다같이 6의 배수이다. 정육면체이므로 높이 또한 6의 배수이다. 따라서 만들어진 정육면체의 한 변의 길이가 6 cm일 때 최소의 정육면체가 된다.

이렇게 되기 위해서는 가로방향으로 3개, 세로 방향으로 2개, 높이 방향으로 6개씩 이어 붙여야 하므로 $3 \times 2 \times 6 = 36$개의 직육면체가 최소로 필요하다.

문제 1.2.79 a, b, c가 모두 서로소일 때 ab와 c도 서로소임을 보여라.

풀이

ab와 c가 서로소가 아니라고 가정하자. 그러면 ab와 c의 최대공약수 d는 1보다 크다.

d의 소인수 중의 하나를 p라 하면, p는 ab와 c의 약수이다. 즉 p는 ab와 c를 나눈다.

p는 소수이므로 a를 나누든지 b를 나눈다.

(i) p가 a를 나눌 때:

p가 c를 나누므로 p는 a와 c의 공약수이다.

따라서 a와 c는 서로소가 아니므로 가정에 모순이다.

(ii) p가 b를 나눌 때:

p가 c를 나누므로 p는 a와 b의 공약수이다.

따라서 a와 b는 서로소가 아니므로 가정에 모순이다.

(i)와 (ii)에 의해서 ab와 c도 서로소이다.

문제 1.2.80 가로가 a cm, 세로가 b cm, 높이가 c cm인 직육면체가 있다. 이 직육면체들을 이어 붙여서 정육면체를 만들 때, 최소로 필요한 직육면체의 개수를 구하여라 (단, a, b, c가 모두 서로소이고 모든 직육면체의 모양은 동일하게 이어 붙인다고 하자).

풀이

먼저 만들어진 정육면체의 윗면이 정사각형이 되어야 한다, 직육면체의 가로와 세로는 각각 a cm, b cm이고 a와 b가 서로소이므로 정육면체의 가로와 세로는 다같이 ab cm의 배수이다. 직육면체의 높이가 c cm이고 ab와 c는 서로소이므로 이 정육면체의 한 변의 길이는 abc cm의 배수이다.

따라서 만들어진 정육면체의 한 변의 길이가 abc cm일 때 최소의 정육면체가 된다. 이렇게 되기 위해서는 가로방향으로 bc개, 세로 방향으로 ac개, 높이 방향으로 bc개씩 이어 붙여야 하므로 $bc \times ac \times ab = (abc)^2$개의 직육면체가 최소로 필요하다.

문제 1.2.81 어떤 자연수로 63을 나누었더니 나머지가 3이고 122를 나누었더니 나머지가 2였다. 어떤 수를 구하여라.

풀이

어떤 자연수를 n이라고 하자.

63을 n으로 나누면 나머지가 3이므로, $63 = nq_1 + 3$.

122을 n으로 나누면 나머지가 2이므로, $122 = nq_2 + 2$.

(여기서, q_1과 q_2는 정수이다.) 따라서

$$122 - 63 = (nq_2 - nq_1) - 1,$$

$$n(q_2 - q_1) = 122 - 63 + 1 = 60$$

이다.

여기서 우리는 n은 60의 약수임을 알 수 있다.

60의 약수는 1, 2, 3, 4, 5, 6, 10, 12, 15, 20, 30, 60이고 63으로 나누었을 때 나머지가 3이므로 n은 3보다 크다.

그러므로 n은 4, 5, 6, 10, 12, 15, 20, 30, 60이다.

문제 1.2.82 어느 목장에 목동과 말이 있다. 목동과 말의 다리를 세어보니 전부 18개였다. 목동의 수를 구하여라(단, 말과 목동의 다리는 모두 정상이라고 하자).

풀이

목동의 수를 c라 하고 말의 수를 h라 하자. 그러면 목동과 말이 다 있으므로 $c \geq 1$, $h \geq 1$이다.

사람은 다리의 개수가 2개이고 말의 다리의 개수는 4개이므로,

$2c + 4h = 18$ 즉, $c + 2h = 9$이다.

여기서 $c = 9 - 2h \geq 1$이므로 $2h \leq 9 - 1 = 8$이다. 따라서 $1 \leq h \leq 4$이다.

(i) $h = 1$인 경우:

$c = 9 - 2h$에서 $c = 7$이다.

(ii) $h = 2$인 경우:

$c = 9 - 2h$에서 $c = 5$이다.

(iii) $h = 3$인 경우:

$c = 9 - 2h$에서 $c = 3$이다.

(iv) $h = 4$인 경우:

$c = 9 - 2h$에서 $c = 1$이다.

따라서 목동의 수는 1, 3, 5 또는 7이다.

문제 1.2.83 정수 계수의 방정식 $2x + 6y = 17$을 만족하는 정수 해는 없음을 보여라.

풀이

이 방정식을 만족하는 정수해 $x = x_0$와 $y = y_0$가 있다고 가정하자. 그러면 $2x_0 + 6y_0 = 17$이다.

$2x_0$와 $6y_0$가 2의 배수이므로 17도 2의 배수가 되어야 한다. 17은 2의 배수가 아니므로 이것은 모순이다.

따라서 정수 계수 방정식 $2x + 6y = 17$을 만족하는 정수 해는 없다.

문제 1.2.84 a와 b의 최대공약수가 c를 나누지 않으면 정수 계수 방정식 $ax + by = c$을 만족하는 정수 해는 없음을 보여라.

풀이

이 정수 계수 방정식 $ax + by = c$을 만족하는 정수 해 $x = x_0$와 $y = y_0$가 있다고 가정하자. 그러면

$$ax_0 + by_0 = c$$

이다.

a와 b의 최대공약수를 d라고 두면 d는 a와 b를 나눈다.

즉, a와 b는 d의 배수이다. ax_0와 by_0도 d의 배수이므로 $ax_0 + by_0$도 d의 배수이다. 이것은 d가 c를 나누지 않는다는 조건과 모순이다.

따라서 정수 계수 방정식 $ax + by = c$을 만족하는 정수 해는 없다.

문제 1.2.85 자연수 a를 자연수 b로 나누었을 때 몫이 q이고 나머지가 r이라고 하자. a와 b의 최대공약수는 b와 r의 최대공약수와 같음을 보여라.

풀이

a를 b로 나누었을 때 몫이 q이고 나머지가 r이므로 $a=bq+r$이다.
a와 b의 최대공약수를 d라고 두면 a와 bq는 d의 배수이다. 위 식에서 $r=a-bq$이므로 r도 d의 배수이다. d는 b와 r의 약수이므로 d는 b와 r의 공약수이다.
이제 d가 b와 r의 공약수 중에서 최대임을 보이자.
만약 c가 b와 r의 공약수라고 하자. 그러면 bq와 r이 c의 배수이므로, $a=bq+r$도 c의 배수이다. 따라서 a와 b는 c의 배수이므로 c는 a와 b의 공약수이다.
한편 d가 a와 b의 최대공약수이므로 $c \leq d$이다. 여기서 우리는 d가 b와 r의 최대공약수임을 알 수 있다.
따라서 a와 b의 최대공약수는 b와 r의 최대공약수와 같다.

문제 1.2.86 자연수 $2^8 \times 5^{11}$의 자릿수를 구하여라.

풀이

$$\begin{aligned} 2^8 \times 5^{11} &= 2^8 \times 5^8 \times 5^3 \\ &= 10^8 \times 125 \end{aligned}$$

따라서 $2^8 \times 5^{11}$은 $8+3=11$자리의 수이다.

문제 1.2.87 자연수 3240에 어떤 자연수 m를 곱하였더니 어떤 자연수 n의 제곱이 되었다. 자연수 m의 가장 작은 값을 구하여라.

풀이

$$3240 = 2^3 \times 5 \times 9^2 = (2 \times 9)^2 \times (2 \times 5)$$

이므로 문제에서 구하는 m의 가장 작은 값은 $2 \times 5 = 10$이다.

문제 1.2.88 자연수 3240에 어떤 자연수 m으로 나누었더니 어떤 자연수 n의 제곱이 되었다. 자연수 m의 가장 작은 값을 구하여라.

풀이

$3240 = 2^3 \times 3^4 \times 5$이므로

$$2^3 \times 3^4 \times 5 = (2 \times 9)^2 \times 10 = m \times n^2$$

이다. 구하는 m의 가장 작은 값은 10이다.

나의 노트

1.3 문제 확장하기

문제 1.3.1 자연수 n의 (양의) 약수의 개수가 홀수이면 n은 완전제곱수임을 보여라(여기서, 어떤 자연수의 제곱과 같은 자연수를 완전제곱수라고 한다).

풀이

(i) $n=1$인 경우:

$1=1^2$이므로 n은 완전제곱수이다.

(ii) $n>1$인 경우:

$n=p_1^{r_1}p_2^{r_2}\cdots p_k^{r_k}$이 n을 소인수분해 했을 때

여기서, n의 약수의 개수를 $\sigma(n)$이라고 하면

$\sigma(n)=(r_1+1)(r_2+1)\cdots(r_k+1)$이다.

$\sigma(n)$이 홀수이므로 $r_1+1,\ r_2+1,\ \cdots,\ r_k+1$은 모두 홀수이다.

따라서 $r_1,\ r_2,\ \cdots,\ r_k$는 모두 짝수이다.

$$r_1=2r_1',\ r_2=2r_2',\ \cdots,\ r_k=2r_k'$$

라고 하면(r_k'는 정수, $1\le i\le k$)

$$\begin{aligned} n &= p_1^{r_1}p_2^{r_2}\cdots p_k^{r_k} \\ &= p_1^{2r_1'}p_2^{2r_2'}\cdots p_k^{2r_k'} \\ &= (p_1^{r_1'}p_2^{r_2'}\cdots p_k^{r_k'})^2 \end{aligned}$$

이다. 즉, n은 완전제곱수이다.

문제 1.3.2 완전제곱수 n의 (양의)약수의 개수는 홀수임을 보여라.

풀이

(i) $n=1$인 경우:

1의 약수의 개수는 1이므로 홀수이다.

(ii) $n>1$인 경우:

d가 n의 약수라면 $\frac{n}{d}$도 n의 약수이다.

이것을 이용하여 n의 약수들을 크기순으로 나열하면

$$1,\ n_1,\ n_2,\ \cdots,\ n_r,\ \frac{n}{n_r},\ \cdots,\ \frac{n}{n_2},\ \frac{n}{n_1},\ n$$

이다(단, $n_r \le \dfrac{n}{n_r}$이다).

n이 완전제곱수이므로 $n_r = \dfrac{n}{n_r}$이다. 따라서 n의 약수의 개수는 홀수이다.

별해

(i) $n=1$인 경우:

1의 약수의 개수는 1이므로 홀수이다.

(ii) $n>1$인 경우:

$n=m^2$(m은 자연수)이라 하면, $m>1$이므로 m은 소인수분해가 가능하다.

$$m = p_1^{r_1}p_2^{r_2}\cdots p_k^{r_k}$$

을 m의 소인수분해라고 하자. 그러면

$$\begin{aligned} n &= (p_1^{r_1}p_2^{r_2}\cdots p_k^{r_k})^2 \\ &= p_1^{2r_1}p_2^{2r_2}\cdots p_k^{2r_k} \end{aligned}$$

은 n의 소인수분해이다. 따라서 n의 약수의 개수는

$$(2r_1+1)(2r_2+1)\cdots(2r_k+1)$$

이고 홀수이다.

문제 1.3.3 자연수 n에 대하여 $n=m^3$을 만족하는 자연수 m이 있다고 하자. 이 때 n의 약수의 개수를 3으로 나누면 나머지가 1이 됨을 보여라.

풀이

(i) $n=1$인 경우:

1의 약수의 개수는 1이므로 3으로 나누면 나머지는 1이다.

(ii) $n>1$인 경우:

$n=m^3$(m은 자연수)이라고 하면, $m>1$이므로 m은 소인수분해가 가능하다.

$$m = p_1^{r_1}p_2^{r_2}\cdots p_k^{r_k}$$

을 m의 소인수분해라고 하자. 그러면

$$\begin{aligned} n &= (p_1^{r_1} p_2^{r_2} \cdots p_k^{r_k})^3 \\ &= p_1^{3r_1} p_2^{3r_2} \cdots p_k^{3r_k} \end{aligned}$$

이 n의 소인수분해가 된다.

따라서 n의 약수의 개수는

$$(3r_1+1)(3r_2+1)\cdots(3r_k+1)$$

이고 3으로 나누면 나머지가 1이 됨을 알 수 있다.

문제 1.3.4 자연수 n에 대하여 $n = m^t (t \geq 2)$을 만족하는 자연수 m이 있다고 하자. 이때 n의 약수의 개수를 t로 나누면 나머지가 1이 됨을 보여라.

풀이

(i) $n = 1$인 경우:

1의 약수의 개수는 1이므로 t로 나누면 나머지는 1이 된다.

(ii) $n > 1$인 경우:

$n = m^t$(m은 자연수)이라고 하면, $m > 1$이므로 m은 소인수분해가 가능하다.

$$m = p_1^{r_1} p_2^{r_2} \cdots p_k^{r_k}$$

을 m의 소인수분해라고 하자. 그러면

$$\begin{aligned} n &= (p_1^{r_1} p_2^{r_2} \cdots p_k^{r_k})^t \\ &= p_1^{tr_1} p_2^{tr_2} \cdots p_k^{tr_k} \end{aligned}$$

은 n의 소인수분해가 된다.

따라서 n의 약수의 개수는

$$(tr_1+1)(tr_2+1)\cdots(tr_k+1)$$

이고 t로 나누면 나머지가 1이 됨을 알 수 있다.

문제 1.3.5 3으로 나누었을 때 나머지가 2인 자연수 n은 완전제곱수가 아님을 보여라. 즉 완전제곱수를 3으로 나누면 나머지는 2가 될 수 없다.

풀이

$n=3k+2(k\geq 0)$라 두고 $n=m^2$(m은 자연수)이라 가정하자.

(i) $m=3t$(t는 자연수) 인 경우:

$$n=m^2=(3t)^2=9t^2=3\times(3t)$$

이므로 n을 3으로 나누었을 때 나머지는 0이다.

따라서 이 경우는 모순이다.

(ii) $m=3t+1$(t는 자연수) 인 경우:

$$n=m^2=(3t+1)^2=3(3t^2+2t)+1$$

이므로 n을 3으로 나누었을 때 나머지는 1이다.

따라서 이 경우는 모순이다.

(iii) $m=3t+2$(t는 자연수) 인 경우:

$$n=m^2=(3t+2)^2=3(3t^2+4t+1)+1$$

이므로 n을 3으로 나누었을 때 나머지는 1이다.

따라서 이 경우는 모순이다.

(i), (ii) 및 (iii)에 의하여 3으로 나누었을 때 나머지가 2일 수는 없다.

문제 1.3.6 자연수 n을 자연수 $m(m=2, 3, \cdots)$으로 나누었을 때 나머지가 1이면 n^k $(k=2, 3, 4, \cdots)$을 m으로 나누었을 때 나머지도 1이다.

풀이

n을 m으로 나누었을 때 나머지가 1이므로 $n=mq+1\,(q=0, 1, 2, \cdots)$로 두자. 그러면

$$n^2=(mq+1)^2=m(mq^2+2q)+1$$

이므로 m으로 나누면 나머지가 1이다. 이제 $n^{k-1}(k=3, 4, \cdots)$을 m으로 나누면 나머지가 1이라고 가정하자. 즉, $n^{k-1}=ms+1\,(s=0, 1, 2, \cdots)$라고 하자. 그러면

$$n^k = nn^{k-1} = (mq+1)(ms+1) = m(mqs+q+s)+1$$

이므로 m으로 나누면 나머지가 1이다.

따라서 수학적 귀납법에 의해, 자연수 n을 자연수 m으로 나누었을 때 나머지가 1이면 n을 m으로 나누었을 때 나머지가 1이다.

문제 1.3.7 자연수 n을 자연수 $m(m=2, 3, \cdots)$으로 나누었을 때 나머지가 $m-1$이면 $n^k(k=2, 3, 4, \cdots)$을 m으로 나누었을 때 나머지는 1 또는 $m-1$이다.

풀이

(i) k가 짝수인 경우:

$k=2k'$라고 두고

$$\begin{aligned} n &= m\alpha+(m-1) \ (\alpha=0, 1, 2, \cdots) \\ &= m(\alpha+1)-1 \\ &= mq-1 \ (q=1, 2, 3, \cdots) \end{aligned}$$

로 두자. 그러면

$$n^k = n^{2k'} = [(mq-1)^2]^{k'} = [m(mq^2-2q)+1]^{k'}$$

이고 $m(mq^2-2q)+1$은 m으로 나누었을 때 나머지가 1이므로 n^k을 m으로 나누었을 때 나머지는 1이다.

(ii) k가 홀수인 경우:

$k=2k'+1$라고 두고 (i)의 경우와 마찬가지 이유로

$n=mq-1(q=1, 2, \cdots)$로 두자. 그러면

$$n^k = nn^{2k'} = (mq-1)[(mq-1)^2]^{k'} = (mq-1)[m(mq^2-2q)+1]^{k'}$$

이고, $m(mq^2-2q)+1$는 m으로 나누었을 때 나머지가 1이다.

$[m(mq^2-2q)+1]^{k'}$을 m으로 나누었을 때 나머지는 1이므로

$$[m(mq^2-2q)+1]^{k'} = mq'+1$$

로 두면

$$\begin{aligned} n^k &= (mq-1)(mq'+1) = m(mqq'+q-q')-1 \\ &= m(mqq'+q-q'-1)+m-1 \end{aligned}$$

이다.

따라서 m으로 나누었을 때 나머지는 $m-1$이다.

(i)과 (ii)에 의해서 n^k을 m으로 나누었을 때 나머지는 1 또는 $m-1$이다.

문제 1.3.8 자연수 n이 $n=m^k(k=2, 4, 6, \cdots)$을 만족한다면, n을 3으로 나누었을 때 나머지는 2가 될 수 없음을 보여라.

풀이

(i) $m=3t$(t는 자연수)인 경우:

$n=m^k=(3t)^k=9^k t^k=3\times(3^{k-1}t^k)$이므로

n을 3으로 나누었을 때 나머지는 0이다.

(ii) $m=3t+1$(t는 자연수)인 경우:

$n=m^k=(3t+1)^k$이고,

$3t+1$을 3으로 나누었을 때 나머지가 1이므로

n을 3으로 나누었을 때 나머지는 1이다.

(iii) $m=3t+2$(t는 자연수)인 경우:

$n=m^k=(3t+2)^k$이고, $3t+2$를 3으로 나누었을 때 나머지가 2이므로

n을 3으로 나누었을 때 나머지는 1이다.

(i)~(iii)에 의해서 n을 3으로 나누었을 때 나머지는 2가 될 수 없다.

문제 1.3.9 자연수 n과 0의 최대공약수는 n임을 보여라.

풀이

자연수 n과 0의 공약수중 가장 큰 수가 최대공약수이다.

여기서 $n\times 0=0$이므로 n은 0의 약수이다.

따라서 n과 0의 공약수중 가장 큰 수는 n이므로 n이 최대공약수가 된다.

문제 1.3.10 세 자연수 a, b, q가 $a=bq$의 관계를 만족하면 $(a, b)=(b, 0)=b$임을 보여라(단, (a, b)는 a와 b의 최대공약수를 뜻한다).

풀이

문제 1.2.85와 문제 1.3.9에 의하여 쉽게 증명할 수 있다.

문제 1.3.11 자연수 a, b, q, r에 대해 $a=bq+r$이면 $(a, b)=(b, r)$임을 보여라.

풀이

a와 b의 최대공약수를 d라고 하자. 즉 $(a, b)=d$라고 하자.

이제 $(b, r)=d$를 밝히면 충분하다.

(ⅰ) d는 b와 r의 공약수이다.

d가 a와 b의 최대공약수이므로 d는 b의 약수이다.

한편 d는 a와 bq의 공약수이고 $a=bq+r$이므로 r의 약수이다.

따라서 d는 b와 r의 공약수이다.

(ⅱ) d는 b와 r의 어떤 공약수보다 크거나 같다.

c를 b와 r의 공약수라고 하자. 그러면 c는 bq의 약수이다.

c는 bq와 r의 공약수이고 $a=bq+r$이므로 c는 a의 약수이다.

따라서 c는 a와 b의 공약수이다. d가 a와 b의 최대공약수이므로 $c \le d$ 이다.

(ⅰ)과 (ⅱ)에 의해서 $(a, b)=(b, r)$이다.

탐구 문제 1.36 문제 1.3.11을 문제 1.2.85와 비교하여라.

문제 1.3.12 (유클리드 호제법) a와 b가 자연수이고

$$a=bq+r,\ 0<r<b \quad \cdots(1)$$

$$b=rq_1+r_1,\ 0<r_1<r \quad \cdots(2)$$

$$r=r_1q_2+r_2,\ 0<r_2<r_1 \quad \cdots(3)$$

$$r_1=r_2q_3+r_3,\ 0<r_3<r_2 \quad \cdots(4)$$

$$\cdots$$

$$r_{k-2}=r_{k-1}q_k+r_k,\ 0<r_k<r_{k-1} \quad \cdots(5)$$

$$r_{k-1}=r_kq_{k+1} \quad \cdots(6)$$

이면 $(a, b)=r_k$임을 보여라.

풀이

문제 1.3.9에 의해

식 (1)에서 $(a, b) = (b, r)$이다.

식 (2)에서 $(b, r) = (r, r_1)$이다.

식 (3)에서 $(r, r_1) = (r_1, r_2)$이다.

식 (4)에서 $(r_1, r_2) = (r_2, r_3)$이다.

…

식 (5)에서 $(r_{k-2}, r_{k-1}) = (r_{k-1}, r_k)$이다.

식 (6)에서 $(rk-1, r_k) = (r_k, 0) = r_k$이다.

따라서 $(a, b) = r_k$이다.

> 문제 1.3.13 a, b의 최대공약수가 d이면 방정식 $ax+by=d$을 만족하는 정수해는 반드시 있음을 보여라.

풀이

a, b의 최대공약수가 d이므로 유클리드 호제법에 의하여 다음과 같이 둘 수 있다.

$$a = bq + r,\ 0 < r < b \qquad \cdots(1)$$

$$b = rq_1 + r_1,\ 0 < r_1 < r \qquad \cdots(2)$$

$$r = r_1q_2 + r_2,\ 0 < r_2 < r_1 \qquad \cdots(3)$$

$$r_1 = r_2q_3 + r_3,\ 0 < r_3 < r_2 \qquad \cdots(4)$$

…

$$r_{k-3} = r_{k-2}q_{k-1} + r_{k-1},\ 0 < r_{k-1} < r_{k-2} \qquad \cdots(5)$$

$$r_{k-2} = r_{k-1}q_k + d,\ 0 < d < r_{k-1} \qquad \cdots(6)$$

$$r_{k-1} = dq_{k+1} \qquad \cdots(7)$$

식 (6)에 의하여

$$d = r_{k-2} - r_{k-1}q_k \qquad \cdots(8)$$

이다.

식 (5)에 의하여

$$r_{k-1} = r_{k-3} - r_{k-2}q_{k-1}$$

이므로 이 식을 식 (8)에 대입하면

$$\begin{aligned} d &= r_{k-2} - (r_{k-3} - r_{k-2}q_{k-1})q_k \\ &= (-q_k)r_{k-3} + (1 + q_{k-1}q_k)r_{k-2} \end{aligned}$$

이다. 이런 방법을 계속하면

$$\begin{aligned} d &= (\text{어떤 정수})r_1 + (\text{어떤 정수})r_2 \\ &= (\text{어떤 정수})r + (\text{어떤 정수})r_1 \\ &= (\text{어떤 정수})b + (\text{어떤 정수})r \\ &= (\text{어떤 정수})a + (\text{어떤 정수})b \end{aligned}$$

이므로 방정식 $ax + by = d$을 만족하는 정수해는 반드시 있다.

문제 1.3.14 $343x + 140y = 7$을 만족하는 정수 x와 y를 구하여라.

풀이

유클리드 호제법을 이용하여 343과 140의 최대공약수가 7임을 보이면 다음과 같다.

$$343 = 140 \times 2 + 63 \qquad \cdots(1)$$

$$140 = 63 \times 2 + 14 \qquad \cdots(2)$$

$$63 = 14 \times 4 + 7 \qquad \cdots(3)$$

식 (3)에서 $7 = 63 - 14 \times 4$이다.

식 (2)에서 $14 = 140 - 63 \times 2$이므로

$$\begin{aligned} 7 &= 63 - (140 - 63 \times 2) \times 4 \\ &= 63 - 140 \times 4 + 63 \times 8 \qquad \cdots(4) \\ &= 63 \times 9 - 140 \times 4 \end{aligned}$$

이다. 식(1)에서 $63 = 343 - 140 \times 2$이므로

$$\begin{aligned} 7 &= (343 - 140 \times 2) \times 9 - 140 \times 4 \\ &= 343 \times 9 - 140 \times 22 \\ &= 343 \times 9 + 140 \times (-22) \end{aligned}$$

이다.

따라서 $x = 9,\ y = -22$이다.

별해

식 $343x + 140y = 7$을 7로 먼저 나누고 시작하면 더욱 간단하게 해를 구할 수 있다.

문제 1.3.15 세 자연수 a, b, d에 대하여 ab는 d의 배수이고 a와 d는 서로소라고 하면 b는 d의 배수임을 보여라.

풀이

a와 d는 서로소이므로 $ax+dy=1$인 정수 x와 y가 있다. 이 식의 양변에 b를 곱하면 $abx+bdy=b$이다. abx와 bdy가 d의 배수이므로 b는 d의 배수이다.

문제 1.3.16 자연수 a, b의 공약수는 a, b의 최대공약수의 약수임을 보여라.

풀이

a, b의 최대공약수를 d라고 하고 a, b의 공약수를 c라고 하자. a, b의 최대공약수를 d이므로 $ax+by=d$를 만족하는 정수 x와 y가 있다. c는 a, b의 공약수이므로 ax와 by의 약수가 된다. 따라서 c는 d의 약수이다.

문제 1.3.17 세 자연수 a, b, m에 대하여 m은 a와 b의 공배수이고 a와 b는 서로소이면 m은 ab의 배수임을 보여라.

풀이

m은 b의 배수이므로 $m=bq$(q는 자연수)로 둘 수 있다.

이때 a는 bq의 약수이다. 그런데 a와 b는 서로소이므로 a는 q의 약수가 된다.

$q=ar$(r은 자연수)로 두면 $m=bq=b(ar)=(ab)r$이 된다.

따라서 m은 ab의 배수이다.

문제 1.3.18 어떤 두 자리의 자연수가 있는데, 그 두 숫자 사이에 0을 끼어 넣으면 새로운 수와 원래 수와의 차이는 7의 배수가 된다. 조건을 만족하고 두 자리의 자연수를 모두 구하여라.

풀이

두 자리의 자연수를 $mn(1\le m\le 9,\ 0\le n\le 9)$이라고 하자. 그러면 새로운 수는 $m0n$이 된다. 문제의 뜻에 따라서 $m0n-mn$은 7의 배수가 된다. 즉,

$$(100m+n)-(10m+n)=90m=2\times 3^2\times 5\times m$$

이 7의 배수이다. 7과 90은 서로소이므로 m은 7의 배수, 즉 7이 된다. 따라서 구하는 자연수는

$$70,\ 71,\ 72,\ 73,\ 74,\ 75,\ 76,\ 77,\ 78,\ 79$$

이다.

문제 1.3.19 어떤 두 자리의 자연수가 있는데, 그 두 숫자 사이에 0을 두 개 끼어 넣으면 새로운 수와 원래 수와의 차이는 7의 배수가 된다. 조건을 만족하는 두 자리 자연수를 모두 구하여라.

풀이

두 자리의 자연수를 $mn(1 \le m \le 9,\ 0 \le n \le 9)$이라고 하자. 그러면 새로운 수는 $m00n$이 된다. 문제의 뜻에 따라서 $m00n - mn$은 7의 배수가 된다. 즉,

$$(1000m+n)-(10m+n) = 990m = 2 \times 3^2 \times 5 \times 11 \times m$$

이 7의 배수이다. 7과 990은 서로소이므로 m은 7의 배수, 즉 7이 된다. 따라서 구하는 자연수는

$$70,\ 71,\ 72,\ 73,\ 74,\ 75,\ 76,\ 77,\ 78,\ 79$$

이다.

문제 1.3.20 어떤 두 자리의 자연수가 있는데, 그 두 숫자 사이에 0을 세 개 끼어 넣으면 새로운 수와 원래 수와의 차이는 7의 배수가 된다. 조건을 만족하는 두 자리의 자연수를 모두 구하여라.

풀이

두 자리의 자연수를 $mn(1 \le m \le 9,\ 0 \le n \le 9)$이라고 하자. 그러면 새로운 수는 $m000n$이 된다. 문제의 뜻에 따라서 $m000n - mn$은 7의 배수가 된다. 즉,

$$(10000m+n)-(10m+n) = 9990m = 2 \times 3^3 \times 5 \times 37 \times m$$

이 7의 배수이다. 7과 9990은 서로소이므로 m은 7의 배수, 즉 7이 된다. 따라서 구하는 자연수는

$$70,\ 71,\ 72,\ 73,\ 74,\ 75,\ 76,\ 77,\ 78,\ 79$$

이다.

문제 1.3.21 어떤 두 자리의 자연수가 있는데, 그 두 숫자 사이에 0을 네 개 끼어 넣으면 새로운 수와 원래 수와의 차이는 7의 배수가 된다. 조건을 만족하는 두 자리의 자연수를 모두 구하여라.

풀이

두 자리의 자연수를 $mn(1 \le m \le 9,\ 0 \le n \le 9)$이라고 하자. 그러면 새로운 수는 $m0000n$이 된다. 문제의 뜻에 따라서 $m0000n - mn$은 7의 배수가 된다.

즉,

$$(100000m+n)-(10m+n) = 99990m - 2 \times 3^3 \times 5 \times 11 \times 101 \times m$$

이 7의 배수이다. 7과 99990은 서로소이므로 m은 7의 배수, 즉 7이 된다.

따라서 구하는 자연수는

$$70,\ 71,\ 72,\ 73,\ 74,\ 75,\ 76,\ 77,\ 78,\ 79$$

이다.

문제 1.3.22 세 변의 길이가 모두 자연수인 직각삼각형의 직각을 낀 한 변의 길이가 12이다. 조건을 만족하는 직각삼각형은 모두 몇 가지나 있는가?

풀이

직각삼각형의 빗변의 길이를 a 또 다른 변의 길이를 b라고 하자. 그러면 피타고라스의 정리에 의해서 $a^2 = b^2 + 12^2$이다.

따라서 $a^2 - b^2 = (a-b)(a+b) = 12^2 = 2^4 \times 3^2$이다.

여기서 $(a-b)(a+b)$가 짝수이므로 $a-b$와 $a+b$ 둘 중의 하나는 짝수이다.

그런데 $a+b = (a-b)+2b$이므로 둘 다 짝수인 수밖에 없다.

여기서, $a-b = 2M,\ a+b = 2N$라고 하면

$$0 < M < N,\ (M,\ N\text{은 자연수})$$

$$MN = 2^2 \times 3^2$$

이다.

따라서 가능한 순서쌍 (M, N)은

$$(M, N) = (1, 36), (2, 18), (3, 12), (4, 9)$$

이다.

$a-b=2M,\ a+b=2N$이므로 $a=M+N,\ b=N-M$이다.

따라서 가능한 순서쌍 (a, b)는

$$(a, b) = (37, 35), (20, 16), (15, 9), (13, 5)$$

이다. 즉 문제의 조건을 만족하는 직각삼각형은 네 개가 있다.

문제 1.3.23 어떤 자연수 n이 완전제곱수이면서 완전세제곱수이면 다음과 같은 형태임을 보여라.

$$n = m^3 (m = 4t \text{ 또는 } m = 8t+1 : t = 0, 1, 2, \cdots)$$

풀이

$n = m^3 = l^2$으로 두자.

(i) m이 짝수인 경우:

$m = 2m_1$이라 두면 $m^3 = (2m_1)^3 = 8m_1^3 = l^2$이므로

l은 짝수이다. $l = 2l_1$이라고 두면 $8m_1^3 = (2l_1)^2 = 4l_1^2,\ 2m_1^3 = l_1^2$이다.

여기서 l_1은 짝수이어야 되므로 $l_1 = 2l_2$이라고 두면

$2m_1^3 = (2l_2)^2 = 4l_2^2,\ m_1^3 = 2l_2^2$이다.

여기서 m_1은 짝수이어야 되므로 $m_1 = 2m_2$라 두면

$m_1^3 = (2m_2)^3 = 8m_2^3 = 2l_2^2,\ 4m_2^3 = l_2^2$이다.

따라서 $m = 2m_1 = 2(2m_2) = 4m_2$이다

(여기서 $l = 2l_1 = 2(2l_2) = 4l_2 = 4(2l_3) = 8l_3$ 형태이다).

(ii) m이 홀수인 경우:

$m = 2m_1 + 1$이라 두고 l도 홀수이므로 $l = 2l_1 + 1$이라 두자. 그러면

$m^3 = l^2$이므로

$(2m_1+1)^3 = 8m_1^3 + 12m_1^2 + 6m_1 + 1 = (2l_1+1)^2 = 4l_2^2 + 4l_1 + 1$,

$4m_1^3 + 6m_1^2 + 3m_1 = 2l_1^2 + 2l_1$이다.

우변이 짝수이므로 m_1도 짝수이다. $m_1 = 2m_2$라고 두면

$16m_2^3 + 12m_2^2 + 3m_2 = l_1^2 + l_1 = l_1(l_1 + 1)$ 이다.

우변이 연속된 두 정수의 곱이므로 짝수이다.

따라서 m_2는 짝수이다. $m_2 = 2m_3$로 두면

$m = 2m_1 + 1 = 4m_2 + 1 = 8m_3 + 1$ 이다.

따라서 (ⅰ)과 (ⅱ)에 의하여 $m = 4t$ 또는 $8t + 1$(t는 음이 아닌 정수) 형태임을 알 수 있다.

탐구 문제 1.37 $64 = 4^3 = 8^2$ 또는 $(27)^2 = (\quad)^3$를 예로 들어 위의 문제 1.3.23의 풀이 과정을 설명하여라.

문제 1.3.24 1부터 500까지의 자연수 중에서 완전제곱수이면서 동시에 완전세제곱수인 자연수를 모두 구하여라.

풀이

문제 1.3.23에 의해 구하는 자연수를 $n = m^3 = l^2$이라고 두자.

(ⅰ) m이 짝수인 경우:

$m = 4m_1$이라고 두면

$1 \le 64m_1^3 \le 500$이다.

따라서 $m_1 = 1$이다. 즉 $4^3 = 8^2$이므로 $n = 64$이다.

(ⅱ) m이 홀수인 경우:

$m = 8m_1 + 1$이라고 두면

$1 \le (8m_1 + 1)^3 \le 500$이다.

따라서 $m_1 = 0$이다. 즉 $1^3 = 1^2$이므로 $n = 1$이다.

(ⅰ)과 (ⅱ)에 의해서 구하는 자연수는 1과 64이다.

탐구 문제 1.38 $1 \le n \le 1000$일 때 문제 1.3.24의 답에 $n = 729$가 추가됨을 확인하여라.

문제 1.3.25 1부터 500까지의 자연수 중에서 완전제곱수도 아니고 완전세제곱수도 아닌 수의 개수는 모두 몇 개인가?

풀이

(i) 완전제곱수의 개수:

구하려는 완전제곱수를 $n=m^2$이라고 하면

$1 \le m^2 \le 500$, m은 자연수

따라서 $1 \le m \le [\sqrt{500}]$

(단, $[x]$는 x를 넘지 않는 최대의 정수를 뜻한다)

$[\sqrt{500}]=22$이므로 구하려는 완전제곱수의 개수는 22이다.

(ii) 완전세제곱수의 개수:

구하려는 완전세제곱수를 $n=m^3$이라고 하면

$1 \le m^3 \le 500$, m은 자연수

따라서 $1 \le m \le [\sqrt[3]{500}]$

(단, $[x]$는 x를 넘지 않는 최대의 정수를 뜻한다)

$[\sqrt[3]{500}]=7$이므로 구하려는 완전제곱수의 개수는 7이다.

(iii) 완전제곱수이면서 완전세제곱인수는 1, 64로 두 개이다.

따라서 (i)~(iii)에 의해서 구하는 수의 개수는 $500-22-7+2=473$이다.

문제 1.3.26 연속된 네 개의 자연수들의 합이 3과 5로 나누어떨어진다고 하자. 이런 네 개의 자연수의 합 중에서 최솟값은 얼마인가?

풀이

연속된 네 개의 자연수를 n, $n+1$, $n+2$, $n+3$이라고 하자.

그러면 네 개의 자연수의 합은 $4n+6$이다.

3과 5는 서로소이므로 $4n+6$는 $3\times5=15$의 배수이다.

$4n+6=2(2n+3)$이고 2와 15는 서로소이므로 $2n+3$이 15의 배수이다.

따라서 구하는 최솟값은 $2n+3=15$(즉, $n=6$)일 때 이므로 구하는 최솟값은 $2\times15=30$이다.

문제 1.3.27 연속된 6개의 자연수들의 합이 3과 5로 나누어 떨어진다. 이런 6개의 자연수의 합 중에서 최솟값은 얼마인가?

풀이

연속된 6개의 자연수를 n, $n+1$, $n+2$, $n+3$, $n+4$, $n+5$라고 하자.
그러면 6개의 자연수의 합은 $6n+15$이다.
3과 5는 서로소이므로 $6n+15$는 $3\times5=15$의 배수이다.
따라서 $6n=3(2n)$은 15의 배수이다.
여기서 $2n$이 5의 배수이고 2와 5는 서로소이므로 n은 5의 배수이다.
우리가 구하는 최솟값은 $n=5$일 때 이므로 구하는 최솟값은

$$6\times5+15=45$$

이다.

문제 1.3.28 다음 그림과 같이 벽AB, 벽BC, 벽CD, 벽DA로 둘러싸인 교실의 점P에서 공을 던진다고 하자. 벽AD에 한번만 반사시켜서 점Q에 있는 공을 맞히려면 벽AD의 어느 점을 보고 던져야 하느냐?(단, 공의 부피는 무시하고 공의 입사각과 반사각은 같다고 가정하자)

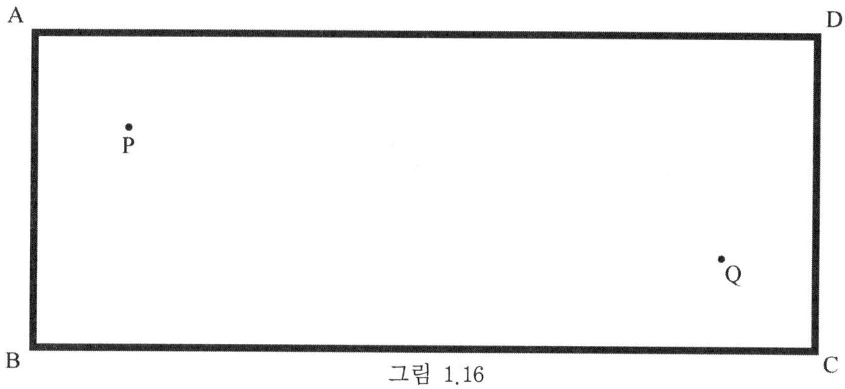

그림 1.16

풀이

다음 그림과 같이 벽 AD에 관한 점 P의 대칭점을 점 P'라 할 때 선분 $P'Q$와 선분 AD가 만나는 점을 향하여 던져야 한다. 그 이유는 다음과 같다. 점 P'는 선분 AD에 관한 점 P의 대칭점이므로 각 PST과 각 $P'ST$은 직각이다. 선분 PS와 선분 $P'S$의 길이가 같으므로 직각삼각형 PST과 직

각삼각형 $P'ST$은 합동이다. 따라서 각 PTS와 각 $P'TS$는 같다. 한편 각 BTQ와 각 $P'TS$는 맞꼭지각이므로 같다. 그러므로 각 PTS과 각 BTQ는 같다.

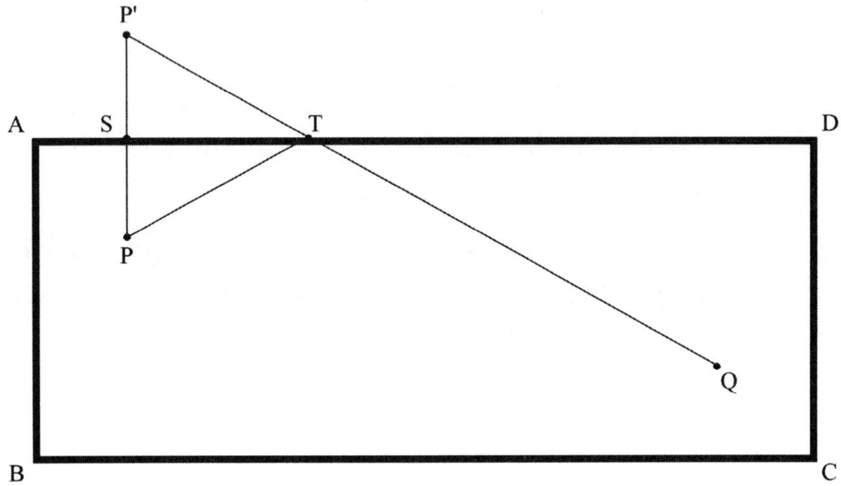

그림 1.17

문제 1.3.29 다음 그림과 같이 벽 AB, 벽 BC, 벽 CD, 벽 DA로 둘러싸인 교실의 점 P에서 공을 던진다고 하자. 벽 AD와 벽 BC에 각각 한 번씩 반사시켜서 점 Q에 있는 공을 맞히려면 벽 AD의 어느 점을 보고 던져야 하느냐?
(단, 공의 부피는 무시하고 공의 입사각과 반사각은 같다고 가정하자.)

그림 1.18

풀이

다음 그림과 같이 두 가지의 방법이 있다.

(1) AD에 관한 경우:

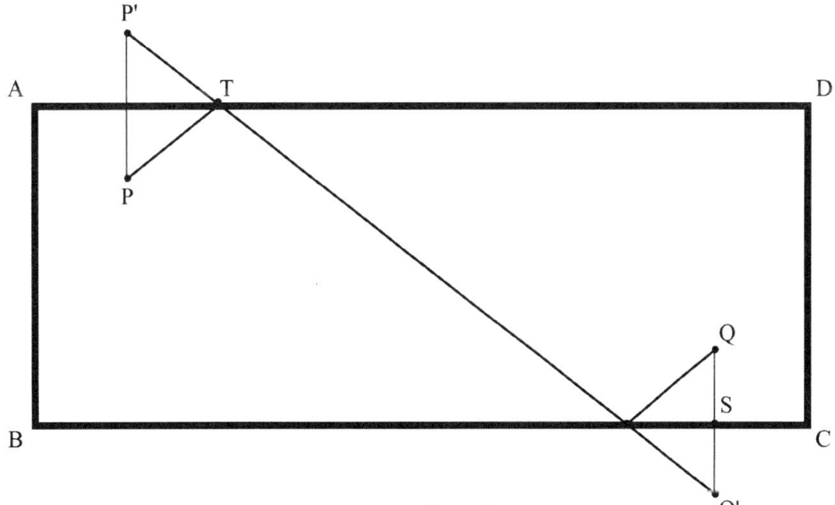

그림 1.19

(2) BC에 관한 경우:

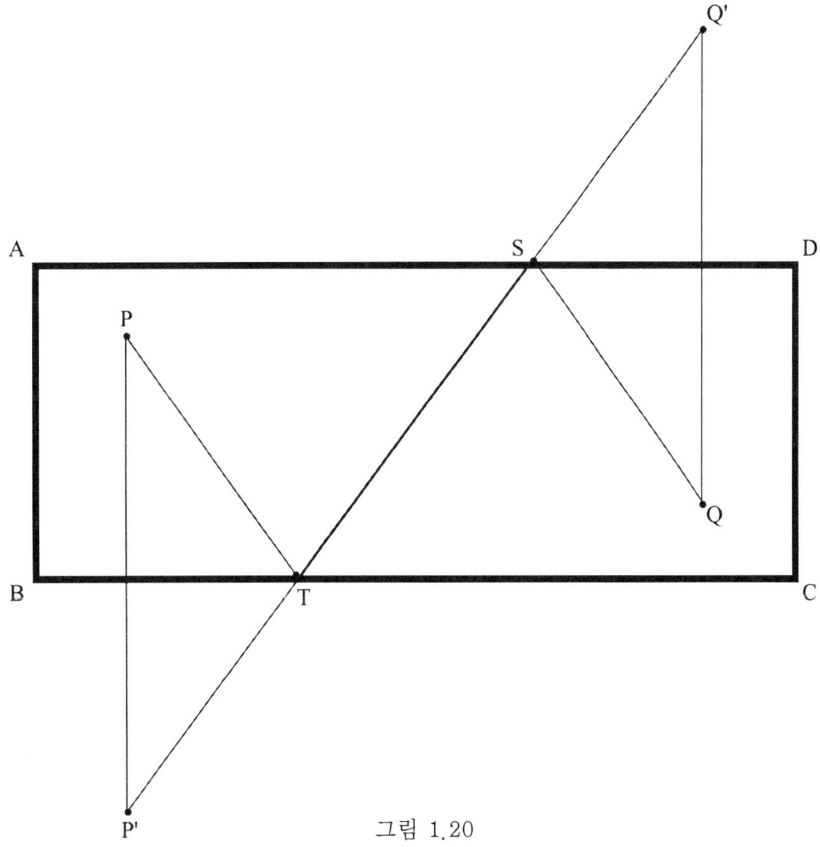

그림 1.20

문제 1.3.30 자연수 m과 n이 서로소일 필요충분조건이 모든 $k=0, 1, 2, \cdots$에 대하여 $kn+m$과 n이 서로소임을 보여라.

풀이

먼저 모든 $k=0, 1, 2, \cdots$에 대하여 $kn+m$과 n이 서로소라고 가정하자.
그러면 $k=0$일 때 m과 n이 서로소이다.
역으로 m과 n이 서로소라고 가정하자.
만일 d가 $kn+m$과 n의 공약수라고 하자.
$kn+m=ds$, $n=dt$라고 두면

$$m=ds-kn=ds-k(dt)=d(s-kt)$$

이다. 여기서 d는 m의 약수이다. d는 n의 약수이므로 d는 m과 n공약수이다. m과 n이 서로소이므로 m과 n의 최대공약수가 1이므로 $d=1$이다. 따라서 $kn+m$과 n의 공약수는 1뿐이다. 그러므로 $kn+m$과 n은 서로소이다.

문제 1.3.31 분모가 20인 기약분수 중에서 3보다 작은 모든 양의 유리수의 합을 구하여라.

풀이

문제에서 구하는 양의 유리수를 n이라고 두자.
n은 0보다 크고 3보다 작으므로

$$n=m+\frac{k}{20}=\frac{20m+k}{20}(m=0, 1, 2 : k=0, 1, \cdots, 19)$$

로 둘 수 있다. n은 기약분수이므로 $20m+k$와 20은 서로소이다.
따라서 k와 20도 서로소이다. 1부터 19까지의 자연수 중에서 20과 서로소인 수는 1, 3, 7, 9, 11, 13, 17, 19이다. 즉, 구하는 n의 값들은

$\frac{1}{20}$, $\frac{3}{20}$, $\frac{7}{20}$, $\frac{9}{20}$, $\frac{11}{20}$, $\frac{13}{20}$, $\frac{17}{20}$, $\frac{19}{20}$, $1+\frac{1}{20}$, $1+\frac{3}{20}$, $1+\frac{7}{20}$, $1+\frac{9}{20}$, $1+\frac{11}{20}$, $1+\frac{13}{20}$, $1+\frac{17}{20}$, $1+\frac{19}{20}$, $2+\frac{1}{20}$, $2+\frac{3}{20}$, $2+\frac{7}{20}$, $2+\frac{9}{20}$, $2+\frac{11}{20}$, $2+\frac{13}{20}$, $2+\frac{17}{20}$, $2+\frac{19}{20}$

이다. 따라서 구하는 양의 유리수들의 합은

$$8+16+\frac{3}{20}(1+3+7+9+11+13+17+19)=36$$

이다.

별해

문제에서 구하는 양의 유리수를 n이라고 두자.

n은 0보다 크고 3보다 작으므로

$$n=m+\frac{k}{20}=\frac{20m+k}{20}(m=0,\ 1,\ 2:\ k=0,\ 1,\ \cdots,\ 19)$$

로 둘 수 있다. n은 기약분수이므로 $20m+k$와 20은 서로소이다.

따라서 k와 20도 서로소이다. 1부터 19까지의 자연수 중에서 20과 서로소인 수는

$$1,\ 3,\ 7,\ 9,\ 11,\ 13,\ 17,\ 19$$

이다.

여기서 m이 선택 할 수 있는 경우는 3가지이고 k가 선택 할 수 있는 경우는 8가지이다.

따라서 n이 나오는 총 경우의 수는 $3\times 8=24$가지이고 각각의 경우에 나오는 n의 값이 다르므로 구하는 양의 유리수는 총 24가지가 된다.

한편 $\frac{r}{20}$이 주어진 조건을 만족하는 양의 유리수라면

$$3-\frac{r}{20}=\frac{20\times 3-r}{20}$$

도 주어진 조건을 만족하는 양의 유리수이다.

따라서 우리가 구하는 양의 유리수들의 합은

$$\begin{aligned}&\frac{1}{20}+\frac{3}{20}+\cdots+\frac{29}{20}+\frac{31}{20}+\cdots+\left(3-\frac{3}{20}\right)+\left(3-\frac{1}{20}\right)\\&=\left[\frac{1}{20}+\left(3-\frac{1}{20}\right)\right]+\left[\frac{3}{20}+\left(3-\frac{3}{20}\right)\right]+\cdots+\left[\frac{29}{20}+\left(3-\frac{29}{20}\right)\right]\\&=3\times 12\\&=36\end{aligned}$$

이다.

Chapter 02

창의적 수학 학습을 위한 탐구문제

탐구 문제 2.1 $\overline{AB}=\overline{AC}$인 이등변삼각형 ABC가 있다.

(1) l은 점 B를 지나고 $l\perp BC$인 직선이다. 점 P는 l위의 점이다. 점 Q는 직선 PA위에 있으며, $\overline{QA}=\overline{AP}$가 되도록 점 Q를 잡고, 점 R은 $\triangle RPQ \backsim \triangle ABC$이 되도록 잡는다.

(i) 네 점 P, Q, R, A는 동일한 원주 위에 있다는 것을 증명하여라.

(ii) 점 R은 직선 BC 위에 있다는 것을 증명하여라.

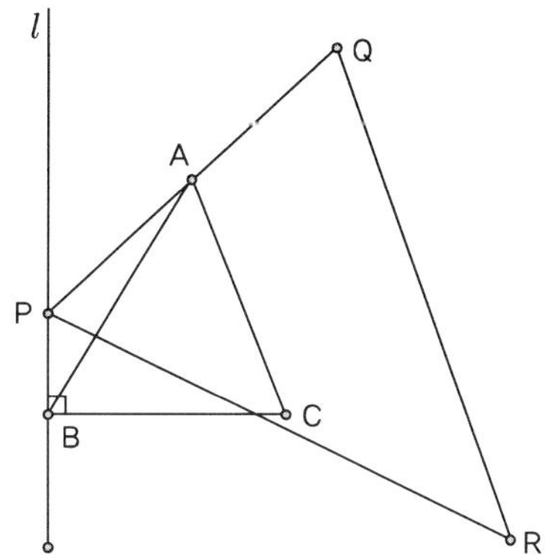

그림 2.1

(2) 그림 2.1과 같이 l'은 $l'\perp BC$인 직선이고 l' 위에 점 P를 잡는다. 또한 (1)과 같이 점 Q, R을 같은 방법으로 점 Q는 직선 PA 위에서 $\overline{QA}=\overline{AP}$ 되게 잡고, 점 R은 $\triangle RPQ \backsim \triangle ABC$가 되도록 잡는다. 점 P가 직선 l' 위를 움직일 때, 점 R은 어떤 도형을 이루고 있는가?

탐구하기

(1), (2)에서의 자취가 직선이 될 것이라는 사실을 예상할 수 있을까?

설명

(1) (ⅰ) 변 BC의 중점을 M이라 하자.

$\triangle ABC$와 $\triangle RPQ$는 닮은 이등변삼각형이므로 중선 AM, RA는 꼭짓점을 이등분한다. 따라서

$$\angle BAM = \angle PRA \qquad \cdots\cdots ①$$

이고, 또한 $l \parallel \overline{AM}$이므로

$$\angle PBA = \angle BAM \qquad \cdots\cdots ②$$

①, ②에서 ∠PRA = ∠PBA(원주각)을 만족한다.

따라서 네 점 P, B, R, A는 동일한 원주상에 있다.

(ⅱ) (ⅰ)에서 $\angle PBR = 180° - \angle PAR = 90°$

따라서 $\angle PBC = 90°$ 이므로 B, C, R은 일직선 상에 있고, 문제의 뜻에 의해 성립한다.

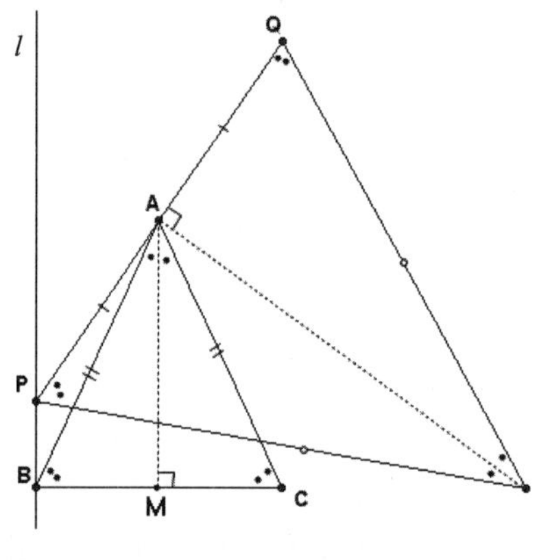

그림 2.2

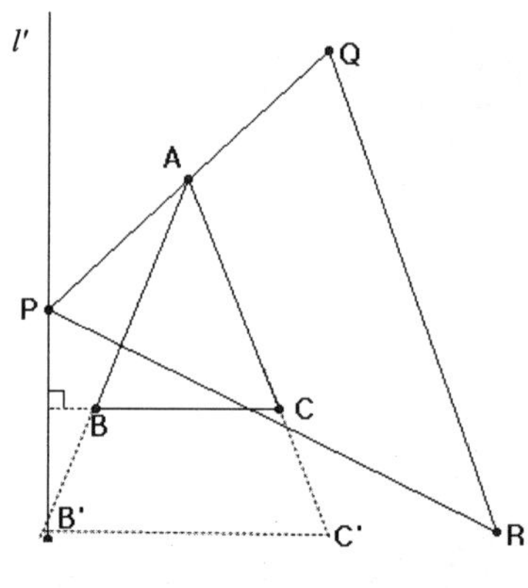

그림 2.3

(2) 직선 AB와 l'과의 교점을 B'를 잡고, B'을 지나고 l'에 수직인 직선 AC와의 교점을 C'이라 하자. $BC \parallel B'C'$이므로 $\triangle AB'C' \backsim \triangle ABC$

$$\therefore \triangle AB'C' \backsim \triangle RPQ$$

즉, (1)의 $\triangle ABC$를 $\triangle AB'C'$로 생각하면 l을 l'에 대응하는 것으로 생각하면 앞의 문제와 동일한 문제가 된다. (1)에서 점 R이 그리는 도형은 직선 $B'C'$이다.

지도상의 강조점

(1)에서 학생들이 점 B, C, R이 일직선 위에 있다는 사실을 증명하는 데 어려움을 겪는다. GSP로 점 P를 움직이면서 왜 그런가를 생각하면서 다시 생각을 쓰도록 한다.

(2)에서 새로운 보조선인 $B'C'$을 연상하면서 BC에 평행하다는 사실을 이용하는 것을 어려워한다.

탐구 문제 2.2

한 변의 길이가 12인 정사각형 $ABCD$의 대각선 AC 위에 $\overline{AE}:\overline{EC}=3:1$인 점 E가 있다. 또한 변 AB 위의 점 P, 변 BC 위의 점 Q를 $\angle PEQ=90^\circ$이 되게 잡고 선분 PQ의 중점 M를 잡는다. 이때, 다음 (1), (2)에 대하여 답하여라(그림 2.4 참조).

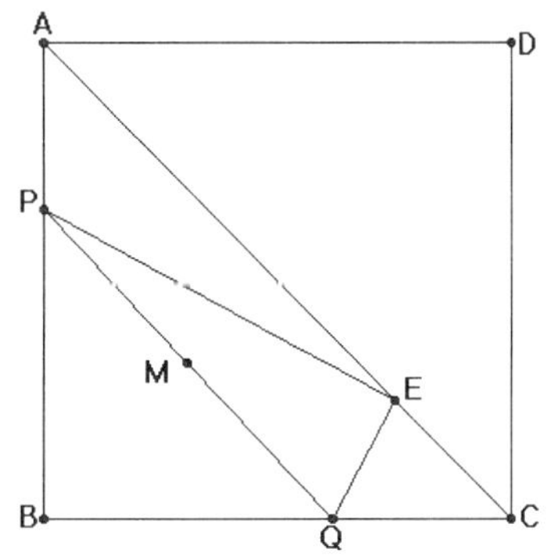

그림 2.4

(1) 점 P가 변 AB의 중점이 될 때 선분 BM의 길이를 구하여라.

(2) 점 P가 변 AB 위를 점 A에서 점 B까지 이동할 때, 점 M의 자취를 구하여라.

탐구하기

생각하기 점 M은 2개의 직각삼각형의 빗변의 중점에 있다.

설명

(1) $\overline{AE}:\overline{EC}=3:1$이고 그림 2.5와 같이(사각형 $PBGF$는 직사각형이다), $\overline{FE}=6-3=3$이고 $\triangle PFE \backsim \triangle EGQ$이므로 $\overline{QG}=1$이 된다.

$$\therefore\ \overline{PQ} = \sqrt{6^2 + (9-1)^2} = 10$$

$$\therefore\ \overline{BM} = \overline{PM} = 10 \div 2 = 5$$

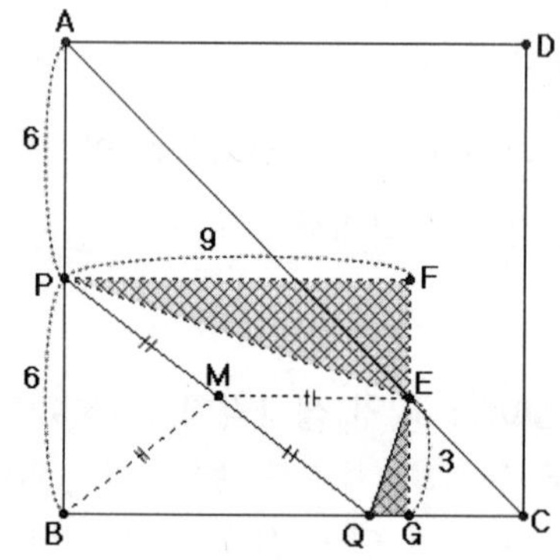

그림 2.5

(2) $\overline{EM} = \overline{PM}$ 이므로 $\overline{BM} = \overline{EM}$이 성립한다.

따라서 그림 2.6과 같이 점 M은 선분 BE의 수직이등분선 위에 있다.

$P = A$일 때, M은 선분 AB의 수직이등분선 위에 있다.

또한 $P = B$일 때, M은 BC위에 있으므로 굵은 선분인 M_0M_1이다.

좌표를 설정하여 해결할 수도 있다.

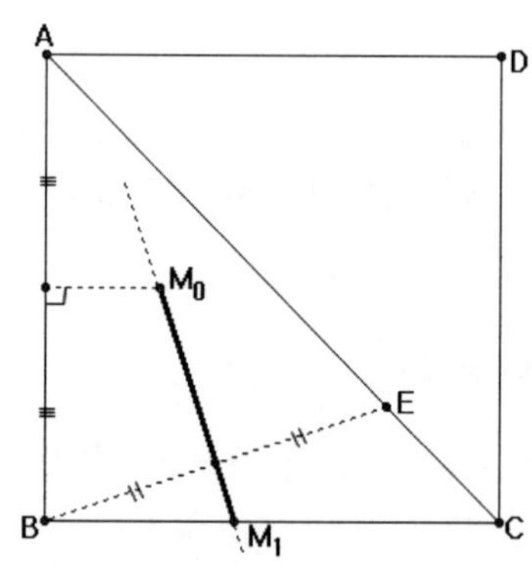

그림 2.6

(2)의 풀이

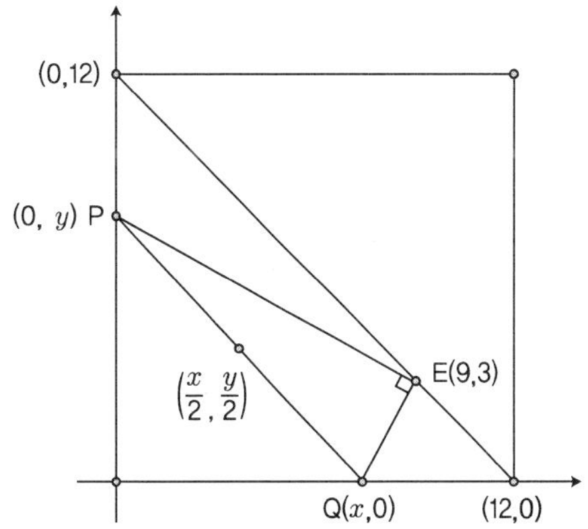

$$0 \leq x \leq 12$$

$$0 \leq y \leq 12$$

$$\overline{PE} \perp \overline{EQ}$$

$$\left(\frac{3-y}{9-0}\right) \cdot \left(\frac{3-0}{9-x}\right) = -1$$

$$\therefore\ y = -3x + 30$$

$$x' = \frac{x}{2},\ y' = \frac{y}{2}$$

$$\therefore\ y' = -3x' + 15$$

$$0 \leq x',\ y' \leq 6$$

(2)의 별해 1

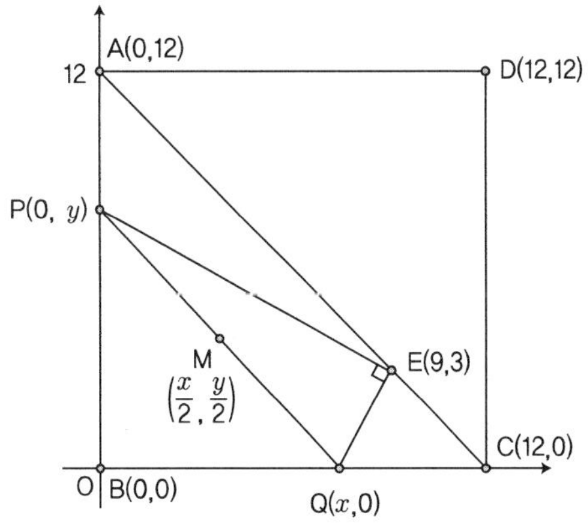

점 E는 $\overline{AB}$의 $3:1$인 내분점이다.

$\Rightarrow E(9, 3)$

점 P는 $(0, y)$, 점 Q는 $(x, 0)$이라고 두면 점 M은 $\overline{PQ}$의 중점이다.

$\Rightarrow M\left(\dfrac{x}{2}, \dfrac{y}{2}\right)$

조건에서 $\angle PEQ = 90^\circ$ 이므로 $\overline{PE} \perp \overline{EQ}$.

$\overline{PE}$의 기울기: $\dfrac{3-y}{9-0} = \dfrac{3-y}{9}$

$\overline{EQ}$의 기울기: $\dfrac{3-0}{9-x} = \dfrac{3}{9-x}$

$\Rightarrow \dfrac{3-y}{9} \times \dfrac{3}{9-x} = -1$, 즉 $3-y = -27+3x$

$$\therefore\ y = -3x+30 \qquad \cdots ①$$

$M(x', y') = M\left(\dfrac{x}{2}, \dfrac{y}{2}\right)$이므로 $x = 2x'$과 $y = 2y'$를 ①에 대입하면

$$2y' = -6x'+30,\ y' = -3x'+15.$$

$$\therefore\ \boxed{y = -3x+15}$$

여기서 $0 \le x \le 12,\ 0 \le y \le 12$이므로 $0 \le x' \le 6,\ \ 0 \le y' \le 6$이다.

(2)의 별해 2

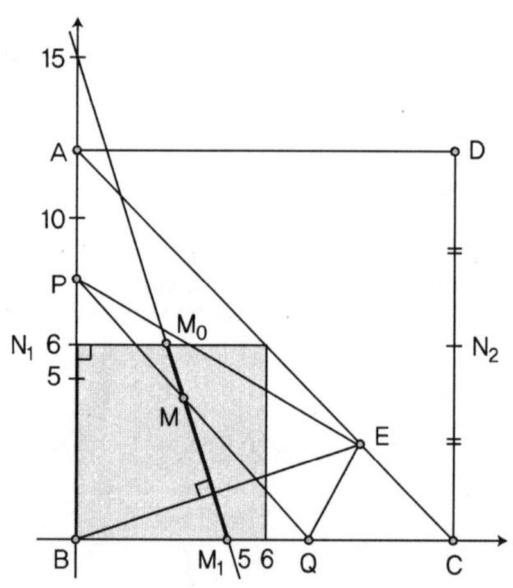

$\overline{BE}$의 기울기: $\dfrac{1}{3}$

$$\overline{M_0M_1} \perp \overline{BE}$$

구하는 M의 자취는 $\overline{BE}$에 수직인 직선에서 $\overline{BC}$와 $\overline{M_1M_2}$가 만나는 점

사이를 움직인다.

(즉, $\overline{N_1N_2}$와 $\overline{AB}$의 중점과 $\overline{CD}$의 중점을 연결한 선이다.)

탐구 문제 2.3 그림 2.7과 같이 두 개의 정사각형 $ABCD$와 $AEFG$가 있다. 정사각형 $ABCD$의 대각선의 교점을 P, 정사각형 $AEFG$의 대각선의 교점을 Q라 하고, 선분 BG의 중점을 M, 선분 DE의 중점을 N이라 할 때, 사각형 $PNQM$은 정사각형이 됨을 증명하여라.

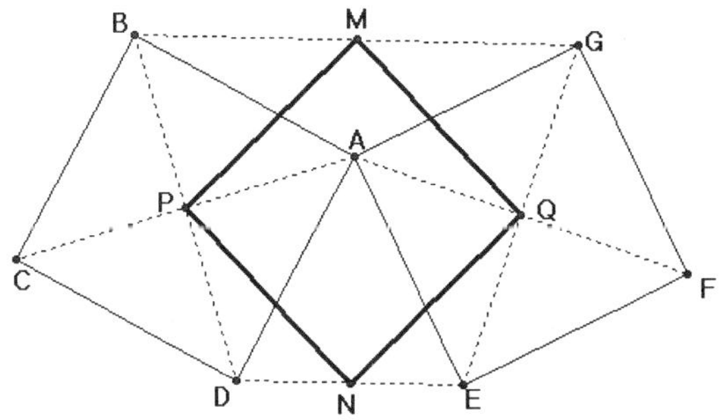

그림 2.7

탐구하기

생각하기 사각형 $PNQM$가 평행사변형인 관계로 평행사변형의 성질을 알면 이 탐구문제를 쉽게 파악하는 문제이다. 정사각형의 정의를 어떻게 규정할 것인지를 생각해야 한다.

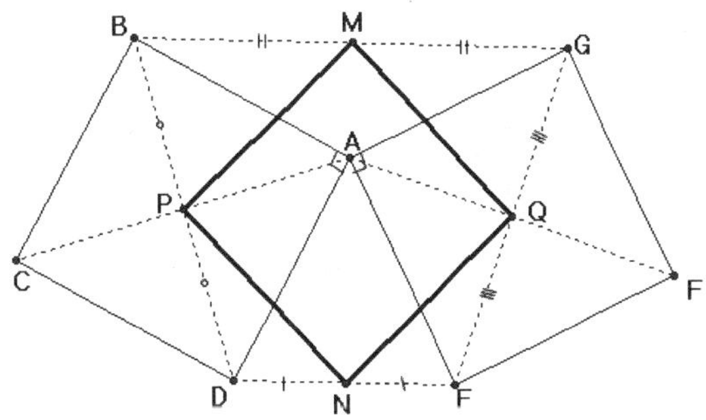

그림 2.8

설명

$\triangle ABE$와 $\triangle ADG$에 대하여

$\overline{AB} = \overline{AD}$, $\overline{AE} = \overline{AG}$,

$\angle BAE = \angle DAG$

$(= 90^\circ + \angle DAE)$

$$\therefore \triangle ABE \equiv \triangle ADG \qquad \cdots\cdots ①$$

여기서, $\triangle ABE$를 점 A를 중심으로 반시계방향으로 90° 회전한다면 변 AB는 변 AD에, 변 AE는 변 AG에 대하여 각각 겹치게 되므로 변 BE는

변 DG에 겹치게 된다.

$$\therefore \overline{BE} \perp \overline{DG} \qquad \cdots\cdots②$$

그런데, $\triangle DBE$와 $\triangle GBE$에서는 중점연결정리에 의해

$$\overline{PN} // = \frac{\overline{BE}}{2},\ \overline{MQ} // = \frac{\overline{BE}}{2} \qquad \cdots\cdots③$$

가 성립한다.

(이때 $//=$ 은 평행이고 길이가 같다는 것을 의미한다.)

$$\therefore \overline{PN} // = \overline{MQ} \qquad \cdots\cdots④$$

똑같은 방법으로

$$\overline{NQ} // = \frac{\overline{DG}}{2},\ \overline{PM} // = \frac{\overline{DG}}{2} \qquad \cdots\cdots⑤$$

가 성립한다.

식 ④에서 사각형 $PNQM$는 평행사변형임을 알 수 있다. 또한 식 ③, ⑤, ①에 의해서 $\overline{PN} = \overline{NQ}$. 그리고 식 ②에 의해 $\overline{PN} \perp \overline{NQ}$이므로 사각형 $PNQM$는 정사각형임을 알 수 있다.

탐구 문제 2.4 $\overline{AB} = 6$, $\overline{AC} = 4$인 삼각형 ABC가 있다. 변 AB, AC를 각각 한 변으로 하는 $\triangle ABD$, $\triangle ACE$에 대해 $\angle BAD = 90^\circ$, $\overline{AD} = 8$, $\angle CAE = 90^\circ$, $\overline{AE} = 3$이 되게 하여 삼각형 ABC의 외부에 만든다. 선분 BC, BD, CE의 중점을 각각 L, M, N이라 하였을 때 다음 물음에 답하여라.

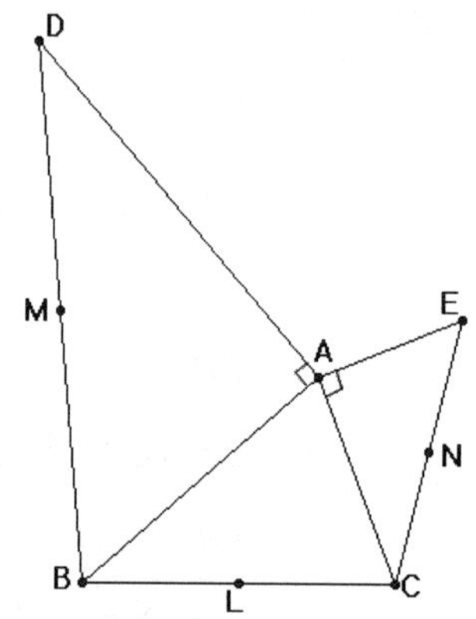

그림 2.9

(1) $\triangle LMN$에 대하여 $\overline{LM} : \overline{LN}$ 및 $\angle MLN$의 크기를 구하여라.

(2) $\triangle ABC$와 $\triangle ADE$의 넓이가 같다는 것을 증명하여라.

(3) 선분 ML의 길이를 l이라 하였을 때 오각형 $AMBCN$의 넓이를 l로 표시하여라.

탐구하기

생각하기

(1) 보조선 CD, BE을 생각해 보면 문제를 해결할 수 있는 조건을 찾을 수 있다.

(2) 위의 문제(3)은 (2)의 결과를 활용하여 해결해야 하는 문제이다.

설명

(1) $\triangle ADC$와 $\triangle ABE$에서(그림 2.10참조)

$$\overline{AD}:\overline{AB}=\overline{AC}:\overline{AE}\,(=4:3) \qquad \cdots\cdots①$$

$\angle DAC=\angle BAE\,(=90^\circ+\angle BAC)$

$$\therefore \triangle ADC \backsim \triangle ABE \qquad \cdots\cdots②$$

닮음비에 의해

$$\overline{DC}:\overline{BE}=4:3 \qquad \cdots\cdots③$$

이 된다. 따라서 중점연결정리에 의해

$$\overline{LM}//=\frac{\overline{CD}}{2},\ \overline{LN}//=\frac{\overline{BE}}{2} \qquad \cdots\cdots④$$

를 만족한다. 따라서 식 ③에 의해 $\overline{LM}:\overline{LN}=4:3$이 된다.

또한 식 ②에서 $\triangle ADC$는 점 A를 중심으로 반시계방향으로 90° 회전하게 되면 직선 AD는 직선 AB, 직선 AC는 직선 AE에 겹치게 된다. 또한 $\overline{DC}//\overline{BE}$이므로

$$\overline{DC}\perp\overline{BE} \qquad \cdots\cdots⑤$$

이다. 이것과 식 ④에서 $\overline{ML}\perp\overline{LN}$이므로 $\angle MLN=90^\circ$가 된다.

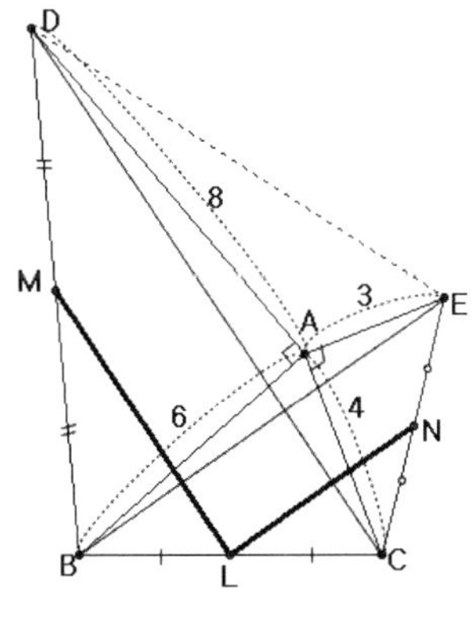

그림 2.10

(2) $\angle BAC + \angle DAE = 360^\circ - 90^\circ \times 2 = 180^\circ$ 이므로

$$\frac{\triangle ABC}{\triangle ADE} = \frac{\overline{AB} \times \overline{AC}}{\overline{AD} \times \overline{AE}} = \frac{6 \times 4}{8 \times 3} = 1$$가 된다.

$$\therefore \triangle ABC = \triangle ADE$$

(3) (그림 2.11 참조) (2)와 $\triangle ABM = \triangle ADM$, $\triangle ACN = \triangle AEN$이므로

오각형 $AMBCN$ 의 넓이 $= \frac{1}{2}$사각형 $DBCE$의 넓이

이다. 여기서 ④, ⑤에서

$$\text{사각형 } DBCE\text{의 넓이 } DBCE = \frac{\overline{DC} \times \overline{BE}}{2} = \frac{2(\overline{ML} \times \overline{LN})}{2}$$

$$= 2l \times \frac{3}{4}l = \frac{3}{2}l^2$$

가 된다.

$$\therefore \text{ 오각형 } AMBCN \text{ 의 넓이 } = \frac{3}{4}l^2$$

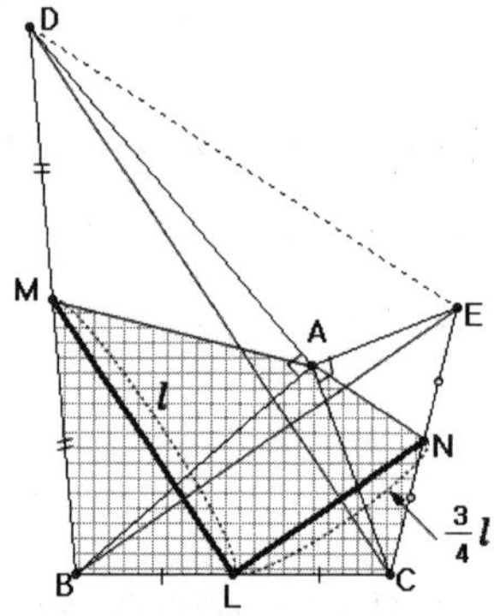

그림 2.11

별해

선분 DC와 선분 BE의 교점을 O라 하자. 그림 2.12와 같이

$$\triangle AMN \equiv \triangle OMN,$$
$$\triangle BLM \equiv \triangle OLM,$$
$$\triangle CNL \equiv \triangle ONL.$$

$$\therefore \text{ 오각형 } AMBCN \text{ 의 넓이 } = 2\triangle LMN$$

$$= \overline{LM} \times \overline{LN} = l \times \frac{3}{4}l = \frac{3}{4}l^2$$

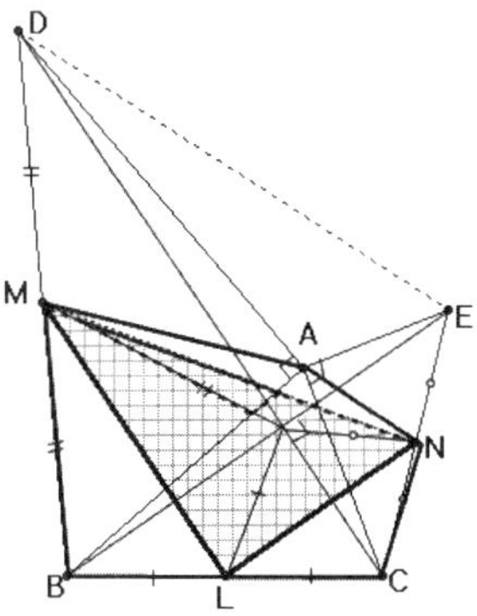

그림 2.12

탐구 문제 2.5

(그림 2.13 참조) 평행사변형 $ABCD$의 변 AB, BC 위에 각각 점 E, F가 있다. $\triangle ADE = 8$, $\triangle CDF = 7$이라 하자.

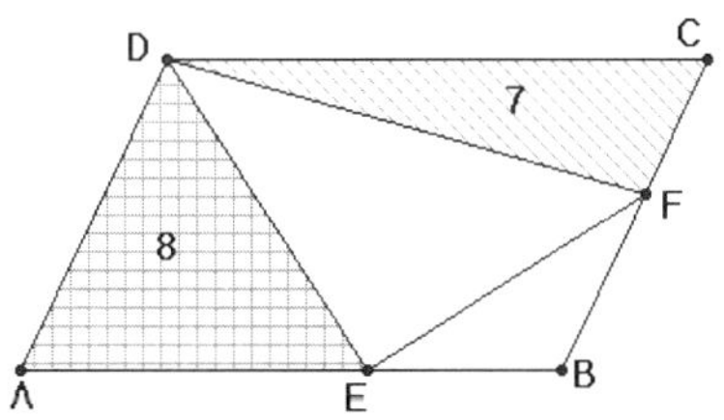

그림 2.13

(1) $\overline{AE} : \overline{EB} = t : (1-t)\,(0 < t < 1)$이라 할 때, $\overline{BF} : \overline{FC}$를 t로 나타내어라.

(2) $\triangle BEF = 3$일 때, $\triangle DEF$의 넓이를 구하여라.

탐구하기

생각하기 평행사변형의 넓이는 대각선에 의해서 이등분하게 됨으로써, 전체의 넓이를 2S라 두고 대각선을 그은 다음에 생각해 보도록 한다.

설명

(1) $\square ABCD$의 넓이를 $2S$라 하자.

$\overline{AE} : \overline{EB} = t : (1-t)$일 때,

그림 2.14와 같이

$\triangle AED : \triangle ABD = \overline{AE} : \overline{AB} = t : 1$

이 된다.

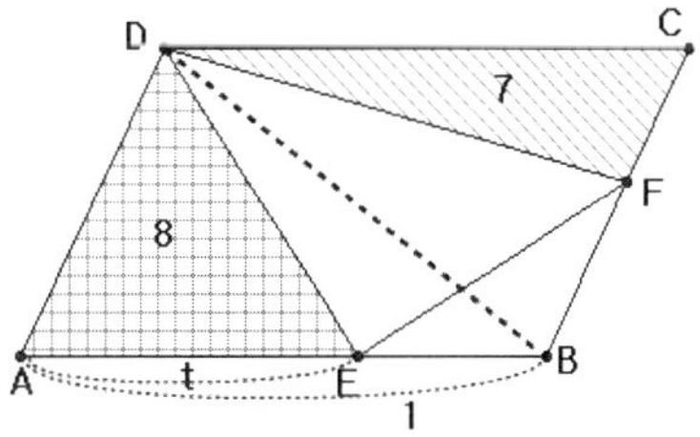

그림 2.14

$$\therefore 8 : S = t : 1$$

$$\therefore S = \frac{8}{t} \qquad \cdots\cdots ①$$

이때

$\overline{BF} : \overline{FC}$

$= \triangle BFD : \triangle FCD = (S-7) : 7 = \frac{8}{t} - 7 : 7 = 8 - 7t : 7t$

를 만족한다.

(2) 그림 2.15와 같이

$$\triangle BEF = \frac{\overline{BE}}{\overline{BA}} \times \frac{\overline{BF}}{\overline{BC}} \times \triangle BAC$$

$$= \frac{1-t}{1} \times \frac{8-7t}{8} \times \frac{8}{t}$$

$$= \frac{(1-t)(8-7t)}{t} = 3$$

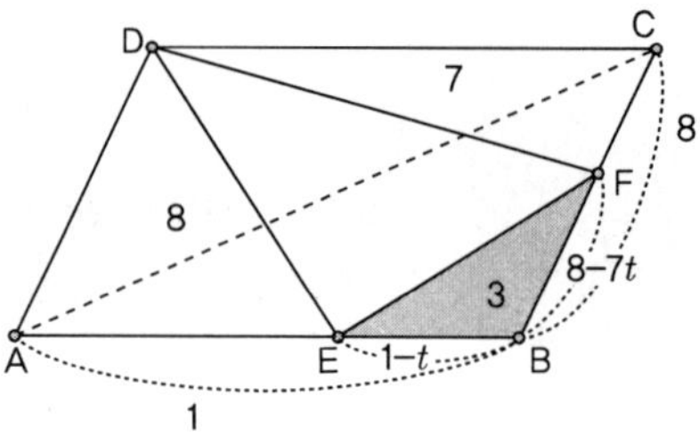

그림 2.15

이므로 $(1-t)(8-7t) = 3t$가 된다.

$$\therefore 7t^2 - 18t + 8 = 0$$

$$\therefore (7t-4)(t-2) = 0$$

여기서, $0 < t < 1$이므로 $t = \frac{4}{7}$이다.

$$\therefore S = 14$$

이때, 식 ①에서 $S = 8 \times \frac{7}{4} = 14$이므로 $\triangle DEF = 2S - (8+7+3) = 10$ 이다.

별해

(1) $\dfrac{\triangle AED}{\triangle CDF} = \dfrac{\overline{AE}}{\overline{CD}} \times \dfrac{\overline{AD}}{\overline{CF}}$

$$= \frac{t}{1} \times \frac{\overline{AD}}{\overline{CF}} = \frac{8}{9}.$$

$$\therefore \frac{\overline{AD}}{\overline{CF}} = \frac{8}{7t}$$

$$\therefore \overline{BF} : \overline{FC} = (8-7t) : 7t$$

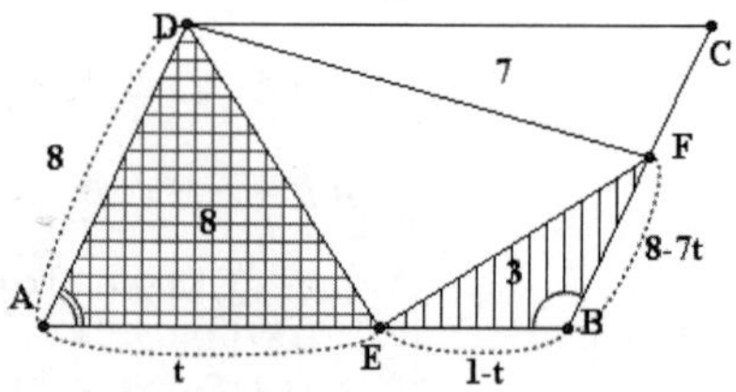

그림 2.16

(2) $\angle DAE + \angle FBE = 180^\circ$ 이므로

$$\frac{\triangle AED}{\triangle BEF} = \frac{\overline{AE}}{\overline{BE}} \times \frac{\overline{AD}}{\overline{BF}}$$

$$= \frac{t}{1-t} \times \frac{8}{8-7t} = \frac{8}{3}.$$

$$\therefore (1-t)(8-7t) = 3t$$

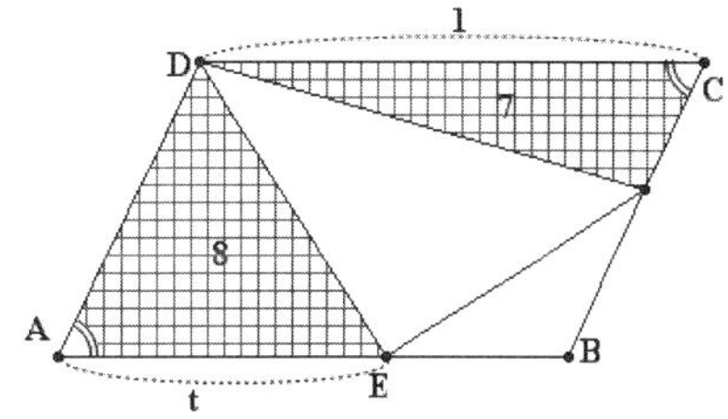

그림 2.17

탐구 문제 2.6

(그림 2.18 참조) 직사각형$ABCD$의 BC, CD 위에 점 E, F를 잡고, $\triangle ABE : \triangle ADF : \triangle ECF = 1 : 2 : 3$이라 하자. 이때, 선분 BE의 길이를 구하여라.

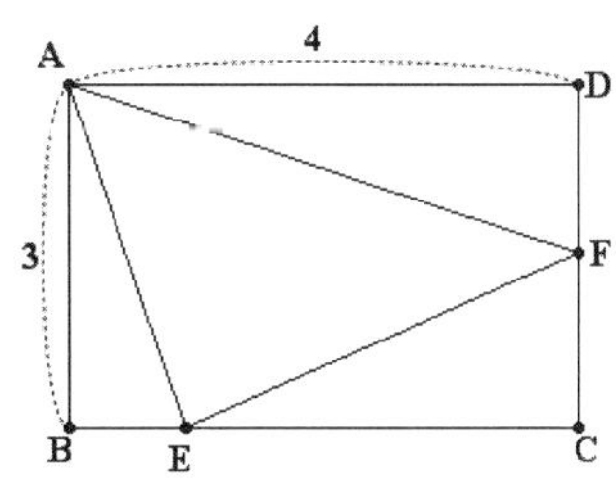

그림 2.18

탐구하기

생각하기 □$ABCD$는 직사각형이므로 직접 넓이를 비교할 수도 있다.

설명

$\overline{BE} = x$, $\overline{DF} = y$라 두면

$2\triangle ABE = 3x$, ……①

$2\triangle ADF = 3y$, ……②

$2\triangle ECF = (4-x)(3-y)$. ……③

①:② = 1:2이므로 $y = \frac{3}{2}x$. ……④

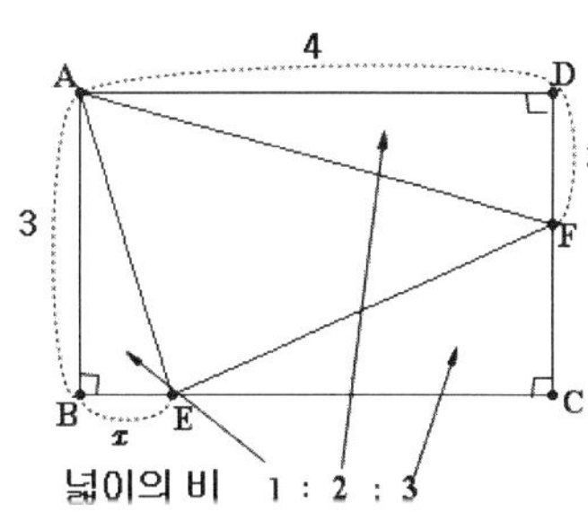

그림 2.19

①:③ = 1:3이므로 $(4-x)(3-y) = 9x$이고,

이것에 ④을 대입하여 전개식을 정리하면

$$x^2 - 12x + 8 = 0$$

이고, 따라서 $0 < x < 4$이므로 $x = 6 - 2\sqrt{7}$이다.

탐구 문제 2.7

(1) 그림 2.20과 같이 $\triangle ABC$의 각 변 위에 세 점 P, Q, R를 $\square APQR$이 평행사변형이 되게 할 때, 이 평행사변형의 넓이는 $\triangle ABC$의 넓이의 $\frac{1}{2}$이하이다는 것을 증명하여라.

(2) 그림과 같이 $\triangle ABC$의 내부에 점 P를 잡고, 점 P를 지나고 각 변에 평행한 3개의 직선을 긋는다. 이때, 그림 2.21의 색칠된 부분(3개의 삼각형 모두 합한 것)의 넓이는 $\triangle ABC$의 넓이의 $\frac{1}{3}$이상이다라는 사실을 증명하여라.

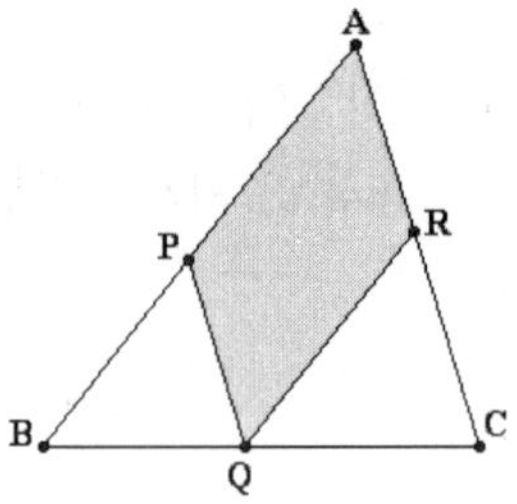

그림 2.20

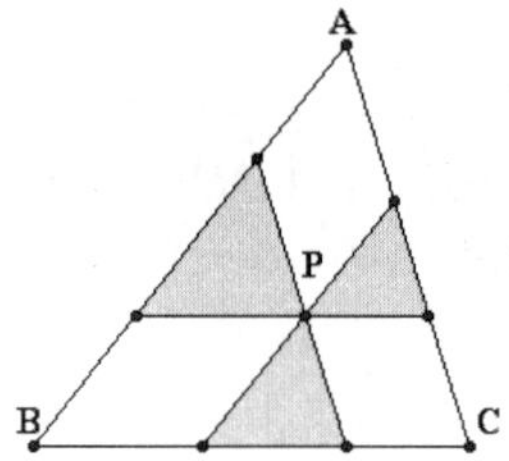

그림 2.21

탐구하기

생각하기

(1) 도형적으로 판단을 해 볼 수도 있다.

(2) 위의 문제(2)의 해결을 문제(1)를 이용하여 해결하는 방법을 생각한다.

(3) 다양한 방법으로 해결할 수 있는 기회를 제공한다.

(4) 시간적인 여유를 주면서 새로운 문제 해결 방안이 나오는지를 파악한다.

설명

(1) 밑변의 길이를 1이라 두자. (그림 2.22 참조)

$\overline{BQ} : \overline{BC} = t : 1\,(0 < t < 1)$라 하고, $\triangle ABC = S$라 하자. $\overline{PQ} // \overline{AC}$, $\overline{RQ} // \overline{AB}$이므로

$\triangle ABC \backsim \triangle PBQ \backsim \triangle RQC$이고 닮음비는

$\overline{BC} : \overline{BQ} : \overline{QC} = 1 : t : 1-t$이므로

$$\triangle PBQ = t^2 S \qquad \cdots\cdots ①$$

$$\triangle RQC = (1-t)^2 S \qquad \cdots\cdots ②$$

$$\therefore \square APQR = S - ① - ②$$

$$= \{1 - t^2 - (1-t)^2\} S$$

$$= (2t-2t^2)S \qquad \cdots\cdots③$$

이때

$$\frac{1}{2}S - ③\frac{1}{2}S - ③ = \left\{\frac{1}{2} - (2t-2t^2)\right\}S$$

$$= \frac{(2t-1)^2}{2}S \geq 0 \qquad \cdots\cdots④$$

이다. 따라서 $\frac{1}{2}S \geq \square APQR$이다.

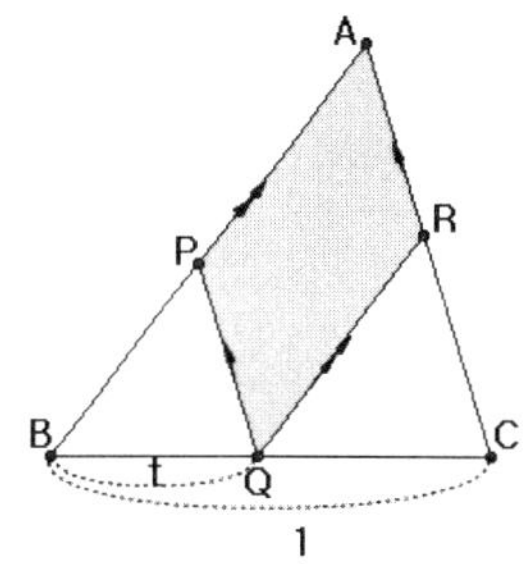

그림 2.22

(2) 그림 2.23과 같이 점 D~I와 S_1~S_3를 정한다.

(1)에서 $\square EBFP \leqq \frac{1}{2}\triangle DBG$이다.

$$\therefore\ S_1 + S_2 \geqq \frac{1}{2}\triangle DBG \qquad \cdots\cdots⑤$$

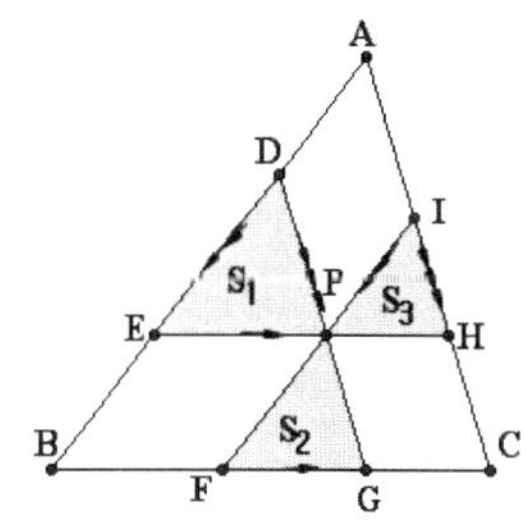

그림 2.23

똑같은 방법으로

$$S_2 + S_3 \geqq \frac{1}{2}\triangle IFC \qquad \cdots\cdots⑥$$

$$S_3 + S_1 \geqq \frac{1}{2}\triangle AEII \qquad \cdots\cdots⑦$$

이다. 따라서 ⑤, ⑥, ⑦의 좌변은 좌변끼리, 우변은 우변끼리 더하면

$$2(S_1 + S_2 + S_3) \geqq \frac{1}{2}(\triangle DBG + \triangle IFC + \triangle AEH) \qquad \cdots\cdots⑧$$

을 얻는다. 그런데

$$\triangle DBG + \triangle IFC + \triangle AEH = \triangle ABC + S_1 + S_2 + S_3$$

이므로 $S_1 + S_2 + S_3 = T$라 두면 식 ⑧은

$$2T \geqq \frac{1}{2}(S+T)$$

의 부등식을 만족하게 된다.

$$\therefore\ T \geqq \frac{1}{3}S$$

별해

(1) (그림 2.24 참조) 선분 AB, BC, CA의 중점을 각각 L, M, N이라 하면

$$\square ALMN = \frac{1}{2}S \qquad \cdots\cdots⑨$$

이다.

$Q \neq M$일 때(이때, $P \neq L$, $R \neq N$), 그림 2.24에서

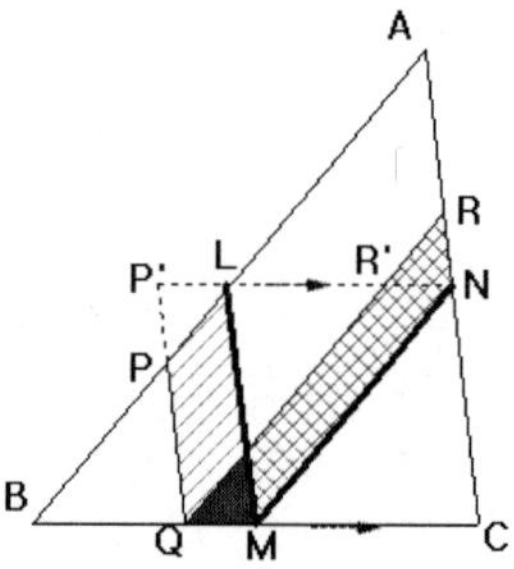

그림 2.24

$$\square ALMN - \square APQR = (\text{그물망 부분}) - (\text{빗금친부분}) \qquad \cdots\cdots⑩$$

이므로 (그물망 부분) + (색칠된 부분) > $\square QMNR'$.

(빗금친 부분) + (색칠된 부분) < $\square QMLP'$

이고 우변은 똑같은 넓이이므로

(빗금친 부분) < (그물망 부분).

따라서 ⑩ > 0이므로 $\square APQR \leqq \frac{1}{2}S$이다.

(2) [(1)을 이용하지 않는다면]

$$\overline{AD} : \overline{DE} : \overline{EB} = a : b : c$$

이고

$$a + b + c = 1 \qquad \cdots\cdots⑪$$

이라면 $S_1 = b^2S$, $S_2 = c^2S$, $S_3 = d^2S$을 만족한다.

$$\therefore\ S_1 + S_2 + S_3 - \frac{1}{3}S$$

$$= \left(a^2 + b^2 + c^2 - \frac{1}{3}\right)S$$

$$= \left\{a^2 + b^2 + c^2 - \frac{2}{3}(a+b+c) + \frac{1}{3}\right\}S \text{ (식 ⑪에 의하여)}$$

$$= \left\{\left(a - \frac{1}{3}\right)^2 + \left(b - \frac{1}{3}\right)^2 + \left(c - \frac{1}{3}\right)^2\right\}^2 S \geqq 0$$

탐구 문제 2.8 그림 2.25와 같이 $\angle ABF = \angle BCD = \angle R$인 $\square ABCD$의 변 AD, BC 위에 점 E, F를 잡으면 $\overline{AF} = \overline{FE} = \overline{EC} = \overline{CF} = \overline{CD} = 10(cm)$가 된다.
(1) 사각형 $ABCD$의 넓이를 구하여라.
(2) 선분 AD의 길이를 구하여라.

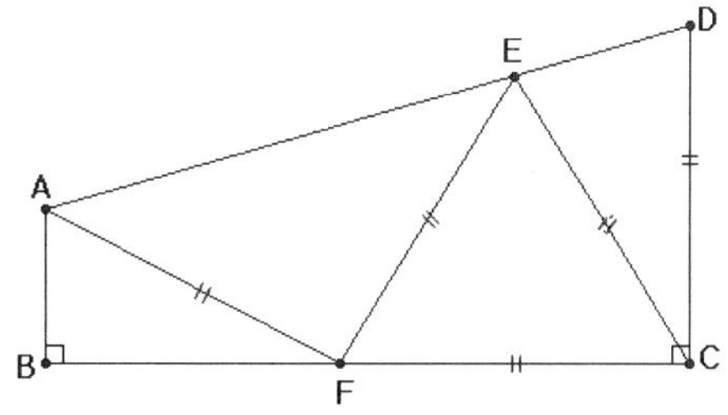

그림 2.25

탐구하기

생각하기
(1) 등변과 90° 라는 조건을 이용하여 각도가 모두 결정이 되어서 어떤 도형인지를 파악할 수 있다.
(2) 15° 를 끼고 있는 직각삼각형의 변의 길이에 대해서도 추측하고 그 결론을 얻을 수 있다는 점에서 중학생들이 다루어 보아야 하는 문제이다.
(3) 다양한 방법으로 문제를 해결할 수 있는 방향이 무엇인지도 파악해 보아야 한다.

설명

(1) (그림 2.26 참조) 주어진 조건에서 다음 (가)→(나)→(다)→(라)로 나눌 수 있다.

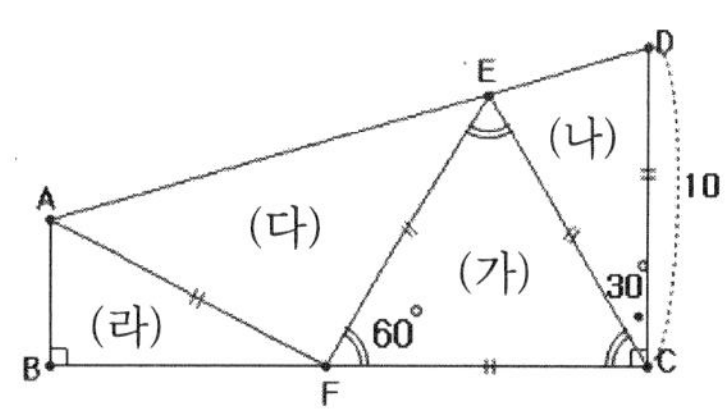

그림 2.26

(가) $\triangle EFC$는 정삼각형이므로 내각은 모두 60° 이다.
(나) $\triangle CDE$는 $\angle ECD = 30°$ 인 이등변삼각형이므로 두 밑각은 75° 이다.
(다) $\angle AEF = 180° - (60° + 75°) = 45°$ 이므로 $\triangle AEF$는 45° 가 끼인 직각이등변삼각형이다. 따라서 $\angle AFB = 90°$ 이다.
(라) $\angle AFB = 180° - (60° + 90°) = 30°$ 이므로 $\triangle AFB$는 30° 가 끼인 직각삼각형이다.

따라서 $\overline{AB}=5$, $\overline{BF}=5\sqrt{3}$ 이므로 사다리꼴 $ABCD$의 넓이는

$$\frac{(\overline{AB}+\overline{CD})\times(\overline{BF}+\overline{FC})}{2}=\frac{(5+10)\times(5\sqrt{3}+10)}{2}=\frac{75(\sqrt{3}+2)}{2}\,(cm^2)$$

이다.

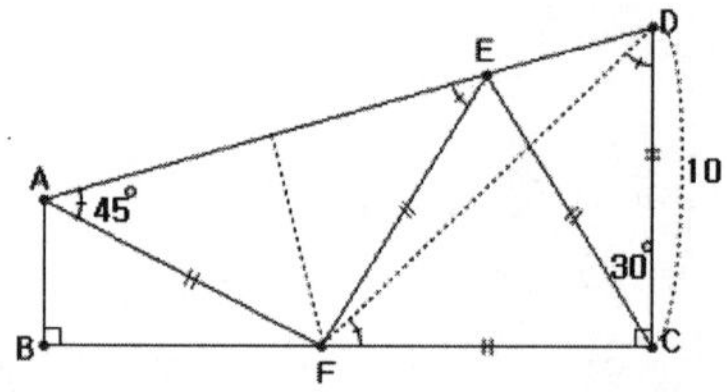

그림 2.27

(2) (그림 2.27 참조) F에서 AD에 내린 수선의 발을 G라 하면 △AFG는 45°를 낀 직각이등변삼각형이므로

$$\overline{AG}=\frac{\overline{AF}}{\sqrt{2}}=\frac{10}{\sqrt{2}}=5\sqrt{2}\quad\cdots①$$

이다. 또한 $\angle DFG=45°+\angle EFD=\angle EFC=60°$ 이므로 $\triangle DFG$는 30°가 낀 직각삼각형이므로

$$\overline{GD}=\sqrt{3}\,\overline{GF}=\sqrt{3}\times①=5\sqrt{6}\quad\cdots\cdots②$$

이다.

(2)의 별해 1

(그림 2.28 참조)E에서 선분 BC에 내린 수선의 발을 H라 하면 $\overline{AB}//\overline{EH}//\overline{DC}$이므로, $\overline{AD}:\overline{AE}=\overline{BC}:\overline{BH}$.

$$\therefore\ \overline{AD}:10\sqrt{2}=(5\sqrt{3}+10):(5\sqrt{3}+5)=(\sqrt{3}+2):(\sqrt{3}+1)$$

$$\therefore\ \overline{AD}=10\sqrt{2}\times\frac{\sqrt{3}+2}{\sqrt{3}+1}=10\sqrt{2}\times\frac{(\sqrt{3}+2)(\sqrt{3}-1)}{(\sqrt{3}+1)(\sqrt{3}-1)}=5\sqrt{2}(1+\sqrt{3})\,(cm)$$

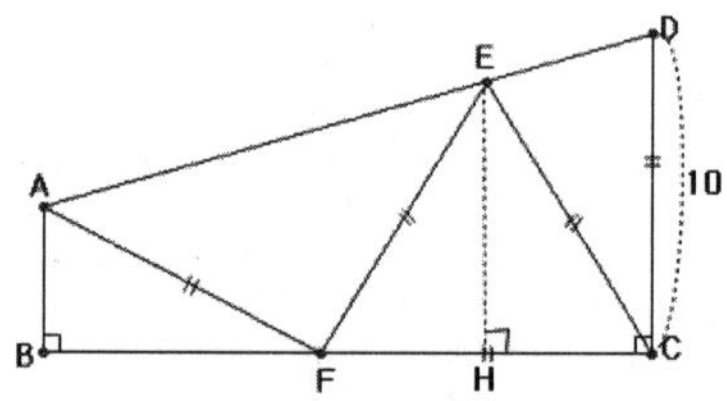

그림 2.28

(2)의 별해 2

(그림 2.29 참조) A에서 CD에 내린 수선의 발을 I라 하면

$$\overline{DI}=10-5=5\quad\cdots\cdots③$$

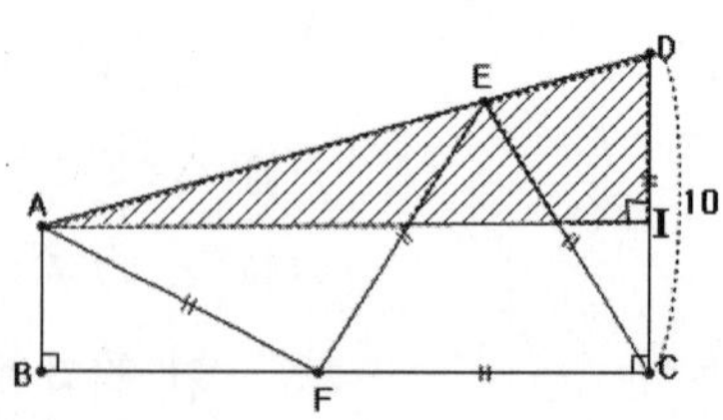

그림 2.29

$$\overline{AI}=\overline{BC}=5\sqrt{3}+10=5(\sqrt{3}+2)\quad\cdots\cdots④$$

이므로 $\triangle ADI$에 피타고라스의 정리를 적용해서

$$\overline{AD}^2 = ③^2 + ④^2 = 5^2\{1+(\sqrt{3}+2)^2\}$$
$$= 5^2(8+4\sqrt{3})$$

을 얻는다. 따라서

$$\overline{AD} = 10\sqrt{2+\sqrt{3}}\ (cm)$$

이다.

> 근호 속에 근호가 있는 경우를 이중근호라고 한다. 이 내용은 중학교 교육과정에 벗어났지만 이런 결과에서 이중근(호)가 나타날 수 있다는 사실을 인식시키는 것도 중요하다고 판단이 된다.

탐구 문제 2.9 $\overline{AB}=1$, $\overline{AC}=\sqrt{2}$인 $\triangle ABC$가 반지름의 길이가 1인 원 O에 내접하고 있다. 이때, 선분 BC의 길이를 구하여라.

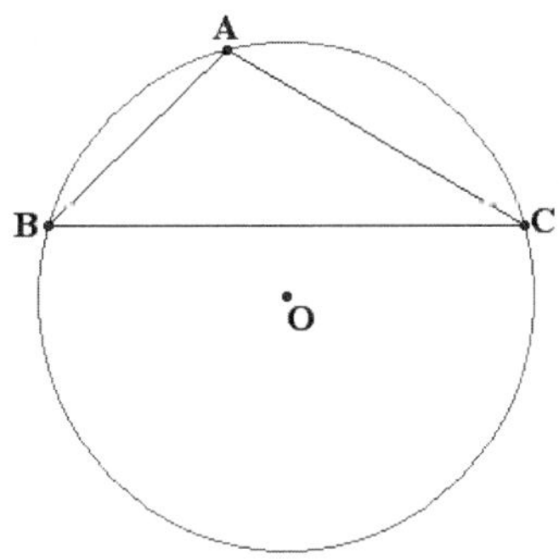

그림 2.30

탐구하기

생각하기 보조선을 긋고 직각삼각형을 만들어 풀이과정을 생각해 본다.

설명

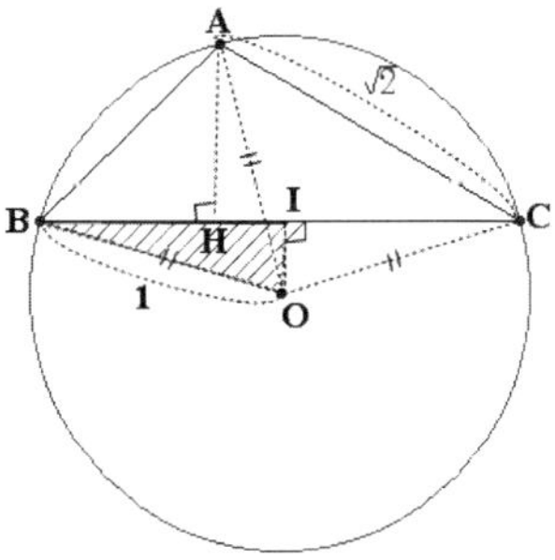

그림 2.31

그림 2.31과 같이 $\triangle OAB$는 정삼각형, $\triangle OAC$는 45°가 낀 직각삼각형이다. 즉, 원주각의 정리에 의해

$$\angle ABC = \angle AOC/2 = 45^\circ$$
$$\angle ACB = \angle AOB/2 = 30^\circ$$

이다. 따라서 A에서 BC에 내린 수선의 발을 H라 한다면 $\triangle ABH$는 45°가 낀 직각삼각형, $\triangle ACH$는 30°가 낀 직각삼각형이다. 그러므로

$$\overline{BC} = \overline{BH} + \overline{HC} = \overline{AB} \times \frac{1}{\sqrt{2}} + \overline{AC} \times \frac{\sqrt{3}}{2} = \frac{1}{2}(\sqrt{2} + \sqrt{6})$$

가 된다.

결국에 그림 2.31에서 $\triangle OBI$는 15°가 낀 직각삼각형이므로

$$\overline{BC} = 2\overline{BI} = 2 \times \frac{\sqrt{6}+\sqrt{2}}{4} = \frac{\sqrt{6}+\sqrt{2}}{2}$$

이다.

탐구 문제 2.10 원에 내접하는 사각형 $ABCD$에 대하여 $\overline{AB} = 5$, $\overline{BC} = 8$, $\overline{CD} = 3$이고 대각선 $\overline{AC} = 7$이다. 이때,

(1) A에서 선분 BC에 내린 수선의 발을 H라고 할 때, 선분 AH의 길이를 구하여라.

(2) $\angle ADC$의 크기를 구하여라.

(3) 선분 AD의 길이를 구하여라.

(4) 선분 AC와 선분 BD의 교점을 E라 할 때, $\overline{BE} : \overline{ED}$를 구하여라.

탐구하기

생각하기 문제를 파악하는 면에서 (1)→(2)→(3)→(4)의 단계로 본 탐구문제가 구성된 것이라는 것을 인식해야 한다. 따라서 (1)의 조건과 증명으로부터 (2), (3), (4)의 핵심을 찾아야 한다.

설명

(1) $\overline{BH} = x$라 하면

$$\overline{AH}^2 = 5^2 - x^2 = 7^2 - (8-x)^2.$$

$$\therefore x = \frac{5}{2} \qquad \cdots\cdots①$$

$$\therefore \overline{AH} = \sqrt{5^2 - \left(\frac{5}{2}\right)^2} = \frac{5}{2}\sqrt{3} \qquad \cdots\cdots②$$

(2) ①, ②에서 $\triangle ABH$는 30°가 낀 직각삼각형이므로

$$\angle ABC = 60^\circ. \qquad \cdots\cdots③$$

$$\therefore \angle ADC = 180^\circ - ③ = 120^\circ$$

(3) 그림 2.32와 같이 점 K를 잡으면 $\angle CDK =$ ③이므로 $\triangle CDK$는 30° 낀 직각삼각형이다.

$$\therefore \overline{DK} = \frac{3}{2},\ \overline{CK} = \frac{3}{2}\sqrt{3}$$

즉, $\overline{AD} = y$라 하면 $\triangle ACK$에서

$$7^2 = \left(y + \frac{3}{2}\right)^2 + \left(\frac{3}{2}\sqrt{3}\right)^2. \quad \cdots④$$

$$\therefore \left(y + \frac{3}{2}\right)^2 = \frac{169}{4}$$

$$\therefore y + \frac{3}{2} = \frac{13}{2}$$

$$\therefore y = 5$$

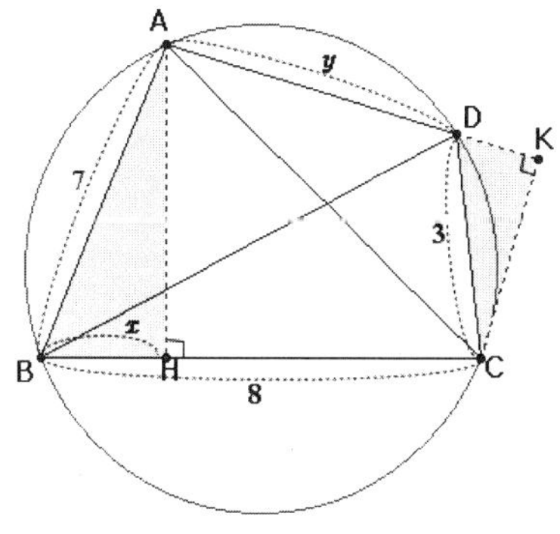

그림 2.32

(4) (3)에서 $\overline{AB} = \overline{AD}$이고, 따라서 $\widehat{AB} = \widehat{AD}$를 만족하므로 그림 2.33에서 $a = b$.

$$\therefore \overline{BE} : \overline{ED} = \overline{BC} : \overline{CD} = 8 : 3$$

따라서 ④의 이차방정식을 전개하면

$$y^2 + 3y - 40 = (y-5)(y+8) = 0.$$

$y > 0$이므로 $y = 5$가 된다.

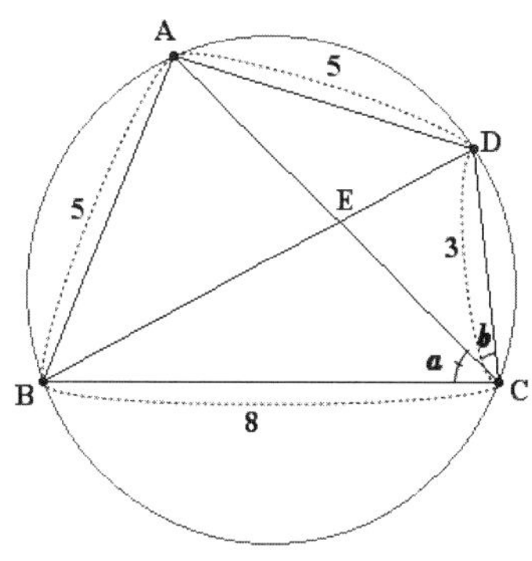

그림 2.33

별해

(4)의 별해를 두 가지 소개한다. 면적의 비에 착안을 한다.

별해1

$$\overline{BE}:\overline{ED}=\triangle ABC:\triangle ACD \qquad \cdots\cdots⑤$$

$$=\frac{1}{2}\times\overline{BC}\times\overline{AH}:\frac{1}{2}\times\overline{AD}\times\overline{CK}$$

$$=\frac{1}{2}\times8\times\frac{5}{2}\sqrt{3}:\frac{1}{2}\times5\times\frac{3}{2}\sqrt{3}$$

$$=8:3$$

별해2

다음은 닮음을 착안하여

$\triangle ABE \backsim \triangle ADE$이므로

$\overline{BE}:\overline{CE}=\overline{BA}:\overline{CD}=5:3$가 된다.

$$\therefore \overline{BE}=\frac{5}{3}\overline{CE} \qquad \cdots\cdots⑥$$

$\triangle BCE \backsim \triangle ADE$이므로

$\overline{CE}:\overline{DE}=\overline{BC}:\overline{AD}=8:5$가 된다.

$$\therefore \overline{DE}=\frac{5}{8}\overline{CE} \qquad \cdots\cdots⑦$$

따라서 $\overline{BE}:\overline{ED}=⑥:⑦=8:3$

을 만족한다.

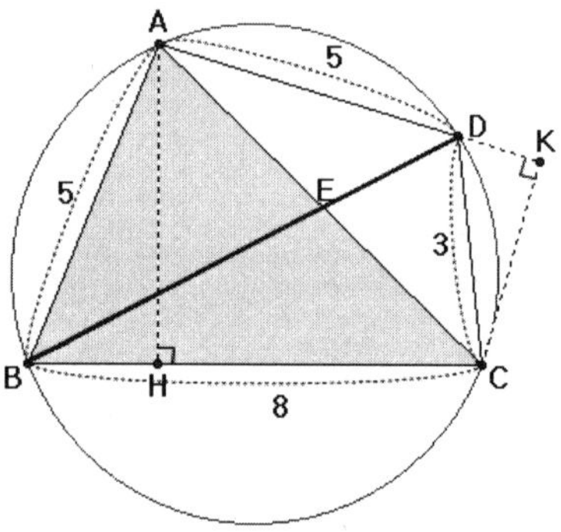

그림 2.34

그러므로 $\angle A+\angle ADC=180^\circ$을

이용하면

$$⑤=\overline{BA}\times\overline{BC}:\overline{DA}\times\overline{DC}$$

$$=5\times8:5\times3$$

$$=8:3$$

이다.

탐구 문제 2.11

그림 2.35의 $\square ABCD$는 한 변의 길이가 3인 정사각형이고, $\square AEFG$는 한 변의 길이가 2인 정사각형이다. 정사각형 $AEFG$를 A가 시작하여 A'으로 겹칠 때까지 정사각형 $ABCD$ 위를 시계방향으로 굴러간다. 점 A가 그리는 자취의 길이를 구하여라.

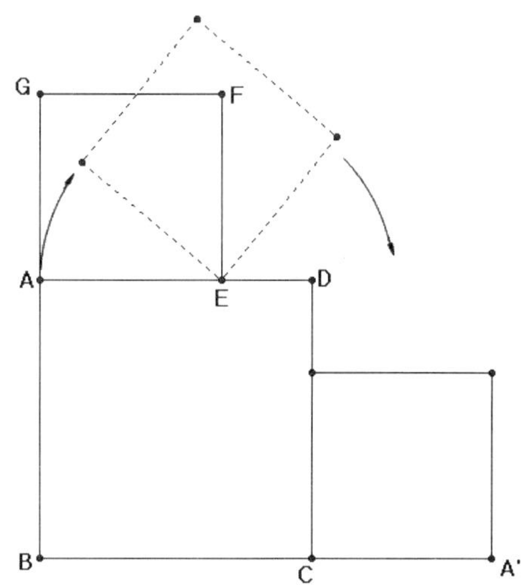

그림 2.35

탐구하기

생각하기 (1) 동점 A가 그리는 도형은 원호를 연결되어 만들어진 도형임을 알아야 한다.

(2) 반지름과 중심각을 구하는 문제로 바꿀 수 있다.

(3) 회전의 중심을 찾는 것도 중요하다.

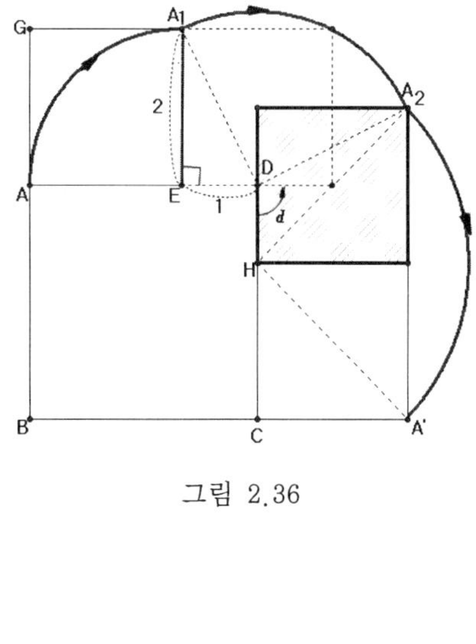

그림 2.36

설명

그림 2.36에서 정사각형 $AEFG$는 순서대로 E, D, H를 중심으로 하여 90° 회전하고 점 A는 $A \to A_1 \to A_2 \to A'$으로 움직인다. 여기서 $\overline{AE} = 2$, $\overline{A_1D} = \sqrt{5}$, $\overline{A_2H} = 2\sqrt{2}$이므로 구하는 길이는

$$2\pi \times (2+\sqrt{5}+2\sqrt{2}) \times \frac{90^\circ}{360^\circ} = \left(1+\sqrt{2}+\frac{\sqrt{5}}{2}\right)\pi$$

이다.

점 D를 중심으로 하고 그림의 색칠된 부분에서 굵은 선의 사각형까지 회전할 때의 각도는 d와 같은 90° 이다.

탐구 문제 2.12 (그림 2.37 참조) $\triangle ABC$에서 $\angle B$, $\angle C$의 이등분선에 정점 A에서 내린 수선의 발을 각각 P, Q라 한다면, $\overline{PQ} = \frac{1}{2}(b+c-a)$임을 증명하여라.

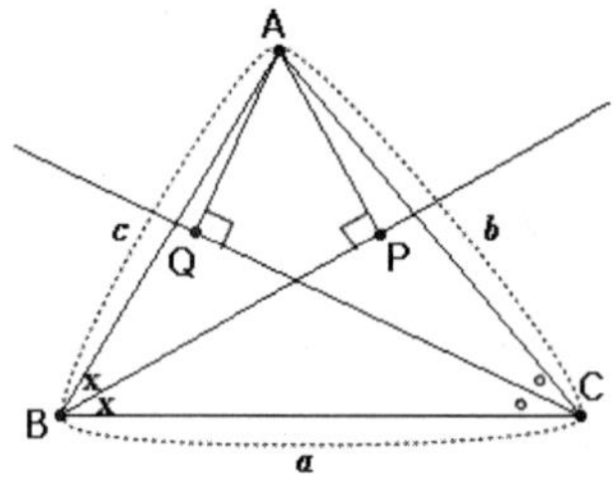

그림 2.37

탐구하기

설명

그림 2.38에서 BP는 AD와 수직이다. 또한 CQ는 AE와 수직이므로

$$\overline{AP} = \overline{PD},\ \overline{AQ} = \overline{QE}.$$

또한 $\overline{BD} = \overline{BA} = c$, $\overline{CE} = \overline{CA} = b$를 만족한다.

따라서 중점연결정리에 의해

$$\overline{PQ} = \frac{1}{2}\overline{DE} = \frac{1}{2}(\overline{BD}+\overline{CE}-\overline{BC}) = \frac{1}{2}(c+b-a)$$

가 성립한다.

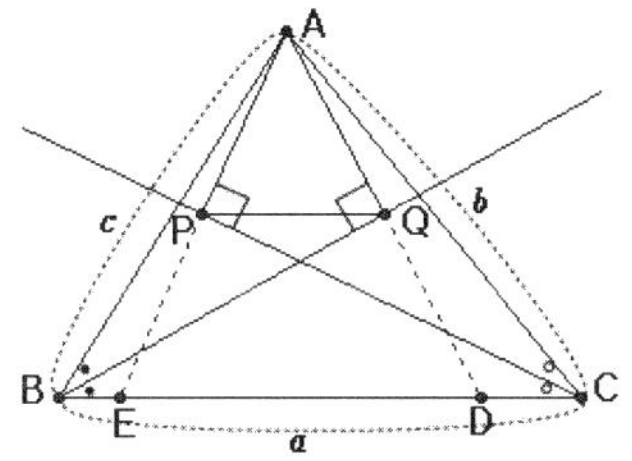

그림 2.38

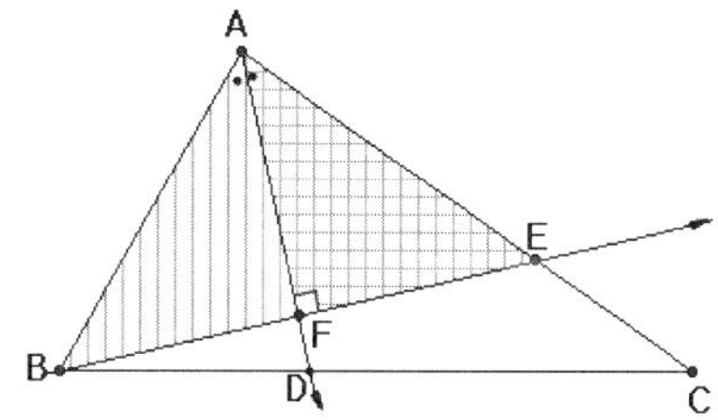

그림 2.39

'이등변삼각형의 꼭지각의 이등분선은 밑변을 수직으로 이등분한다'를 이용한다면 각의 이등분선과 수직으로 만나는 직선은 이등변삼각형이 되도록 한다. 예를 들면, 그림 2.39와 같이 B에서 이등분선 AD에 수선을 그으면 두 개의 삼각형 ABF와 AEF는 합동이 된다. 색칠된 부분의 직각삼각형은 합동이다.

탐구 문제 2.13 그림 2.40과 같이 $\angle B = 2\angle C$인 $\triangle ABC$이 있다. $\angle A$의 이등분선과 변 BC와의 교점을 D라 할 때, $\overline{AB}+\overline{BD}=\overline{AC}$임을 증명하여라.

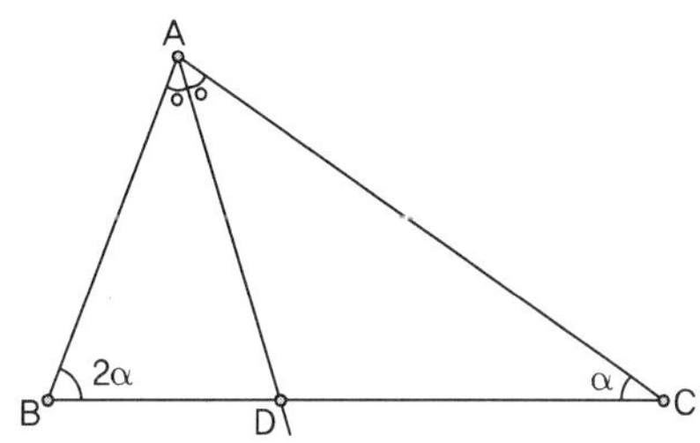

그림 2.40

탐구하기

설명

(그림 2.41 참조)변 AC 위에 점 E를 $\overline{AE}=\overline{AB}$가 되도록 잡으면, 선분 AD는 공통, $\angle BAD = \angle EAD$이므로 $\triangle ABD \equiv \triangle AED$이다.

여기서 $\angle ACB = a$, $\angle ABC = 2a$이라면

$\angle AED = \angle ABD = 2a$이므로

$\angle EDC = \angle AED - \angle ECD = a$가 된다.

그러므로 $\triangle EDC$는 $\overline{EC}=\overline{ED}$인 이등변삼각형인 관계로

$\overline{AB}+\overline{BD}=\overline{AE}+\overline{EC}=\overline{AC}$이다.

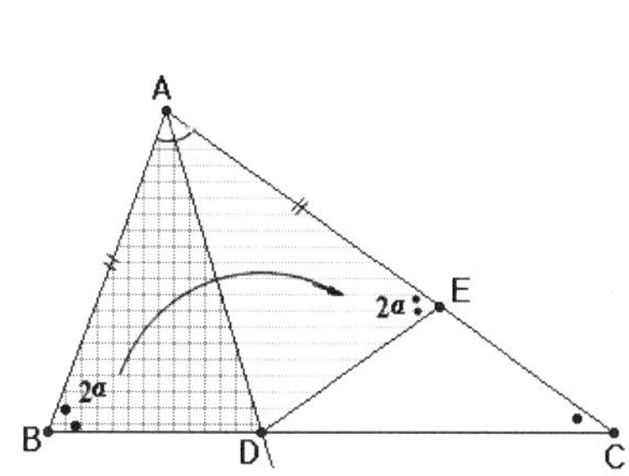

그림 2.41

탐구 문제 2.14

$\triangle ABC$에서 $\angle B$, $\angle C$의 외각의 이등분선의 교점을 D, D에서 직선 AB, BC, CA에 각각 수선을 내려서 그 수선의 발을 P, Q, R이라 하자. 각변 BC, CA, AB의 길이를 각각 a, b, c라 할 때, 다음 물음에 답하여라.

(1) $\overline{AP} = \dfrac{a+b+c}{2}$임을 증명하여라.

(2) $\triangle ABC$의 넓이를 S라 할 때, PD의 길이를 a, b, c로 나타내어라.

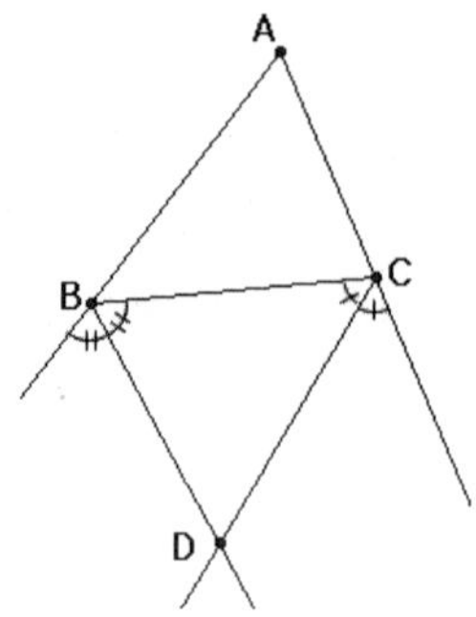

그림 2.42

탐구하기

생각하기 (1) 원의 성질(방심)에 관한 문제이다.

(2) 점 D는 변 AB, AC의 연장선과 변 BC에 접하는 원의 중심이다.

(3) 원에 대한 지식을 이용하여 풀이할 수 있는 문제이다.

설명

(1) (그림 2.43 참조)점 D에서 $\triangle ABC$의 세 변 또는 그 연장선에 수선을 긋고, 그 발을 P, Q, R이라 하면 $\triangle BDP \equiv \triangle BDQ$이므로

$\overline{BP} = \overline{BQ}$, ……①

$\overline{DP} = \overline{DQ}$ ……②

이다. 똑같은 방법으로 $\triangle CDQ \equiv \triangle CDR$이므로

$\overline{CQ} = \overline{CR}$, ……③

$\overline{DQ} = \overline{DR}$ ……④

이다. 다음으로 ②, ④에서 $\overline{DP} = \overline{DR}$이므로

$\triangle APD \equiv \triangle ARD$

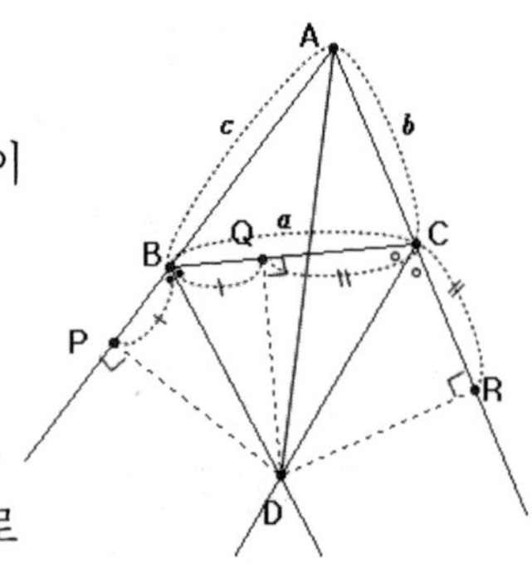

그림 2.43

이고, 따라서

$$\overline{AP} = \overline{AR}. \qquad \cdots\cdots ⑤$$

그런 이유로 ①, ③, ⑤에서

$2\overline{AP} = a+b+c$이므로 $\overline{AP} = \dfrac{a+b+c}{2}$가 된다.

(2) 그림 2.44에서

$\overline{PD} = \overline{QD} = \overline{RD} = h$라 하면

$\triangle ABC = \triangle ABD + \triangle ACD - \triangle BCD$에서

$$\triangle ABD = \frac{ch}{2},$$

$$\triangle ACD = \frac{bh}{2},$$

$$\triangle BCD = \frac{ah}{2}$$

이다.

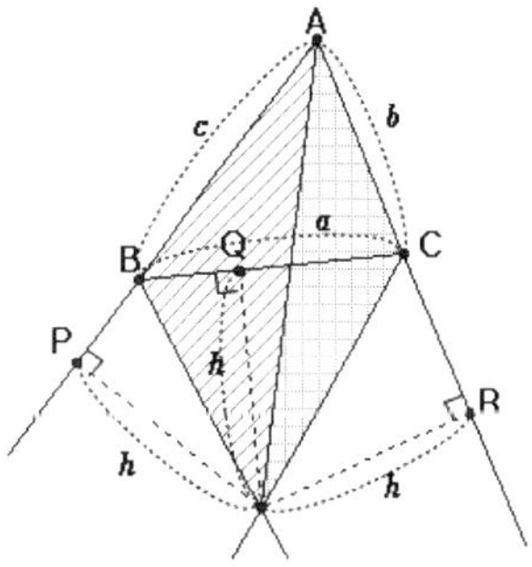

그림 2.44

그러므로 $S = \dfrac{ch}{2} + \dfrac{bh}{2} - \dfrac{ah}{2}$가 된다.

따라서 $h = \overline{PD} = \dfrac{2S}{b+c-a}$이다.

보충탐색

▮ 각의 이등분선의 성질에 대하여 ▮

지금까지 각의 이등분선을 이용하는 탐구문제들을 다루었다. 그래서 다음은 각의 이등분선과 관련된 문제들이 어떤 것들이 있는지를 파악해 보도록 하자.

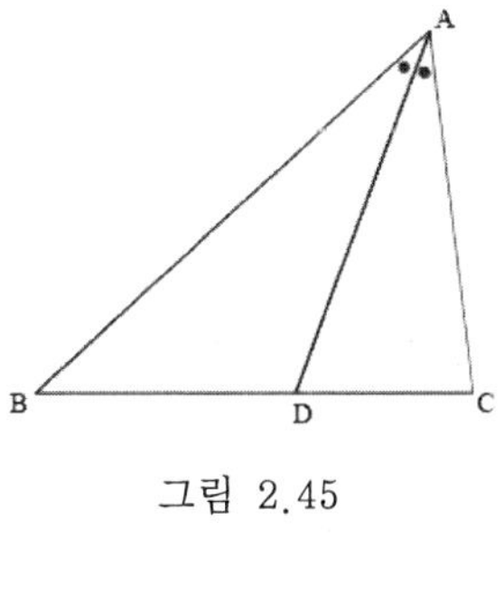

그림 2.45

▌각의 이등분선의 성질▐

『삼각형 ABC의 꼭짓점 A의 각의 이등분선과 변 BC와의 교점을 D라 하면 $\overline{AB}:\overline{AC}=\overline{BD}:\overline{DC}$이다.』

위의 성질은 중선의 정리와 함께 중고등학교에서 다루어지는 정리들 중에 아주 중요한 정리라고 할 수 있다. 우선 교과서에 소개된 증명법을 알아보자.

▌이등변삼각형의 밑각을 이용한 증명법▐

증명 (그림 2.46 참조) 변 AB의 정점 A쪽의 연장선 위에 $\overline{AC}=\overline{AE}$가 되는 E를 잡는다.

삼각형 ACE는 $\angle ACE=\angle AEC=\theta$인 이등변삼각형이므로

$\angle BAC=\angle ACE+\angle AEC=2\theta$가 된다.

또한 $\angle BAD=\angle CAD$이므로

$\angle DAC=\theta=\angle ACE$이다.

따라서 예각이 같으므로 $\overline{AD}//\overline{EC}$이 성립한다. 이것으로부터

$$\overline{BD}:\overline{DC}=\overline{BC}:\overline{AE}=\overline{AB}:\overline{AC}$$

이다.

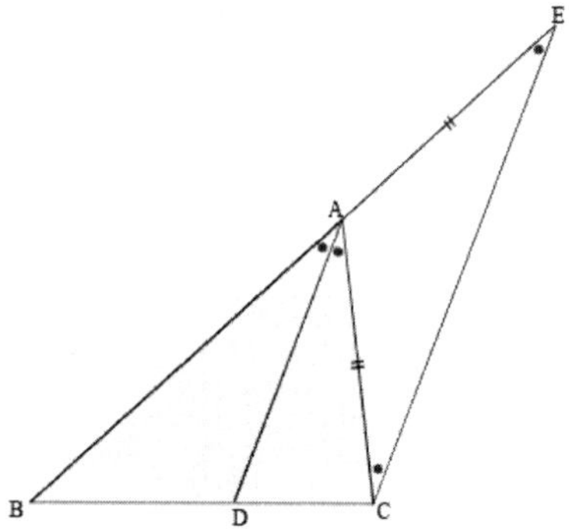

그림 2.46

따라서 (그림 2.47 참조) 이러한 성질은 외각의 이등분선에서도 성립한다.

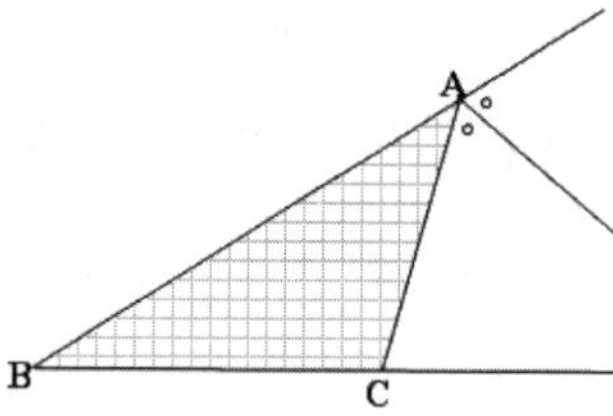

그림 2.47

▌내각의 이등분선의 증명과 유사하다.▐

『삼각형ABC의 꼭짓점 A의 외각의 이등분선과 변 BC의 연장선과의 교점을 D라 하면 $\overline{AB}:\overline{AC}=\overline{BD}:\overline{DC}$이다.』

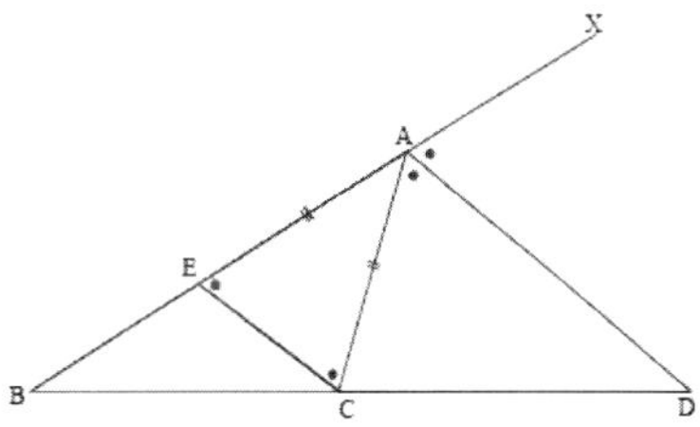

그림 2.48

증명 (그림 2.48 참조) 내각의 이등분선의 경우가 변 BA의 연장선(외분)위에 점 E를 둔 점에서 외각의 경우는 $\overline{AB} > \overline{AC}$일 때, 변 AB 위에 $\overline{AE} = \overline{AC}$가 되는 점 E를 잡는다.

삼각형 ACE는 $\angle ACE = \angle AEC = \theta$인 이등변삼각형이고, 변 BA의 연장선 위의 점을 X라 두면

$$\angle XAC = \angle ACE + \angle AEC = 2\theta$$

이다. 또한 $\angle CAD = \angle DAX$이므로

$$\angle DAC = \theta = \angle ACE$$

이다. 따라서 예각이 같으므로 $\overline{AD} // \overline{EC}$가 성립한다.

그러므로

$$\overline{BD} : \overline{DC} = \overline{BA} : \overline{AE} = \overline{AB} : \overline{AC}$$

를 만족한다.

▌직각삼각형의 닮음을 이용한 증명법▐

이등변삼각형을 작도하는 것은 $\overline{AB} = \overline{AB'}$이 되는 점 B'을 변 AC 또는 그의 연장선에서 잡는 것이다. 이때, 각의 이등분선과 삼각형 ABB'과의 교점을 E라고 하면 $\overline{AE} \perp \overline{BE}$이다. 즉, 이등변삼각형을 작도하는 것은 점 B에서 각의 이등분에 수선을 내리는 것이다. 이것을 증명에 이용해 보자.

증명 (그림 2.49 참조) 두 점 B, C에서 각의 이등분선 AD에 내린 수선의 발을 각각 E, F라 하자.

$\triangle ABE$와 $\triangle ACF$에서

$$\angle BAE = \angle CAF, \ \angle BEA = \angle CFA = \angle R$$

이므로 $\triangle ABE \backsim \triangle ACF$이다.

따라서 $\overline{AB}:\overline{AC}=\overline{BE}:\overline{CF}$이다.

또는 $\triangle BED \backsim \triangle CFD$이므로 $\overline{BE}:\overline{CF}=\overline{BD}:\overline{DC}$이다.

그러므로

$$\overline{AB}:\overline{AC}=\overline{BD}:\overline{DC}$$

이다.

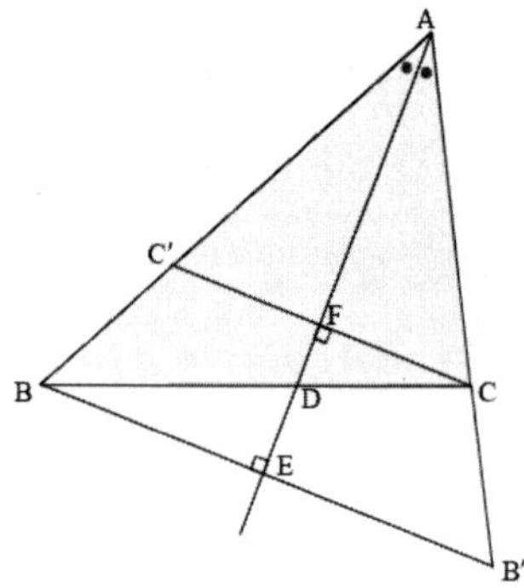

그림 2.49

▌넓이를 비교에 의한 증명법▌

증명 (그림 2.50 참조) 점 A에서 대변 BC에 내린 수선의 길이를 h라 하면 $\triangle ABD:\triangle ACD=\frac{h}{2}\overline{BD}:\frac{h}{2}\overline{DC}=\overline{BD}:\overline{DC}$이다. 점 D에서 변 AB, AC 또는 그 연장선에 내린 수선의 발을 각각 E, F라 하면 $\triangle AED \equiv \triangle AFD$이므로 $\overline{DE}=\overline{DF}$가 된다.

이것으로부터

$$\begin{aligned}&\triangle ABD:\triangle ACD\\&=\frac{\overline{DE}}{2}\overline{AB}:\frac{\overline{DF}}{2}\overline{AC}\\&=\overline{AB}:\overline{AC}\end{aligned}$$

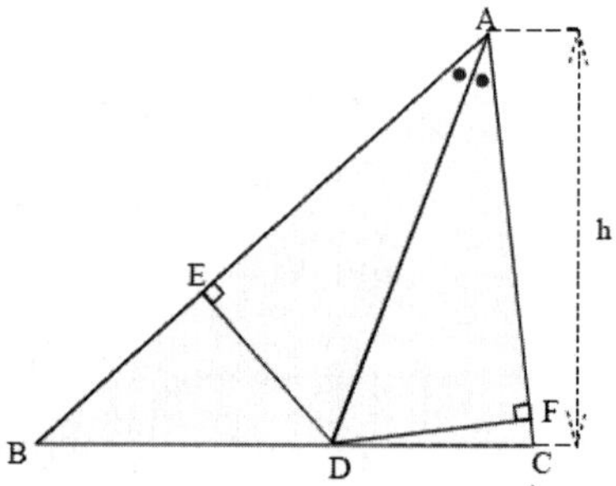

그림 2.50

을 얻는다. 그러므로

$$\triangle ABD:\triangle ACD=\overline{AB}:\overline{AC}=\overline{BD}:\overline{DC}$$

이다.

한편 외각의 경우에도 아래의 그림 2.51과 같은 방법으로 증명할 수 있다. 즉, 외각의 이등분선의 경우의 증명은

$$\triangle ABD = \frac{1}{2}\overline{AB} \times \overline{AD}\sin\theta$$

$$\triangle ACD = \frac{1}{2}\overline{AC} \times \overline{AD}\sin\theta$$

$$(\angle EAD = \angle CAD = \theta)$$

이다.

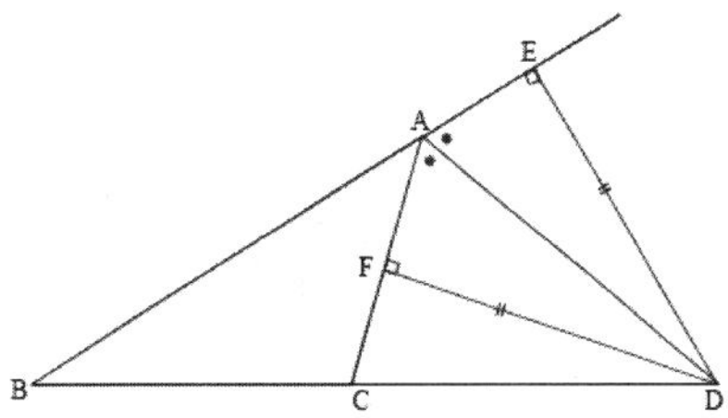

그림 2.51

▮ 외접원을 이용한 증명 ▮

각의 이등분선의 작도에는 삼각형 ABC의 외접원을 이용할 수 있다. 원에 내접하는 삼각형 ABC에 대하여 변 BC의 수직이등분선과 원호와의 교점을 E라 하면 $\overline{BE} = \overline{EC}$이므로 원주각의 원리에서 선분 AE가 각 A의 이등분선이다. 이런 이유로 다음 증명을 생각해 볼 수 있다.

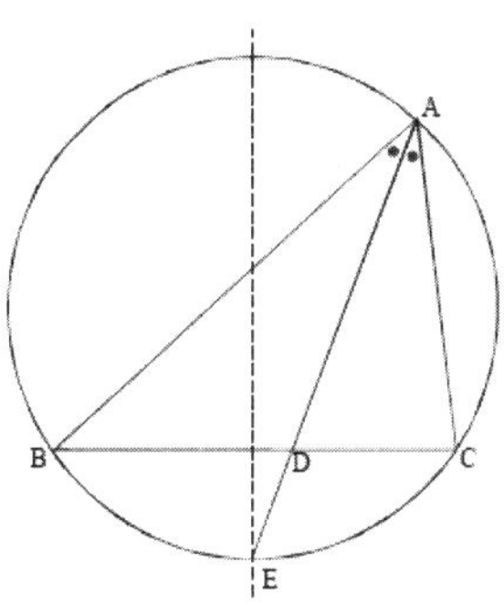

그림 2.52

증명 그림 2.53에서 $\angle AEB = \angle ACD$(원주각)이고 $\triangle ABE \backsim \triangle ADC$이다. $\angle AEB = \angle ACD$(원주각)에서 $\triangle ABE \backsim \triangle ADC$이므로

$$\frac{\overline{AB}}{\overline{BE}} = \frac{\overline{AD}}{\overline{DC}} \quad \cdots\cdots①$$

을 만족하고, 또한

$\triangle DAC \backsim \triangle DBE$이므로

$$\frac{\overline{BE}}{\overline{DB}} = \frac{\overline{AC}}{\overline{AD}} \qquad \cdots\cdots②$$

를 만족한다.

두 식 ①과 ②를 곱하면

$$\frac{\overline{AB}}{\overline{DB}} = \frac{\overline{AC}}{\overline{DC}}$$

가 성립한다.

$$\therefore\ \overline{AB} : \overline{AC} = \overline{BD} : \overline{DC}$$

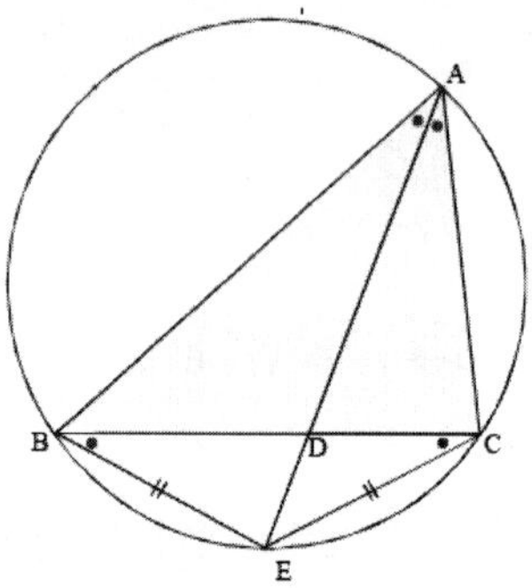

그림 2.53

그러므로(그림 2.54 참조) 외각의 이등분선과 맞꼭지각의 성질에 의해서 $\angle BAE = \angle XAD = \angle DAC$

가 성립한다.

닮음의 성질에 의해

$\angle BEA = \angle ACD$이므로

$\triangle AEB \backsim \triangle ACD$을 만족한다.

따라서

$$\frac{\overline{AB}}{\overline{BE}} = \frac{\overline{AD}}{\overline{DC}} \qquad \cdots\cdots①$$

가 성립한다.

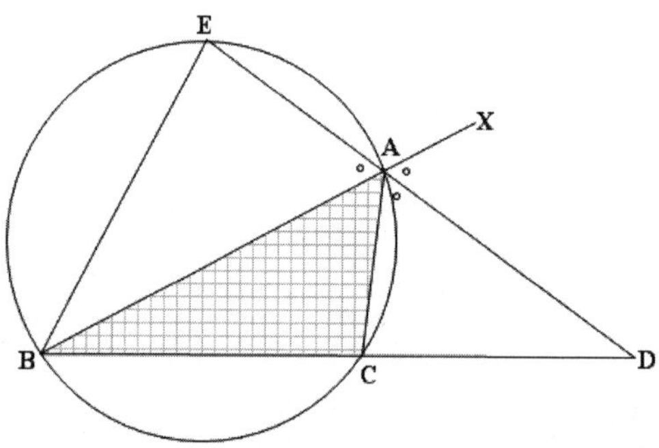

그림 2.54

또한 $\triangle DAC \backsim \triangle DBE$이므로

$$\frac{\overline{BE}}{\overline{DB}} = \frac{\overline{AC}}{\overline{AD}} \qquad \cdots\cdots②$$

가 성립한다.

두 식 ①, ②를 곱하면 $\dfrac{\overline{AB}}{\overline{DB}} = \dfrac{\overline{AC}}{\overline{DC}}$가 성립한다.

따라서 내각의 이등분선과 동일하게 외각의 이등분선에 대해서도 증명을 해 볼 수 있다.

▌보조원을 이용한 증명 ▌

증명 (그림 2.55 참조) $\triangle ADC$의 외접원과 변 AB와의 교점을 E라 하면 원주각의 성질에서 $\overline{ED} = \overline{DC}$, $\triangle EBD \backsim \triangle CBA$이므로
$\overline{AB} : \overline{AC} = \overline{BD} : \overline{DE} = \overline{BD} : \overline{DC}$를 만족한다.

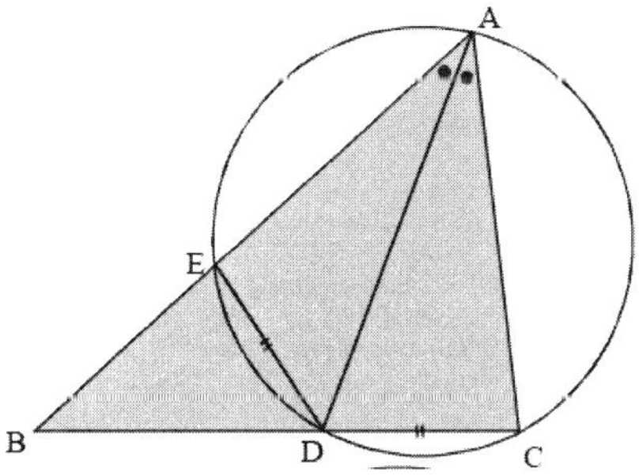

그림 2.55

따라서 (그림 2.56 참조) 외분점에서도 $\triangle ACD$의 외접원을 생각해서 선분 BA의 연장선과 외접원과의 교점을 E라 하면
$\triangle ABC \backsim \triangle DBE$이므로
$\overline{AB} : \overline{AC} = \overline{BD} : \overline{DE} = \overline{BD} : \overline{DC}$
가 성립한다.

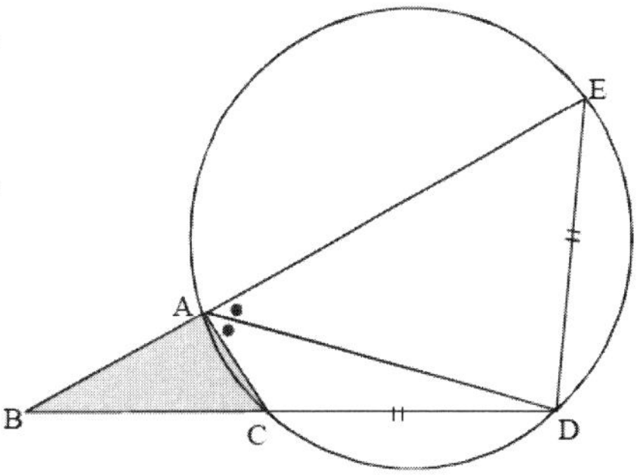

그림 2.56

▌평행선을 보조선으로 하는 증명 ▌

(그림 2.57 참조) 변 AB에 평행하게 정점 C를 지나는 직선 l을 이용하면 다음과 같이 증명할 수 있다.

증명 각의 이등분선과 직선 l과 의 교점을 E라 한다.

$\angle CEA = \angle BAD_1$(예각)가 된다.

또한 $\angle BAD_1 = \angle CAE_1$이므로

$\angle CE_1A = \angle CAE_1$이 성립한다.

이것으로부터 삼각형 CAE_1는 이등변삼각형이다.

$$\therefore \overline{CE_1} = \overline{AC}$$

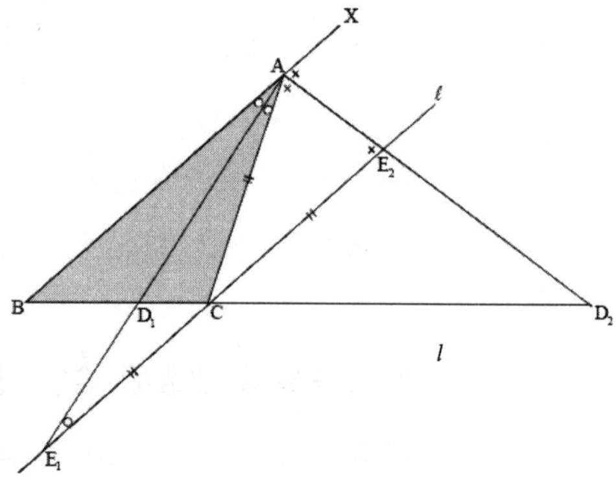

그림 2.57

또한 $\triangle D_1AB \backsim \triangle D_1E_1C$이므로

$$\overline{BD_1} : \overline{D_1C} = \overline{AB} : \overline{E_1C} = \overline{AB} : \overline{AC}$$

가 성립한다.

그러므로 외각의 경우에도

$\angle XAD_2 = \angle CE_2A$(예각)이고 $\angle CAE_2 = \angle XAD_2$이므로

$\angle CE_2A = \angle CAE_2$가 성립한다.

다음은 정점 A에서 대변 BC에 내린 이등분선 AD의 길이를 구해보자.

탐구 문제 2.15 $\triangle ABC$의 내각 A의 이등분선과 변 BC와의 교점을 D라 하자.

(1) $\overline{AD}^2 = \overline{AB} \times \overline{AC} - \overline{BD} \times \overline{DC}$임을 보여라.

(2) $\overline{AB} = C$, $\overline{BC} = a$, $\overline{CA} = b$라 할 때 $\overline{AD}$를 구하여라.

탐구하기

설명

(1) (그림 2.58 참조) 원주각의 성질에 의해 $\angle BAE = \angle DAC$,

$\angle BEA = \angle DCA$이므로

$\triangle ABE \backsim \triangle ADC$이다.

따라서 $\overline{AB} : \overline{AE} = \overline{AD} : \overline{AC}$를 만족한다.

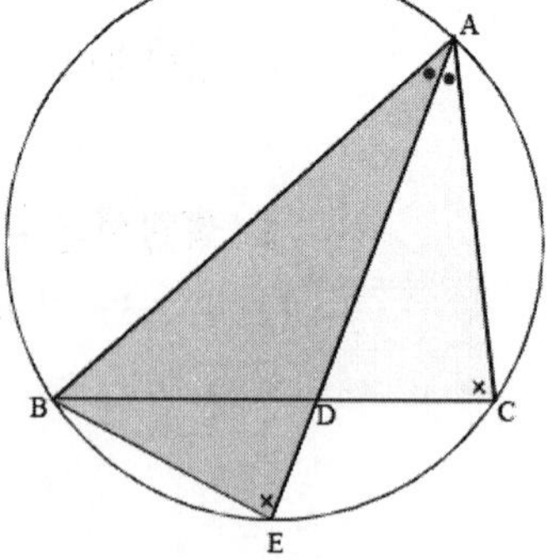

그림 2.58

$$\therefore\ \overline{AB}\times\overline{AC} = \overline{AD}\times\overline{AE}$$
$$= \overline{AD}(\overline{AD}+\overline{DE})$$
$$= \overline{AD}^2+\overline{AD}\times\overline{DE}$$

현의 성질에 의해

$\overline{AD}\times\overline{DE} = \overline{BD}\times\overline{DC}$를 만족한다.

$$\therefore\ \overline{AD}^2 = \overline{AB}\times\overline{AC}-\overline{BD}\times\overline{DC}$$

(2) $\overline{AB} = c,\ \overline{BC} = a,\ \overline{CA} = b$이므로

$\overline{BD}:\overline{DC} = \overline{AB}:\overline{AC} = c:b$이고

$\overline{BD} = \dfrac{ca}{b+c},\ \overline{CD} = \dfrac{ba}{b+c}$이다.

따라서 다음을 얻는다.

$$\overline{AD}^2 = bc-\frac{ca}{b+c}\times\frac{ba}{b+c}$$
$$= \frac{bc(b+c)^2-a^2bc}{(b+c)^2}$$
$$= \frac{bc(-a+b+c)(a+b+c)}{(b+c)^2}$$

탐구 문제 2.16

그림 2.59에서 사각형 $ABCD$, $CDEF$, $EFGH$는 각각 한 변의 길이가 1 cm인 정사각형이다.

(1) $\triangle ACF \backsim \triangle GCA$임을 증명하여라.

(2) $\angle DAG= a^\circ$ 라 할 때, $\angle FAG$의 크기를 a로 나타내어라.

(3) 선분 CH와 선분 AF, AG와의 교점을 각각 I, J라 하자. 이때 $\triangle AIJ$의 넓이를 구하여라.

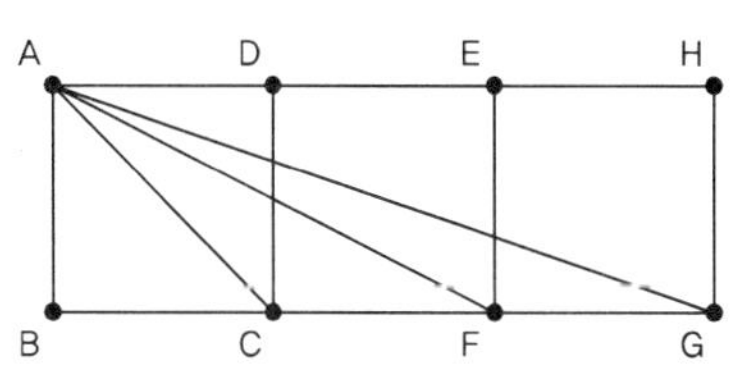

그림 2.59

탐구하기

생각하기 두 변과 끼인 각으로 닮음을 이용한다.

설명

(1) $\triangle ABC$는 직각이등변삼각형이므로 $\overline{AC}=\sqrt{2}$이 된다. 즉,

$$\overline{CA}:\overline{CG}=\sqrt{2}:2=1:\sqrt{2}$$
$$=\overline{CF}:\overline{CA}$$

이다. 또한 $\angle C$는 공통이므로 $\triangle ACF \backsim \triangle GCA$를 만족한다.

이때 $\overline{AF}=\sqrt{5}$, $\overline{GA}=\sqrt{10}$을 이용하면 $\triangle ACF$와 $\triangle GCA$의 각 대응되는 세 변의 길이의 비가 같음을 알 수 있다.

(2) 그림 2.60에 나타난 것처럼 $\triangle ACF \backsim \triangle GCA$에 의해 $p=g$.

또한 $\overline{AH}\,//\,\overline{BG}$이므로 $a=g$.

$$\therefore p=a$$

여기서 $\triangle ABC$가 직각이등변삼각형이므로 $\angle CAH=45^\circ$이다.

따라서

$$\angle FAG(=x^\circ)=45^\circ-(a^\circ+p^\circ)$$
$$=45^\circ-2a^\circ$$

가 된다.

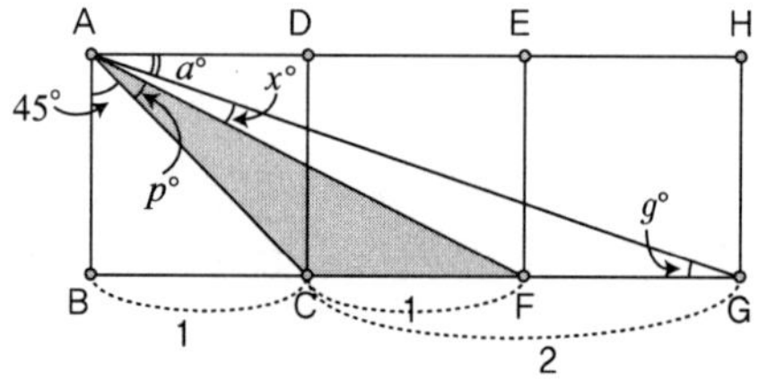

그림 2.60

(3) 그림 2.61에서 볼 수 있듯이 $\triangle AIJ=\dfrac{\overline{AI}}{\overline{AF}}\times\dfrac{\overline{AJ}}{\overline{AG}}\times\triangle AFG$이다.

여기서 $\overline{AH}\,//\,\overline{CF}$이므로 $\overline{AI}:\overline{FI}=\overline{AH}:\overline{FC}=3:1$이다.

$$\therefore \overline{AI}:\overline{AF}=3:(3+1)=3:4$$

똑같은 방법으로

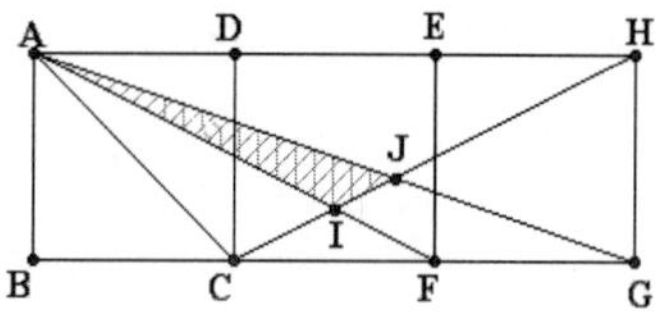

그림 2.61

$$\overline{AJ}:\overline{JG}=\overline{AH}:\overline{CG}=3:2$$

이므로 $\overline{AJ}:\overline{AG}=3:5$가 된다.

$$\therefore\ \triangle AIJ=\frac{3}{4}\times\frac{3}{5}\times\frac{1}{2}=\frac{9}{40}$$

탐구 문제 2.17

그림 2.62는 한 변의 길이가 1인 정사각형 7개를 붙여서 가로로 나열한 것이다.

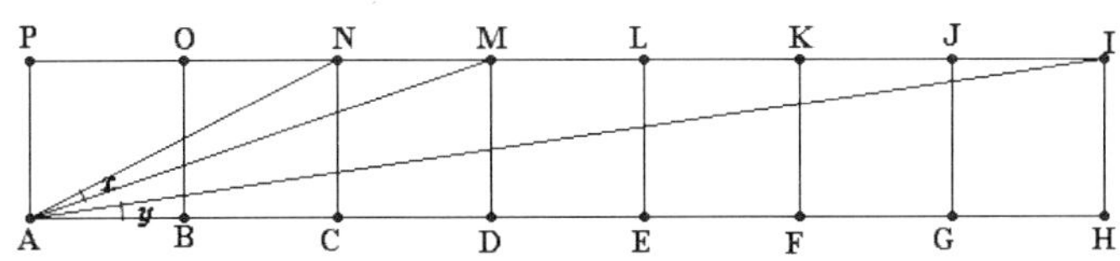

그림 2.62

$\triangle MAN$과 닮은 삼각형을 이용하여 $\angle x=\angle y$임을 증명하여라.

탐구하기

생각하기 변의 길이에 착안해야 한다.

설명

$\triangle MAN$에서 세 변의 길이를 구해보면

$$\overline{MA}=\sqrt{3^2+1^2}=\sqrt{10},\ \overline{AN}=\sqrt{2^2+1^2}=\sqrt{5},\ \overline{NM}=1$$

이다.

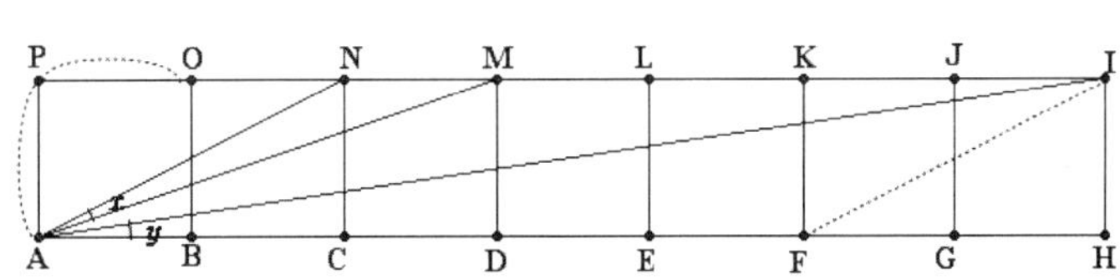

그림 2.63

(y를 예각인 삼각형에서 최대변을 IA로 두고 $\triangle IAH$를 생각해야 한다)

$\overline{IA}=\sqrt{7^2+1^2}=5\sqrt{2}$라 하면 닮음비는 $\overline{MA}:\overline{IA}=\sqrt{10}:5\sqrt{2}=1:\sqrt{5}$

이므로 남은 두 변은 $\sqrt{5}\times\overline{AN}=5=\overline{AF}$, $\sqrt{5}\times\overline{NM}=\sqrt{5}=\overline{FI}$.

이상에서 대응되는 세 변의 길이의 비가 같으므로 $\triangle MAN\backsim\triangle IAF$가 된다.

따라서 $\angle MAN=\angle IAF$이므로 $\angle x=\angle y$가 성립한다.

탐구 문제 2.18 (어느 쪽이 얼마만큼 큰가?) 그림 2.64의 $\triangle ABC$는 $\angle B$가 직각인 직각이등변삼각형이다. 그림 2.64의 S_1과 S_2 중에서 어느 쪽이 얼마만큼 더 클까? (단, $\overline{AD} = \overline{CE} = 4$이다.)

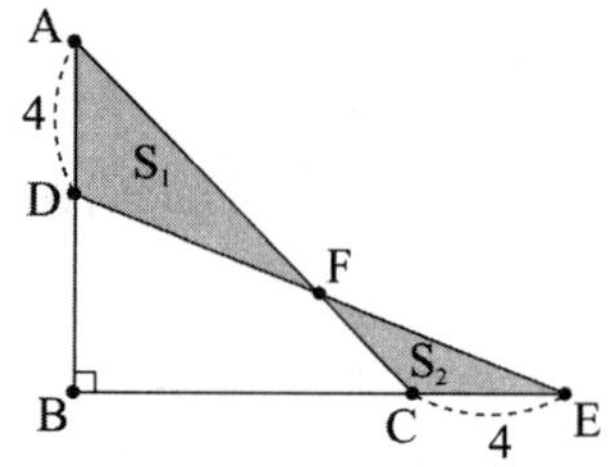

그림 2.64

탐구하기

설명

$\triangle ABC$의 크기가 주어져 있지 않으므로 변AB의 길이는 4보다 작지 않으면 상관없다고 생각한다. 그래서 $\overline{AB}= 4$이라 하면 B와 D, C와 F가 일치하므로

$$S_1 = \triangle ABC = \frac{1}{2}\times 4\times 4 = 8$$

$$S_2 = 0$$

이 된다. 이것으로부터 일반적으로 $S_1 - S_2 = 8$일 것이라는 추측을 할 수 있다. 따라서 $\overline{AB}= \overline{BC} = a$라 하면

$$S_1 + \text{사각형 } DBCF = \frac{1}{2}a^2$$

$$S_2 + \text{사각형 } DBCF = \frac{1}{2}(a+4)(a-4)$$

$$= \frac{1}{2}(a^2-16).$$

그러므로

$$S_1 - S_2 = \frac{1}{2}a^2 - \left(\frac{1}{2}a^2 - 8\right) = 8$$

이 된다. 따라서 변 AB의 길이가 4이상이면 항상 $S_1 - S_2 = 8$이 된다.

지도상의 강조점

이런 문제는 학생들이 다양하게 그림으로 판단해 볼 수 있다. 어떻게 할 것인지를 스스로 해 보게 한 후에 발표를 시켜보면 아이디어의 발상이 필요하다는 것을 인식할 것이다.

탐구 문제 2.19 다음 그림 2.65와 같이 반지름의 길이가 4인 원 안에 두 개의 직선이 수직으로 교차하고 있다. 색칠한 (A)부분의 면적과 색칠하지 않은 (B)부분의 면적 중 어느 쪽이 얼마만큼이나 클까? 기호와 숫자를 사용하여 답하여라.

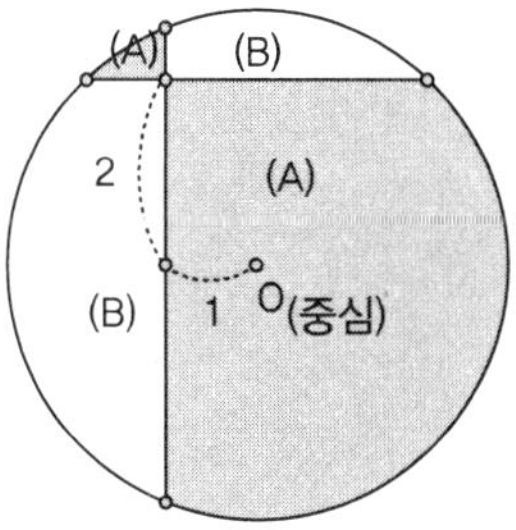

그림 2.65

탐구하기

설명

그림 2.66처럼 보조선을 그으면

㉠ = ㉡, ㉢ = ㉣, ㉤ = ㉥

이 되고 남은 ㉦의 넓이가 두 영역의 넓이의 차이가 된다.

문제에서 '반지름의 길이가 $\sqrt{5}$ 이상이면' 원의 크기에 상관없이 구하는 ㉦의 넓이는 $4 \times 2 = 8$이다.

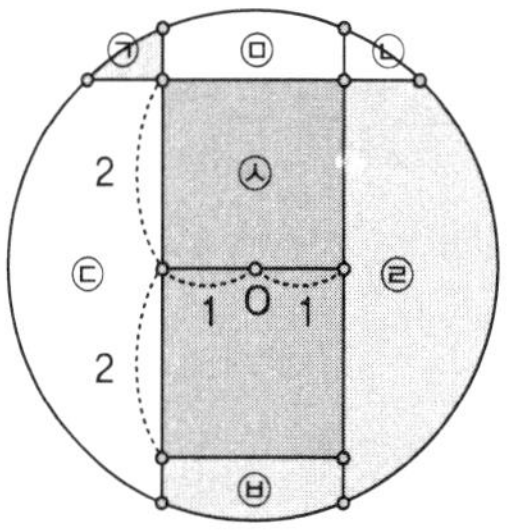

그림 2.66

지도상의 강조점

일반적으로 학생들이 식으로써 해결하려는 경향이 많은 데 보조선을 이용하여 쉽게 해결할 수 있는 방법을 학생들이 찾을 수 있도록 해야 한다.

탐구 문제 2.20

그림 2.67에서 x와 y의 값을 구하여라.

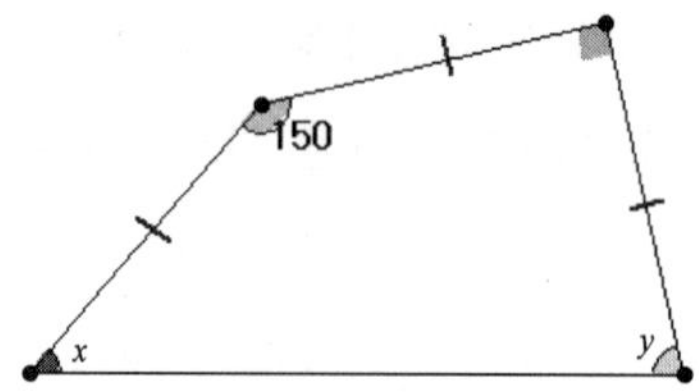

그림 2.67

탐구하기

설명

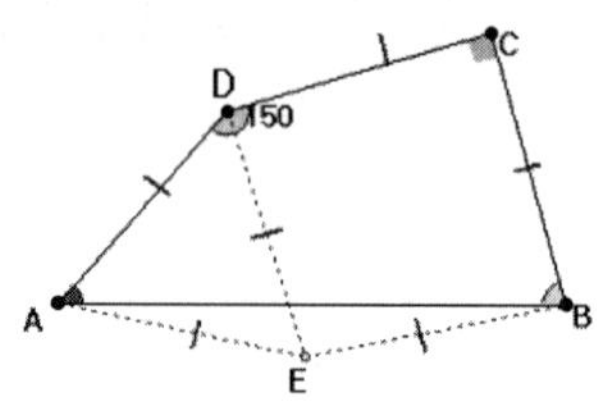

그림 2.68

문제에 주어진 그림 2.67은 위의 그림 2.68과 같이 정사각형에 정삼각형이 연결된 그림을 잘라낸 것이다. $\angle A$, $\angle B$, 직각, $150°$에 대한 각각의 꼭짓점을 A, B, C, D라고 한다. 사각형 $BCDE$가 정사각형이 되는 점 E를 잡는다.

이 때, $\angle ADE = 150° - 90° = 60°$이고,

$\overline{\mathrm{DA}} = \overline{\mathrm{DE}}$ 이므로, $\triangle ADE$는 정삼각형이다.

따라서 $\angle \mathrm{EAD} = 60°$ 가 된다.

또한 $\overline{EA} = \overline{EB}$이기 때문에 $\triangle EAB$는 이등변삼각형이다. 그러므로

$$\angle AEB = 60° + 90° = 150°,$$

$$\angle EAB = \angle EBA = (180 - 150) \div 2 = 15°$$

이다. 따라서 그림 2.67에 나타난 두 각 x, y는

$$x = 60° - 15° = 45°$$

이고

$$y = 90° - 15° = 75°$$

이다.

탐구 문제 2.21

다음 직선의 작도법을 설명하여라.

(1) (그림 2.69 참조) 점 P를 지나고 $\triangle ABC$의 넓이를 2등분하는 직선

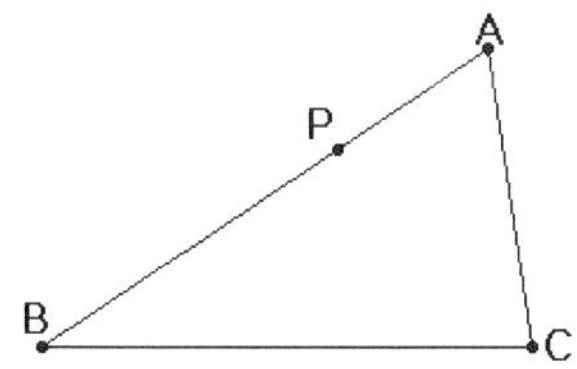

그림 2.69

(2) (그림 2.70 참조) 점 P를 지나고 사다리꼴 $ABCD$의 넓이를 2등분하는 직선

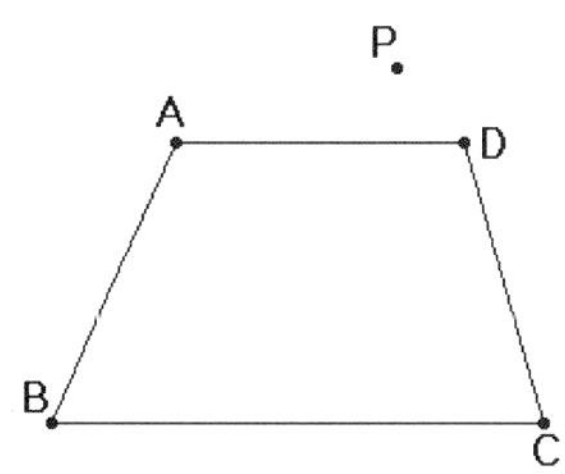

그림 2.70

(3)(그림 2.71 참조) $\triangle ABC$의 넓이를 2등분하고 변 AC에 평행한 직선

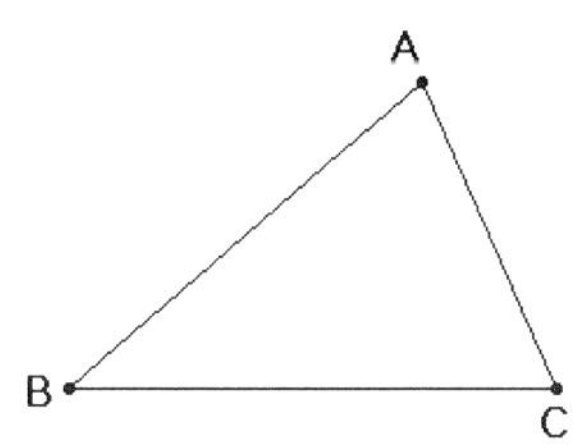

그림 2.71

탐구하기

설명

(1) (그림 2.72 참조)

① 점 A를 지나고 선분 PC에 평행한 직선을 긋고, 직선 BC와의 교점을 D라 하자.

$\triangle APD = \triangle ACD$이고

$\triangle AQD$는 공통이므로

$\triangle PBD = \triangle ABC$이다.

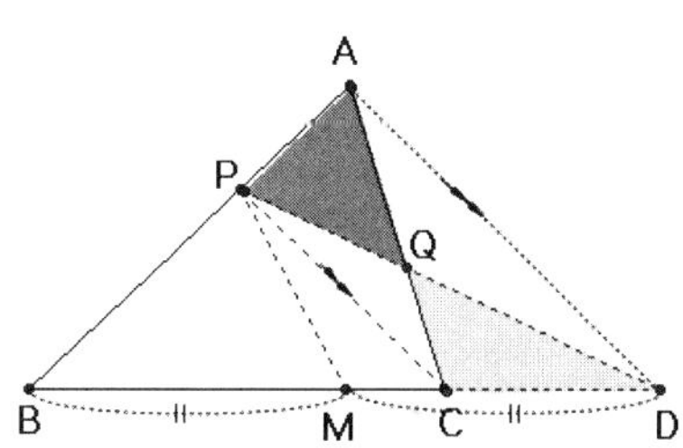

그림 2.72

이때, 선분 PM은 $\triangle PBD$의 넓이를 이등분하므로 선분 PM은 $\triangle ABC$의 넓이를 이등분하는 선분이다.

② 변 BD의 중점을 M이라 두자. 이때 점 P와 중점 M을 지나는 직선이 구하는 직선이다.

(2) (그림 2.73 참조)

① 변 BC 위에 $\overline{BE}=\overline{AD}$인 점을 E라 하자.

선분 EC의 중점 M, CD의 중점 N라 두면 직선 MN, AD의 교점을 F라 하면 사각형 $ABCD$의 넓이와 평행사변형 $ABMF$의 넓이는 같다.

③ 평행사변형 $ABMF$의 대각선의 교점을 Q라 하자. 직선 PQ가 구하는 직선이다.

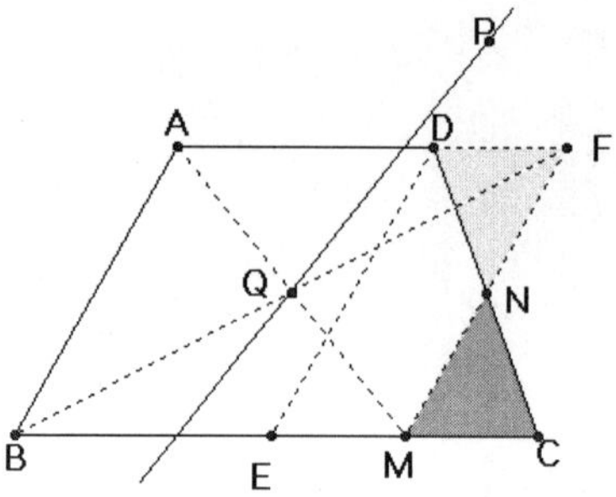

그림 2.73

(3) (그림 2.74 참조)

① 변 AB의 수직이등분선과 $\overline{AB}$를 지름의 길이로 하는 반원의 교점을 P라 하자.

② $\overline{BQ}=\overline{BP}$가 되는 변 AB 위의 점을 Q라 하자. 점 Q를 지나고 변 AC에 평행한 직선이 구하고자 하는 직선이 된다. 따라서

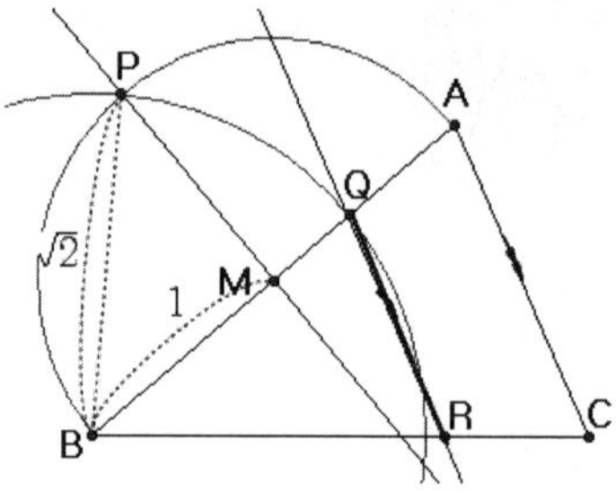

그림 2.74

$$\triangle BQR : \triangle BAC = \overline{BQ}^2 : \overline{BA}^2 = 1 : 2$$

가 성립한다.

탐구 문제 2.22 일정한 길이의 선분 PQ가 한 변의 길이가 1인 정사각형 $ABCD$ 위를 그림 2.75와 같이 화살표 방향으로 돌아간다. 선분 PQ의 중점 M이 그리는 도형은 선분 PQ의 길에 따라서 변하는가? 다음 각각의 길이의 경우에 대하여 다음 물음에 답하여라.

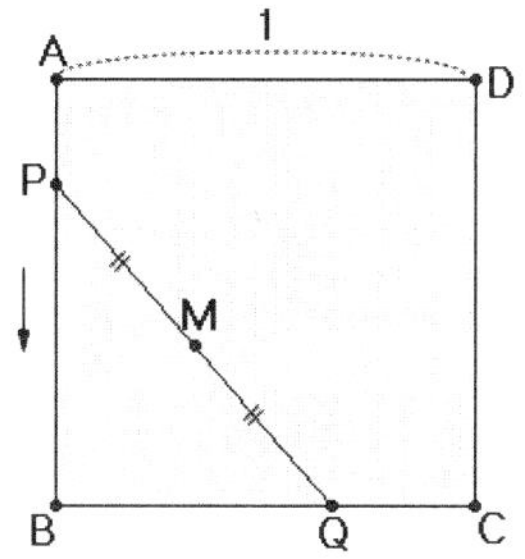

그림 2.75

(1) 선분 PQ의 길이가 1이라 하자. 점 P가 점 A에서 점 B까지, 점 Q가 점 B에서 점 C까지 움직일 때, 중점 M이 그리는 도형을 말하여라. 또한 두 점 P, Q가 정사각형 위를 한 바퀴 돌때, 중점 M이 그리는 도형에서 그 둘레의 길이를 구하여라.

(2) 선분 PQ의 길이를 $\frac{3}{4}$이라 하자. 두 점 P와 Q가 정사각형 위를 한 바퀴 돌 때, 중점 M이 그리는 도형의 둘레의 합을 구하여라.

탐구하기

지도상의 강조점

- 정점에서 일정한 거리에 있는 점의 자취는 원 또는 그 일부이다. 자취문제는 GSP 등의 프로그램으로 직접 작도해보고 추측했던 결과가 일치되는 지를 알아본다. 따라서 결과가 일치되면 이것을 증명하려고 노력해야 한다. 자신의 추측이 일치되지 않은 상태에서 증명하는 것보다는 직접 확인을 한 다음 작도의 원리를 관찰함으로써 증명으로 접근하기가 쉽다.
- (2)의 경우에는 두 점 P, Q가 동일한 변 위에 있는 경우를 고려해야 한다.

설명

(1) $\overline{PQ}=1$인 경우:

$P=A$일 때 $Q=B$가 된다. M는 선분 AB 위에, 점 Q가 변 BC 위에 있을 때 그림과 같이 점 M은 $\angle B=90°$ 인 직각삼각형 PQB의 빗변의

중점이다.

따라서 $\overline{MB}=\overline{MP}=\frac{\overline{PQ}}{2}=\frac{1}{2}$이 된다.

점 M은 점 B에서 거리가 일정한 값 $\frac{1}{2}$이므로 점 B를 중심으로 반지름의 길이가 $\frac{1}{2}$인 원호를 그린다.

점 P가 $A\to B$로 움직일 때, 점 M은 그림 2.76의 왼쪽 그림과 같이 $M_1\to M_2$로의 4분원 위에 움직인다.

두 점 P, Q가 정사각형 위로 한 바퀴 움직일 때, 점 M은 그림 2.76의 오른쪽 그림과 같이 굵은 선의 원호를 그린다. 그때 도형의 둘에의 길이 L_1은

$$\left(2\times\pi\times\frac{1}{2}\right)\times\frac{1}{4}\times 4=\pi$$

가 된다.

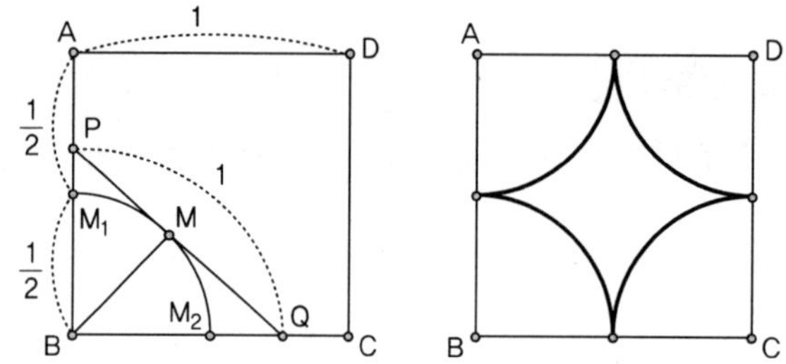

그림 2.76

(2) $\overline{PQ}=\frac{3}{4}$인 경우:

두 점 P, Q가 변 AB 위(점 P가 그림의 $A\to E$)에 있을 때, M은 선분 M_3M_4 위를 움직이고 P가 $E\to B$로 움직일 때, M은 원 호 M_4M_5 위를 움직인다.

따라서 두 점 P, Q가 정사각형 위를 한 바퀴 돌때, 점 M은 그림 2.77과 같이 굵은 선을 그린다.

그 길이 L_2는 그림 2.78에 의해

$$\left\{\left(2\times\pi\times\frac{3}{8}\right)\times\frac{1}{4}+\frac{1}{4}\right\}\times 4=\frac{3}{4}\pi+1$$

가 된다.

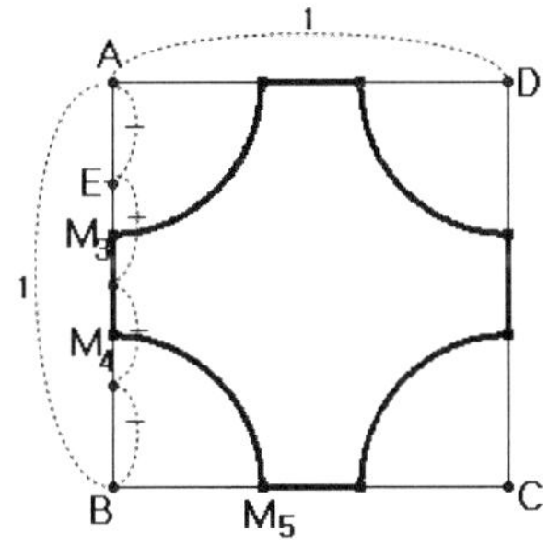

그림 2.77

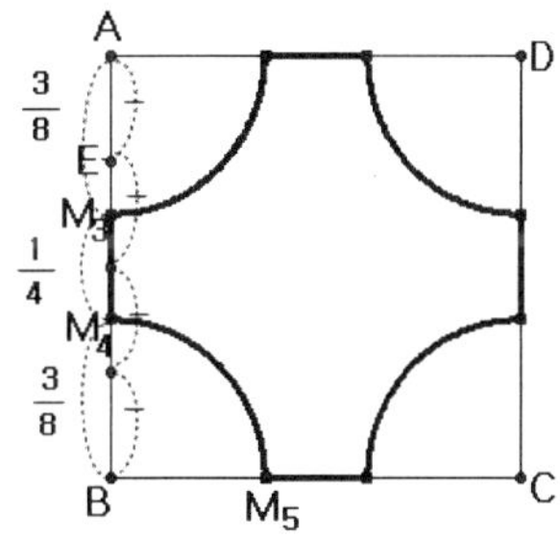

그림 2.78

지도상의 강조점

선분 PQ의 길이가 어떻게 변화를 주는가가 중요하다. 선분 PQ의 길이가 변 AB의 길이보다 작으면 (2)의 경우와 유사한 형태가 된다. 그렇다면 선분 PQ의 길이가 1보다 크면 어떻게 되는가를 생각해 보는 문제로 탐구해 보면 좋은 결과를 얻을 수 있다고 본다. 다양한 문제를 개발하는데 이와 같은 아이디어를 발상하는 것이 중요하다.

나의 노트

Chapter 03

도형에서 극값을 찾는 방법

본 장은 Geometric Problem on Maxima and Minima([8])의 1장의 본문을 토대로 편집하였으며, 연습문제를 풀어서 풀이를 수록하였다.

3.1 도형의 변환을 이용하기

일반적으로 도형에 관한 문제를 보다 쉽게 해결하기 위하여 주어진 도형을 적절히 변환시켜 생각하는 경우가 종종 있다. 이 절에서는 그와 같은 방법을 사용함으로써 극값을 쉽게 찾을 수 있는 도형문제의 사례를 몇 가지 소개하려고 한다. 다만 여기서 다루는 사례는 평면도형인 경우에는 주로 직선 또는 점에 관한 대칭이동(symmetry), 회전(rotation), 확대(dilation) 등을 사용하는 것이며, 공간도형인 경우에는 평면에 관한 대칭이동, 직선의 회전, 공간에서의 확대 등을 사용하는 것으로 제한한다.

문제 3.1.1 (Heron의 문제)그림 3.1에서처럼 평면위에 직선 l 과 두 점 A, B 가 주어져 있다고 한다. 이때 l 상의 점 X 로서 절선 AXB 의 길이가 최소인 것을 찾아라.

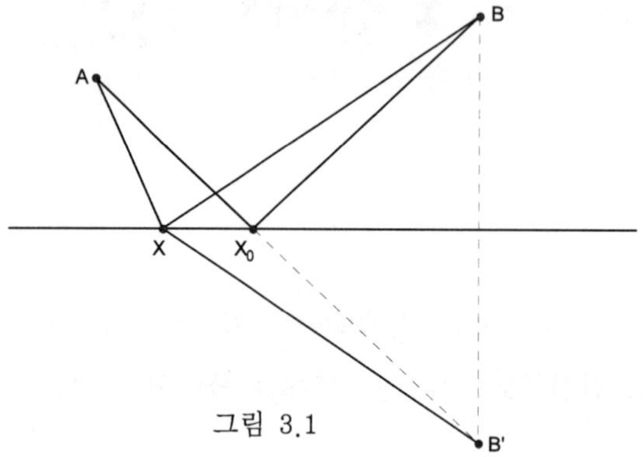

그림 3.1

풀이

점 B의 직선 l에 관한 반사(reflection)를 B'이라 하면, l위에 있는 어떠한 점 X에 대해서도

$$\overline{XB} = \overline{XB'}$$

이 성립하므로

$$\overline{AX} + \overline{XB} = \overline{AX} + \overline{XB'} \geq \overline{AB'}.$$

이제 직선 l과 선분 AB'의 교점을 X_0라 하면, 위의 부등식에서 등호가 성립하는 것은 $X = X_0$일 경우에 한함을 알 수 있다. 다시 말해서 X_0가 아닌 l상의 어떠한 점 X에 대해서도

$$\overline{AX} + \overline{XB} \geq \overline{AB'} = \overline{AX_0} + \overline{X_0B}.$$

따라서 X_0가 이 문제의 유일한 해이다.

참고

빛이 거울에 반사하여 나아갈 때, 입사각의 크기와 반사각의 크기가 같음은 물리의 광학문제에서 자주 사용하는 빛의 특성이다. 이와 같은 의미에서 문제 3.1.1의 최단거리를 주는 절선 AX_0B를 찾는 문제는 빛의 특성을 만족하는, 즉 입사각의 크기와 반사각의 크기가 같은 점 X_0를 찾는 문제로 귀착됨을 알 수 있다. 실제로 절선 AX_0B는 점 X_0에서 이와 같은 성질을 만족하고 있음을 쉽게 알 수 있다.

문제 3.1.2 직선 l과 두 점 A, B가 주어져 있다. 단, 직선 l과 두 점 A, B는 같은 평면위에 놓여있지는 않다고 한다. 이때 l상의 점 X로서 절선 AXB의 길이가 최소인 것을 찾아라.

풀이

먼저 직선 l과 점 A를 품는 평면을 α라 한다. 이때 점 B가, 평면 α상에 놓여있으며 l에 대해서 A와는 반대쪽의 반평면 상에 있는, 점 B'에 오도록 하는 l에 관한 회전을 생각한다. 실제로 이와 같은 B'은 B를 지나고 l에 수직인 평면 내에서의 회전을 생각함으로써 얻어진다(그림 3.2 참조). 이제 l과 $\overline{AB'}$의 교점을 X_0라 하면, l상의 임의의 점 X에 대해서

$$\begin{aligned}\overline{AX}+\overline{XB} &= \overline{AX}+\overline{XB'} \geq \overline{AB'} \\ &= \overline{AX_0}+\overline{X_0B'} = \overline{AX_0}+\overline{X_0B}.\end{aligned}$$

따라서 X_0가 이 문제의 유일한 해이다. 직선 l과 점 B를 품는 평면을 생각해도 같은 결과를 얻음을 쉽게 알 수 있다.

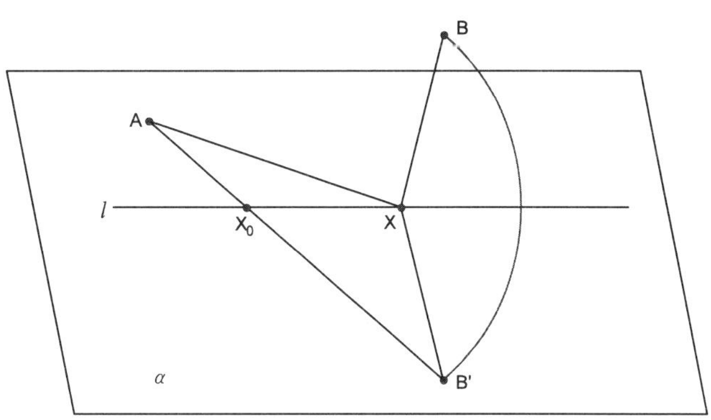

그림 3.2

문제 3.1.3 (Schwarz의 삼각형문제 또는 Fagnano의 문제)
주어진 예각삼각형 내에 둘레가 최소인 삼각형을 내접시키라.

풀이

지금부터 1900년에 L. Fejer(Hungary 수학자)가 보인 증명을 소개한다. 예각삼각형 ABC가 주어졌을 때, 변 BC, CA, AB위에 각각 있는 점 M, N, P로서 $\triangle MNP$의 둘레가 최소인 것을 찾으면 된다.

먼저 $\overline{AB}$위에 있는 한 점 P를 택한 후 $\overline{BC}$, $\overline{CA}$위에 각각 있는 점 M, N으로 $\triangle MNP$의 둘레가 최소인 것을 찾기로 한다. 물론 이 경우의 최소치는 점 P의 선택에 의존한다. 이제 점 P의 직선 BC, CA에 관한 대칭점을 각각 P', P''이라 하면 직선 BC, CA는 각각 $\overline{PP'}$, $\overline{PP''}$의 수직이등분선이다(그림 3.3 참조). 그러므로

$$\overline{CP'} = \overline{CP} = \overline{CP''},\ \angle P'CB = \angle PCB,\ \angle P''CA = \angle PCA.$$

$$\begin{aligned}\therefore\ \angle P'CP'' &= \angle P'CP + \angle PCP'' \\ &= 2(\angle BCP + \angle PCA) = 2\angle BCA < 180^\circ\end{aligned}$$

따라서 직선 $P'P''$은 $\overline{BC}$ 및 $\overline{CA}$와 반드시 만나므로 그 교점을 각각 M, N이라 한다. 이때

$$\triangle PMN\text{의 둘레} = \overline{P'P''}$$

가 성립하므로, $\triangle PMN$의 둘레가 최소임을 알 수 있다. 실제로 그림 3.3에서처럼 두 변 BC, CA위에 있는 각각 놓여있는 두 점 X, Y를 임의로 잡으면 $\triangle PXY$

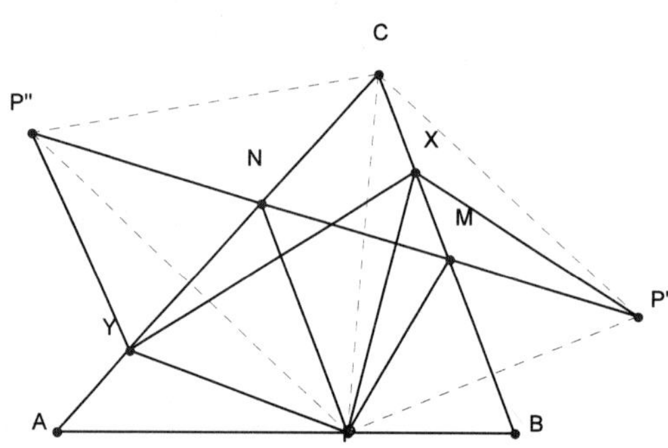

그림 3.3

의 둘레는 절선 $P'XYP''$의 길이와 같기 때문이다. 이제 남은 것은 선분 $P'P''$의 길이가 최소로 되는 점 P를 $\overline{AB}$위에서 찾으면 된다. 그런데 $\overline{P'P''}$은

$$\angle P''CP' = 2\angle ACB,\ \overline{CP'} = \overline{CP''} = \overline{CP}$$

인 이등변삼각형 $P''CP'$의 밑변이므로 $\overline{P'P''}$의 최소치는 $\overline{CP}$가 최소로 되는 점 P에서 일어남을 알 수 있다(그림 3.4 참조). 따라서 꼭짓점 C에서 $\overline{AB}$에 내린 수선의 발을 P로 잡으면 이 경우에 $\triangle PMN$의 둘레가 최소로 된다.

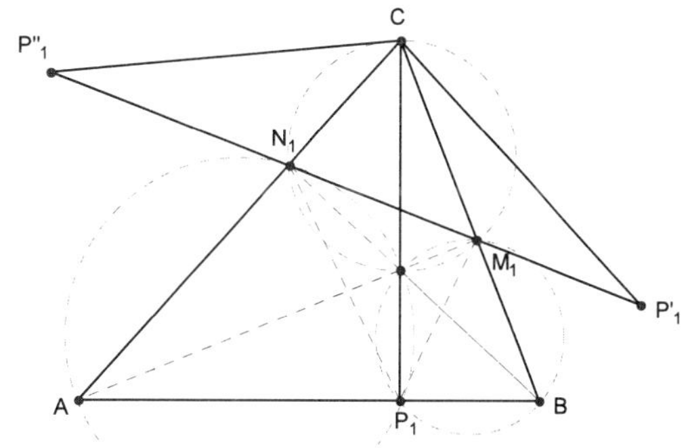

그림 3.4

그런데 점 P가 꼭짓점 C에서 $\overline{AB}$에 내린 수선의 발이면 점 M, N은 각각 다른 꼭짓점에서 대변에 내린 수선의 발이다. 이 사실을 증명하기 위해서 꼭짓점 A, B에서 각각 대변에 내린 수선의 발을 M_1, N_1이라 하면

$$\angle BM_1P' = \angle BM_1P = \angle BAC = \angle CM_1N_1.$$

따라서 점 P'은 직선 M_1N_1상에 있다(그림 3.4 참조). 마찬가지 방법으로 점 P''도 직선 M_1N_1상에 있음을 보일 수 있다. 그러므로 $M = M_1$, $N = N_1$이므로, 결국 $\triangle ABC$에 내접하는 삼각형 중에서 둘레의 길이가 최소인 것은 각 꼭짓점에서 내린 수선의 발을 꼭짓점으로 하는 것이다.

참고

예각삼각형이 아닌 경우에는 Schwarz의 문제가 어떻게 되는지 알아보기로 한다. 이제 $\triangle ABC$에서 $\angle ACB \geq 90°$이라 가정한다. 이 경우에 둘레가 최소인 $\triangle MNP$는 $M = N = C$이며, P는 꼭짓점 C에서 $\overline{AB}$에 내린 수선의 발임을 쉽게 알 수 있다. 다시 말해서 이 경우에 $\triangle MNP$는 퇴화(degenerate)된다.

문제 3.1.4 그림 3.5에서와 같이 꼭짓점의 좌표가 각각

$$(0,\ 0),\ (2,\ 0),\ (2,\ 2),\ (0,\ 4)$$

인 사각형이 주어져 있다. 이때 점 $A(0,\ 1)$에서 출발하여 점 $C(2,\ 1)$로 가되 그림 3.5에서처럼 반드시 사각형의 변 a, d, b, d, c를 이 순서로 거치는 최단 경로를 찾아라.

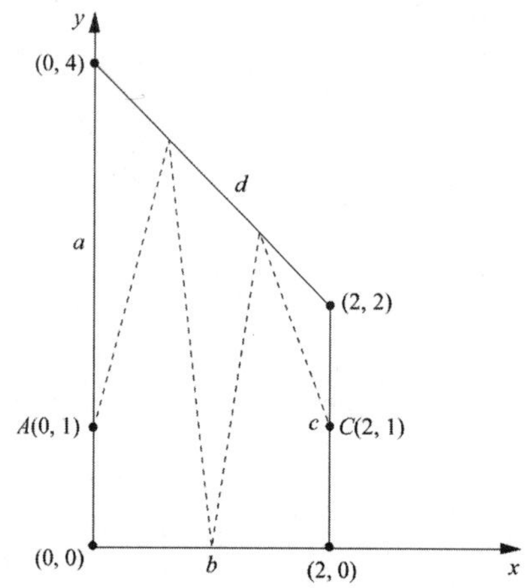

그림 3.5

풀이

그림 3.5의 사각형에 세 개의 연속된 선대칭이동을 적용함으로써 그림 3.6과 같은 사각형의 합집합을 얻을 수 있으며, 이 경우에 점 C의 상은 $C'(6, 1)$이다. 그러므로 우리의 문제는 점 A에서 점 C'으로 가는 경로로서 사각형의 합집합에 포함되는 것 중에 최단경로를 찾으면 된다. 실제로 그와 같은 최단경로는

$$A(0, 1) \to (2, 2) \to (4, 2) \to (6, 2) \to C'(6, 1)$$

이므로 주어진 사각형에서의 이에 대응하는 최단경로는

$$A(0, 1) \to (2, 2) \to (2, 0) \to (2, 2) \to C(2, 1)$$

이다.

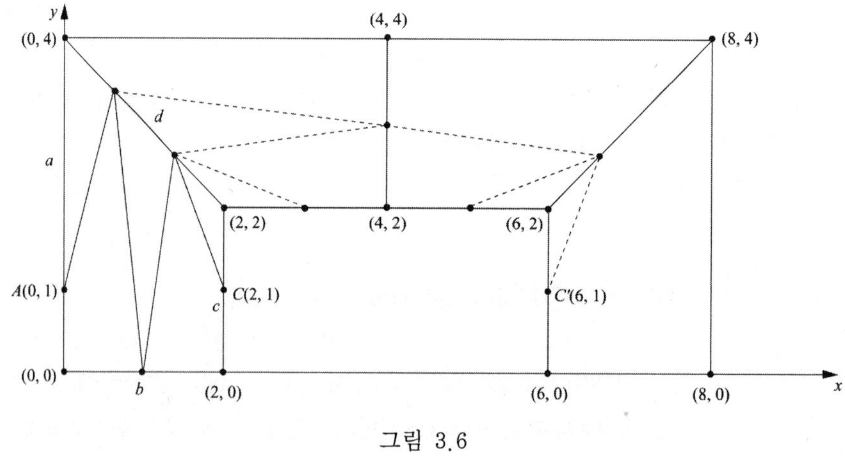

그림 3.6

다음의 문제는 앞에서 살펴본 Heron의 문제를 활용하여 해결해 보기로 한다.

문제 3.1.5 (제25회 국제수학 Olympiad에 출제문제)
지뢰제거 팀이 정삼각형 모양의 지역을 탐지하려고 한다. 단, 지뢰제거기의 성능은 반지름의 길이가 정삼각형의 높이의 $\frac{1}{2}$인 원을 벗어나지 못한다고 한다. 이제 팀의 일원이 출발지점을 정삼각형의 한 꼭짓점으로 하여 임무를 완수할 최단경로를 찾아라.

풀이

정삼각형 모양의 지역을 $\triangle ABC$로 나타내고 그 높이를 h라 한다. 이제 출발지점을 꼭짓점 A로 하고, 꼭짓점 B, C를 각각 중심으로 반지름의 길이가 $\frac{h}{2}$인 원 k_1, k_2를 생각한다. 이때 지뢰제거원이 꼭짓점 B, C를 탐지하기 위해서는 그 경로에 원 k_1, k_2상의 점을 반드시 포함해야 한다.
이제 제거원의 한 조사경로의 전체 길이를 t라 하고, 그 경로와 원 k_1, k_2와의 공통점을 차례로 N, M이라 한다. 또, 꼭짓점 C에서 $\overline{AB}$에 내린 수선이 원 k_2 및 $\overline{AB}$와 만나는 점을 각각 D, F라 하고, 점 D를 지나고 $\overline{AB}$에 평행인 직선을 l이라 한다(그림 3.7 참조). 이때 삼각부등식으로부터

$$t \geq \overline{AM} + \overline{MN}.$$

$$\therefore\ t + \frac{h}{2} \geq \overline{AM} + \overline{MN} + \overline{NB} = \overline{AM} + \overline{MP} + \overline{PN} + \overline{NB} \geq \overline{AP} + \overline{PB}$$

단, P는 선분 MN과 직선 l의 교점이다. 한편 Heron의 문제로부터

$$\overline{AP} + \overline{PB} \geq \overline{AD} + \overline{DB}$$

가 성립하며, 특히 등호가 성립하는 것은 "$P = D$"일 때에 한한다. 여기서 $\overline{DB}$와 원 k_1의 교점을 E라 하면

$$t + \frac{h}{2} \geq \overline{AD} + \overline{DB},\ \text{즉}\ t \geq \overline{AD} + \overline{DE}.$$

다시 말해서 꼭짓점 A를 출발점으로 하는 임의의 경로의 길이는 절선 ADE의 길이 보다 작지 않다.

이제 절선 ADE가 꼭짓점 A를 출발점으로 하는 탐지경로가 됨을 보이기 위하여 직선 l과 변 CA, CB와의 교점을 차례로 Q, L이라 하면

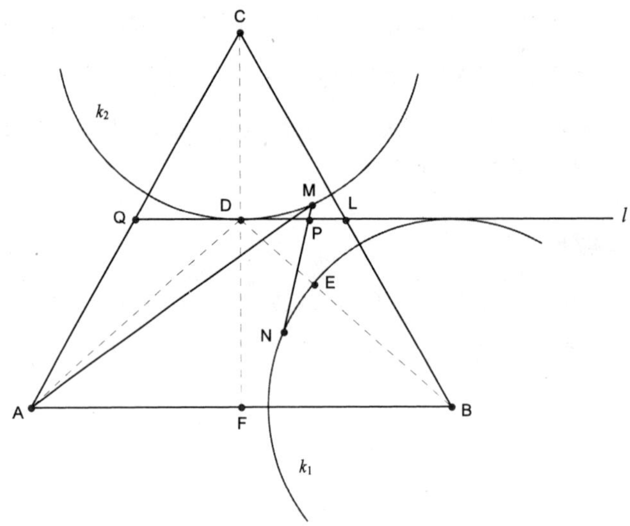

그림 3.7

$$\overline{CD} = \frac{h}{2}, \quad \angle LCD = 30^{\circ}$$

이므로

$$\overline{DL} < \frac{h}{2}.$$

따라서 점 D를 중심으로 반지름의 길이가 $\frac{h}{2}$인 원을 그리면 $\triangle QCL$을 모두 덮는다. 다시 말해서 지뢰제거원은 지점 D에서 지역 $\triangle QCL$의 모든 곳을 탐지할 수 있다.

한편 지뢰제거원은 경로 AD를 따라 걸어가면서 지역 $\square AFDQ$를, 경로 DE를 따라 걸어가면서 지역 $\square DFBL$를 모두 탐지할 수 있으므로 절선 ADE는 경로가 된다.

따라서 꼭짓점 A를 출발점으로 하는 최단경로는 절선 ADE 또는 이의 직선 CD에 관한 대칭절선뿐이다.

문제 3.1.6 (Pompeiu의 문제)

한 평면 위에 정삼각형 ABC와 점 P가 주어졌다고 한다. 이때 $\overline{AP}$, $\overline{BP}$, $\overline{CP}$를 세 변의 길이로 하는 삼각형이 반드시 존재한다. 또, 이 삼각형이 퇴화하는 것은 점 P가 $\triangle ABC$의 외접원상에 있을 때에 한한다. 다시 말해서 정삼각형 ABC와 같은 평면위에 놓여있는 임의의 점 P에 대해서 부등식

$$\overline{AP}+\overline{BP} \geqq \overline{CP}$$

가 성립하며, 특히 등호가 성립하는 것은 점 P가 $\triangle ABC$의 외접원의 $\widehat{AB}$상에 있을 경우에 한한다.

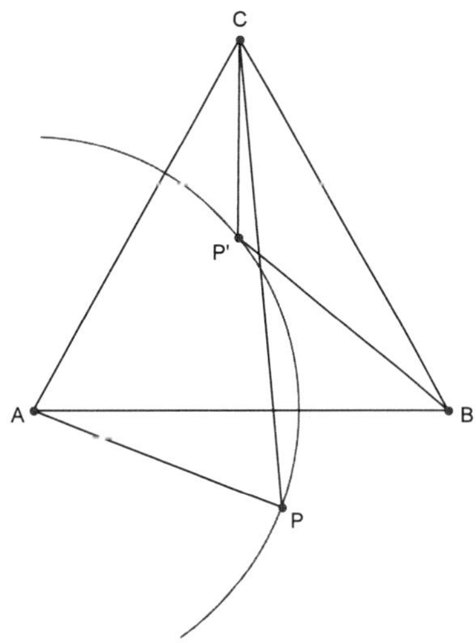

그림 3.8

풀이

먼저 $\overline{CP} \geqq \overline{AP}$, $\overline{CP} \geqq \overline{BP}$라 가정하고, 꼭짓점 A를 회전의 중심으로 하는 시계바늘과 반대방향의 60° 회전 ϕ를 생각한다. 이때 점 P의 상 $\phi(P)$를 P'이라 하면

$$\overline{AP}=\overline{AP'}, \quad \angle PAP'=60^\circ$$

이므로 $\triangle APP'$은 정삼각형이다. 따라서

$$\overline{PP'}=\overline{AP}.$$

한편 $\phi(B)=C$이므로

$$\overline{CP'}=\overline{BP}.$$

따라서 $\triangle PCP'$은 세 변의 길이가 $\overline{AP}$, $\overline{BP}$, $\overline{CP}$인 삼각형이다. 더우이

$$\overline{CP} \geq \overline{AP},\ \overline{CP} \geq \overline{BP},\ \angle APP' = 60^\circ$$

이므로 $\triangle PCP'$이 퇴화할 필요충분조건은

$$\angle APC = 60^\circ = \angle ABC$$

이다. 이 조건은 네 점 A, P, B, C가 한 원위에 놓여있을 조건, 즉 점 P가 $\triangle ABC$의 외접원 위에 놓여있을 조건과 동치이다.

문제 3.1.7 (Steiner의 삼각형문제)
주어진 $\triangle ABC$가 놓여있는 평면상에서

$$\overline{AX} + \overline{BX} + \overline{CX}$$

의 값이 최소가 되는 점 X를 찾아라.

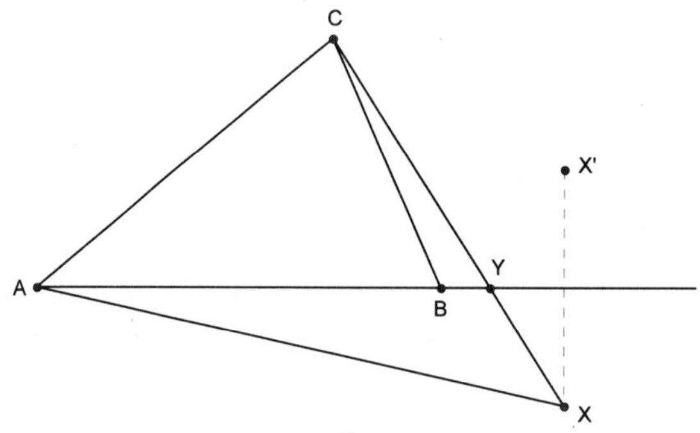

그림 3.9

풀이

먼저 $t(X) := \overline{AX} + \overline{BX} + \overline{CX}$라 할 때, 만약 점 X가 $\triangle ABC$의 바깥쪽에 있다면

$$t(X') < t(X)$$

를 만족하는 점 X'이 반드시 존재한다. 실제로 점 X가 직선 BC에 대해서 꼭짓점 C와 반대편에 있다면(그림 3.9 참조), 점 X의 직선 BC에 대한 대칭점을 X'이라 한다. 이때

$$\overline{AX'} = \overline{AX},\ \overline{BX'} = \overline{BX}.$$

또, 직선 CX와 AB의 교점을 Y라 하면

$$\overline{XY} = \overline{X'Y}.$$

따라서 삼각부등식으로부터

$$\overline{CX'} < \overline{CY} + \overline{YX'} = \overline{CY} + \overline{YX} = \overline{CX}.$$

$$\therefore t(X') < t(X)$$

이상의 사실로부터 $t(X)$가 최소인 점 X는 $\triangle ABC$의 변 또는 내부위에 놓여있음을 알 수 있다.

지금부터 $\triangle ABC$의 세 내각의 크기를

$$\alpha := \angle A,\ \beta := \angle B,\ \gamma := \angle C$$

라 하고, 편의상

$$\gamma \geq \alpha \geq \beta$$

라 가정한다. 이때 $\alpha < 90^\circ$, $\beta < 90^\circ$ 이다. 여기서 꼭짓점 A를 회전의 중심으로 하는 시계바늘과 반대방향의 60° 회전 ϕ를 생각하여 평면상의 임의의 M의 ϕ에 대한 상을

$$M' := \phi(M)$$

으로 나타내기로 하면 $\triangle AMM'$은 정삼각형이다. 물론 $\triangle ACC'$도 정삼각형이다. 이제 $\triangle ABC$의 내부에 있는 임의의 점 X를 잡으면

$$\overline{AX} = \overline{AX'},\ \overline{CX} = \overline{C'X'}.$$

$$\therefore t(X) = \overline{BX} + \overline{XX'} + \overline{X'C'}$$

즉, $t(X)$는 절선 $BXX'C'$의 길이와 같다.

지금부터 다음과 같이 3가지 경우로 나누어 생각한다.

(1) $\gamma < 120^\circ$ 인 경우:

이 경우에 $\angle BCC' = \gamma + 60^\circ < 180^\circ$. 또, $\alpha < 90^\circ$ 이므로 $\angle BAC' < 180^\circ$ 이다. 따라서 직선 BC'은 $\overline{AC}$와 반드시 만나므로 그 교점을 D라 한다(그림 3.10 참조). 이때 $\overline{BC'}$과 $\triangle ACC'$의 외접원의 교점을 X_0라 하면

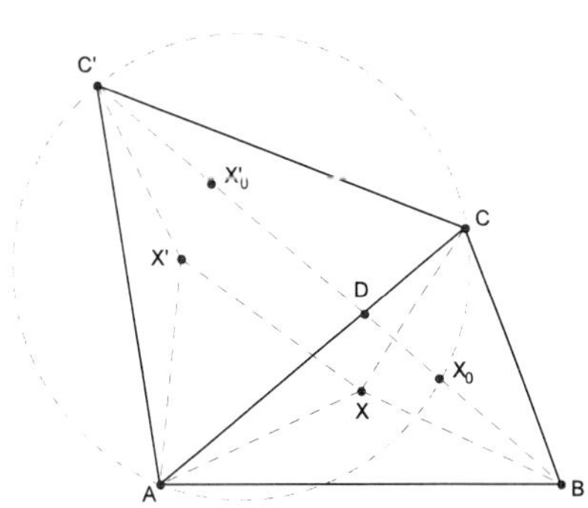

그림 3.10

$X_0 \in \overline{BD}, \quad X'_0 = \phi(X_0) \in \overline{C'X_0}$ ($\because \angle AX_0C' = \angle ACC' = 60^\circ$).

더욱이

$$t(X_0) = \overline{BX_0} + \overline{X_0X'_0} + \overline{X'_0C'} = \overline{BC'}.$$

따라서 $\triangle ABC$의 내부에 있는 임의의 점 X에 대해서

$$t(X_0) \leq t(X)$$

이며, 등호가 성립하는 것은 X와 X'이 모두 $\overline{BC'}$ 위에 놓여있을 때에 한한다. 그러나 이것은 $X = X_0$일 때에만 일어난다.

주의 (1)의 경우에 구성한 점 X_0는

$$\angle AX_0C = \angle AX_0B = \angle BX_0C = 120^\circ$$

를 만족하고 있다. 이 점 X_0를 $\triangle ABC$의 Torricelli의 점이라 한다. 단, 세 내각의 크기가 모두 120° 보다 작은 삼각형에서 만든 점임을 유의하기 바란다.

---

(2) $\gamma = 120^\circ$ 인 경우:

이 경우에는 점 C가 직선 BC' 위에 놓여있으며

$$t(X) = \overline{BX} + \overline{XX'} + \overline{X'C'} = \overline{BC'}$$

이 성립하는 것은 $X = C$일 때이다.

참고

참고 위의 (1)과 (2)의 경우는 Pompeiu의 정리(문제 3.1.6)로부터 쉽게 얻을 수도 있다. 실제로 $\triangle ACC'$은 정삼각형이므로

$$\overline{AX} + \overline{BX} + \overline{CX} \geq \overline{C'X} + \overline{BX} \geq \overline{BC'}.$$

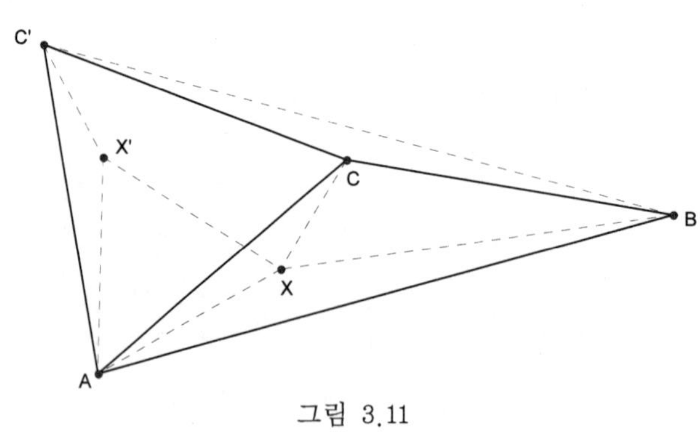

그림 3.11

(3) $\gamma > 120°$ 인 경우:

이 경우에 $\overline{BC'}$은 $\overline{AC}$와 만나지 않는다(그림 3.11 참조). 만약 $\overline{AX} \geq \overline{AC}$이면 삼각부등식으로부터

$$t(X) = \overline{AX} + \overline{BX} + \overline{CX} \geq \overline{AC} + \overline{BC}.$$

만약 $\overline{AX} < \overline{AC}$이면 점 X'은 $\triangle ACC'$내에 있으며, 더욱이 점 C는 사각형 $BC'X'X$내에 있으므로(그림 3.11 참조)

$$t(X) = \overline{BX} + \overline{XX'} + \overline{X'C'} \geq \overline{AC} + \overline{BC}.$$

위의 어느 경우에도 등호가 성립하는 것은 $X = C$일 때이다.

이상의 사실을 종합하면 $\triangle ABC$의 세 내각의 크기가 모두 $120°$ 보다 작은 경우에 $t(X)$가 최소인 점 X는 $\triangle ABC$의 Torricelli의 점이다. 또, $\triangle ABC$의 한 내각이 $120°$ 보다 작지 않는 경우에는 그 꼭짓점에서 $t(X)$의 값이 최소로 된다.

문제 3.1.8 (Steiner의 문제의 일반화)

$\triangle ABC$는 둔각삼각형이 아니며, m, n, p는 양인 실수라 한다. 이때 $\triangle ABC$가 놓여있는 평면상의 점 X로서

$$s(X) := m\overline{AX} + n\overline{BX} + p\overline{CX}$$

가 최소인 것을 찾아라.

풀이

문제 3.1.7의 경우와 마찬가지로 이 문제에서도 $\triangle ABC$의 외부에 있는 임의의 점 X에 대해서

$$s(X') < s(X)$$

를 만족하는 점 X'이 존재하므로, $\triangle ABC$의 변 또는 내부에 놓여있는 점에 한해서 생각하면 충분하다.

먼저 $m \geq n \geq p$라 가정한다.

(1) $m \geq n + p$인 경우:

$\triangle ABC$가 놓여있는 평면상의 임의의 점 X에 대해서

$$\overline{AX} + \overline{XB} \geq \overline{AB}, \quad \overline{AX} + \overline{XC} \geq \overline{AC}.$$

$$\begin{aligned}\therefore\ s(X) &\geq (n+p)\overline{AX} + n\overline{BX} + p\overline{CX} \\ &= n(\overline{AX} + \overline{XB}) + p(\overline{AX} + \overline{XC})\end{aligned}$$

$$\geqq n\overline{AB}+p\overline{AC}=s(A)$$

더욱이 등호가 성립하는 것은 $X=A$일 때에 한한다. 따라서 이 경우에

$$X=A$$

가 (유일한)해이다.

(2) $m<n+p$인 경우:

이 경우에

$$\overline{B_0C_0}=m,\ \overline{C_0A_0}=n,\ \overline{A_0B_0}=p$$

를 만족하는 $\triangle A_0B_0C_0$가 존재한다(삼각형의 결정조건 참조). 이제

$$\alpha_0:=\angle A_0,\ \beta_0:=\angle B_0,\ \gamma_0:=\angle C_0,\ \alpha_0\geqq\beta_0\geqq\gamma_0$$

라 하고, ϕ를 아래와 같은 두 변환의 합성이라 한다.

① 점 A를 중심으로 비 $k:=\dfrac{p}{n}$만큼의 확대

② 점 A를 회전의 중심으로 시계바늘과 반대방향의 α_0만큼의 회전

평면상의 임의의 점 X의 ϕ에 의한 상을 $X':=\phi(X)$로 나타내기로 하면

$$\angle XAX'=\alpha_0=\angle A_0,\ \frac{\overline{AX'}}{\overline{AX}}=k=\frac{p}{n}=\frac{\overline{A_0B_0}}{\overline{A_0C_0}}.$$

$$\therefore\ \triangle AX'X\backsim\triangle A_0B_0C_0$$

그러므로

$$\frac{\overline{XX'}}{\overline{AX}}=\frac{m}{n},\ 즉\ m\overline{AX}=n\overline{XX'}$$

마찬가지로

$$\overline{C'X'}=k\overline{CX},\ 즉\ p\overline{CX}=n\overline{C'X'}.$$

$$\therefore\ s(X)=n\overline{XX'}+n\overline{BX}+n\overline{X'C'},\ 즉\ \frac{s(X)}{n}=\overline{XX'}+\overline{BX}+\overline{X'C'}$$

따라서 이 문제는 절선 $BXX'C'$의 길이가 최소가 되는 점 X를 찾는 것으로 귀착된다.

지금부터 절선 $BXX'C'$의 길이가 최소로 되는 점 X를 다음과 같이 3가지의 경우로 나누어 찾기로 한다.

(a) $\overline{BC'}$이 $\overline{AC}$와 만나는 경우(그림 3.12 참조):

이 경우에 $\overline{BC'}$과 $\overline{AC}$의 교점을 D라 한다. 또, 이 평면상의 점 Y로서

$\angle AYD = \gamma_0$를 만족하는 것의 자취(실제로 그림 3.12에서처럼 두 점 A, D를 지나는 원 중에서 현 $\overline{AD}$ 위에 세운 원주각의 크기가 $\angle AYD = \gamma_0$인 호)를 K라 하고, K와 직선 BC'의 교점을 X_0라 한다.

한편 $\beta_0 \leqq \alpha_0$이므로 $\beta_0 < 90°$. 또, $\beta := \angle B \leqq 90°$ (가정)이므로

$$\beta_0 + \beta = \angle AC'C + \angle ABC < 180°.$$

그러나 $\angle AC'C + \angle AX_0C = 180°$ ($\because$ 네 점 A, X_0, C, C'은 한 원 위에 놓여있음). 그러므로 점 B는 K로 둘러싸인 영역밖에 있다.

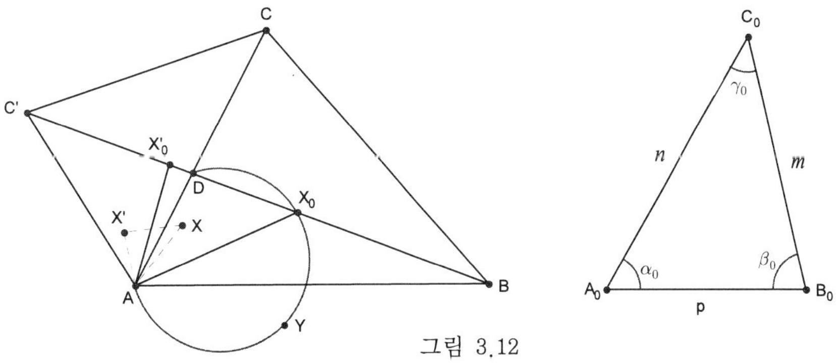

그림 3.12

또,

$$\angle C'DA > \angle C'CA = \gamma_0$$

이므로 점 X_0는 $\overline{BD}$ 위에 있으며 점 X_0'은 $\overline{BC'}$ 위에 놓여있다. 따라서 평면상에 있는 임의의 점 X에 대해서

$$\frac{s(X)}{n} \geqq \overline{BC'} = \frac{s(X_0)}{n}$$

이며, 특히 등호가 성립하는 것은 $X = X_0$인 경우에 한한다. 다시 말해서 점 X_0가 이 경우의 유일한 해이다.

(b) $\overline{BC'}$이 점 A를 포함하는 경우:

$A' = A$이므로 이 경우에

$$\frac{s(A)}{n} = \overline{BC'}.$$

따라서 $X = A$일 때 $s(X)$는 최소이다.

한편 $\gamma_0 < 90°$이고 $\gamma := \angle C \leqq 90°$이므로

$$\gamma_0 + \gamma = \angle C'CA + \angle ACB < 180^\circ.$$

그러므로 점 C가 $\overline{BC'}$에 포함되는 경우는 일어나지 않는다. 따라서 남은 것은 다음의 경우뿐이다.

(c) $\overline{BC'}$이 $\overline{AC}$와 만나지 않는 경우(그림 3.13 참조):

이 경우에

$$\alpha + \alpha_0 > 180^\circ \text{ (그림 3.13 참조)}.$$

먼저 $\overline{BC'}$과 직선 AC의 교점을 D라 하고, 평면위에 있는 임의의 한 점 X를 택한다. 이때 만약 $X \in \angle C'AD$이면

$$\overline{CX} > \overline{AC},\ \overline{AX} + \overline{BX} > \overline{AB}.$$

$$\therefore s(X) \geq n\overline{AX} + n\overline{BX} + p\overline{CX} > n\overline{AB} + p\overline{AC} = s(A).$$

그러므로 이 경우에 $s(X)$는 $X = A$에서 최소로 된다.

만약 $X \notin \angle C'AD$이면, 절선 $BXX'C'$은 점 A를 시점으로 점 C를 지나는 반직선과 반드시 만난다. 따라서

$$\frac{s(X)}{n} = \overline{BX} + \overline{XX'} + \overline{X'C'} \geq \overline{BA} + \overline{AC'} = \frac{s(A)}{n}.$$

그리고 등호가 성립하는 것은 $X = A$일 때에 한한다.

이상의 사실을 종합하면, 이 문제는 항상 유일한 해를 가지며, 구체적으로 다음과 같다:

$\alpha + \alpha_0 \geq 180^\circ$ 이면 $s(X)$는 $X = A$에서 최소로 되며,

$\alpha + \alpha_0 < 180^\circ$ 이면 $s(X)$는 $X = X_0$에서 최소로 된다.

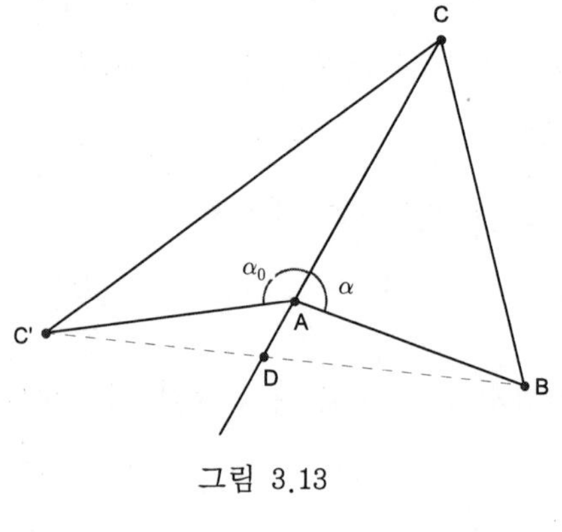

그림 3.13

문제 3.1.9 정사면체 $ABCD$ 에서

$$s(X) := \overline{AX} + \overline{BX} + \overline{CX} + \overline{DX}$$

가 최소로 되는 점 X를 찾아라.

이 문제의 풀이는 다음과 같은 보조정리를 이용한다.

보조정리 정사면체 $A'B'C'D'$ 내의 임의의 한 점 X에서 이 사면체의 각 면에 이르는 거리의 합은 일정하다.

증명 정사면체 $A'B'C'D'$ 내의 임의의 한 점 X에서 이 사면체의 각 면에 이르는 거리를 차례로 x, y, z, t라 하고 이 사면체의 높이를 h'이라 한다. 이때 사면체 $A'B'C'D'$의 체적 $Vol(A'B'C'D')$는

$$Vol(A'B'C'D') = Vol(XB'C'D') + Vol(XA'C'D') + Vol(XA'B'D') + Vol(XA'B'C')$$

이다. 따라서

$$\frac{h' \cdot \triangle A'B'C'}{3} = \frac{x \cdot \triangle B'C'D'}{3} + \frac{y \cdot \triangle A'C'D'}{3} + \frac{z \cdot \triangle A'B'D'}{3} + \frac{t' \cdot \triangle A'B'C'}{3}.$$

$$\therefore x + y + z + t = h'$$

풀이

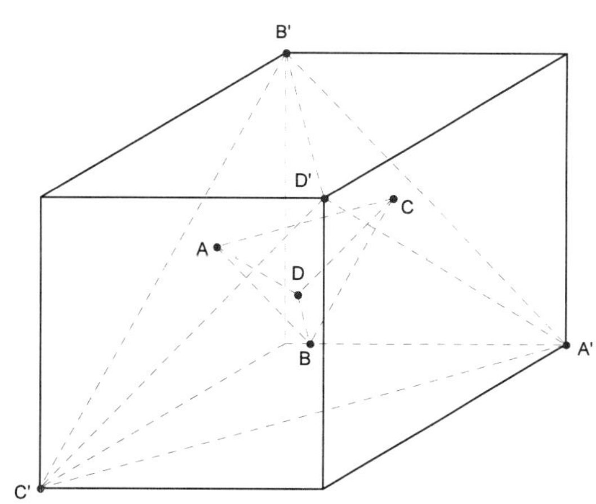

그림 3.14

먼저 정사면체 $ABCD$의 각 면에 평행인 면을 가지며, 더욱이 $A \in \triangle B'C'D'$, $B \in \triangle A'C'D'$, $C \in A'B'D'$, $D \in A'B'C$를 만족하는 정사면체 $A'B'C'D'$을 그림 3.14에서처럼 만든다. 이와 같은 정사면체는 쉽게 만들 수 있다. 실제로 정사면체 $ABCD$의 무게중심을 중심으로 비율 $k=-3$인 확대 ϕ에 대한 점 X의 상을 $X' := \phi(X)$으로 나타낼 때, 사면체 $A'B'C'D'$이 위의 조건을 만족하는 정사면체이다.

이제 정사면체 $A'B'C'D'$의 외부에 있는 임의의 한 점 X에서 이 사면체의 면$B'C'D'$, $A'C'D'$, $A'B'D'$, $A'B'C'$에 이르는 거리를 차례로 x, y, z, t라 하고 이 사면체의 높이를 h'이라 한다.

이때 사면체 $XB'C'D'$, $XA'C'D'$, $XA'B'D'$, $XA'B'C'$으로 정사면체 $A'B'C'D'$을 전부 덮을 수 있으므로

$$Vol(XB'C'D') + Vol(XA'C'D') + Vol(XA'B'D') + Vol(XA'B'C') > Vol(A'B'C'D')$$

이다. 따라서 이 경우에

$$x+y+z+t > h'.$$

한편

$$x \leqq \overline{XA}$$

이며, 등호가 성립하는 것은 $\overline{XA}$가 $\triangle B'C'D'$에 수직일 때에 한한다. 마찬가지로

$$y \leqq \overline{XB},\ z \leqq \overline{XC},\ t \leqq \overline{XD}.$$

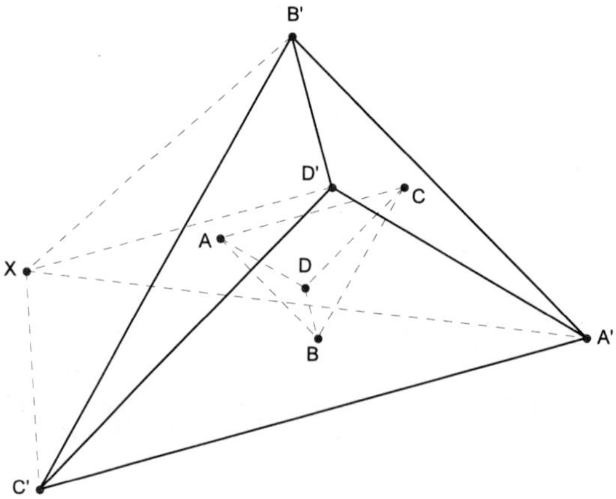

그림 3.15

$$\therefore\ s(X) \geq x+y+z+t \geq h'$$

더욱이 $s(X)=h'$이 성립하는 점 X는 사면체 $A'B'C'D'$의 면 $B'C'D'$에 수직이며 점 A를 지나는 직선, 면 $A'C'D'$에 수직이며 점 B를 지나는 직선, 면 $A'B'D'$에 수직이며 점 C를 지나는 직선, 면 $A'B'C'$에 수직이며 점 D를 지나는 직선 위에 다 같이 놓여있어야 한다. 그런데 이와 같은 성질을 만족하는 점 X는 정사면체 $ABCD$의 중심 O이며, 이것이 이 문제의 유일한 해이다.

문제 3.1.10 $\angle POQ$와 그 내부에 있는 점 M이 주어졌을 때, M을 지나는 직선 l로서 $\triangle AOB$의 넓이가 최소인 것을 그어라. 단 A, B는 각각 직선 l과 변 OP, OQ의 교점이다.

풀이

결론부터 미리 말하면 주어진 점 M을 지나는 직선 l과 변 OP, OQ의 교점을 차례로 A, B라 할 때, $\triangle AOB$의 넓이를 최소로 하는 직선은 M을 중점으로 갖는 선분 AB를 품는 것이다. 먼저 이와 같은 성질을 만족하는 직선부터 그어보기로 한다.

이제 점 M에 관한 대칭변환을 ϕ라 하면 $\phi(\overline{OQ})$는 $\overline{OQ}$에 평행인 선분이다. 이때 $\phi(\overline{OQ})$와 $\overline{OP}$의 교점을 A_0라 하고, 직선 A_0M과 $\overline{OQ}$의 교점을 B_0라 하면 $B_0=\phi(A_0)$이다. 따라서 M은 $\overline{A_0B_0}$의 중점이다(그림 3.16 참조).

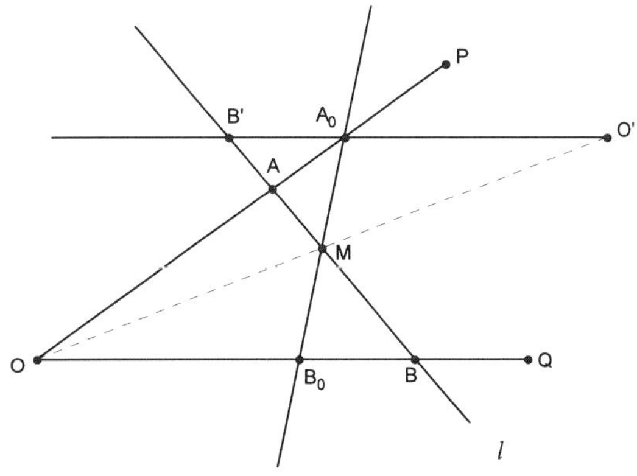

그림 3.16

지금부터 $\triangle A_0OB_0$의 넓이가 최소임을 보이기 위해서 점 M을 지나는 직선으로 직선 A_0B_0와는 다른 것을 l이라 한다. 이제 l과 $\overline{OP}$, $\overline{OQ}$와의 교점을 차례로 A, B라 하고 B_0는 O와 B 사이에 놓여있다고 가정한다(그림 3.16 참조). 다른 경우에도 같은 방법으로 증명할 수 있으므로 이와 같은 경우만을 생각하기로 한다. 이때 그림 3.16에서처럼 $B' := \phi(B)$라 하면

$$\begin{aligned}\triangle AOB &= \triangle MB_0B + \square OB_0MA = \triangle MA_0B' + \square OB_0MA \\ &> \triangle MA_0A + \square OB_0MA = \triangle OA_0B_0\end{aligned}$$

그러므로 $\triangle A_0OB_0$의 넓이가 최소임을 알 수 있다.

나의 노트

3.2 대수적 부등식을 이용하기

도형에서의 최대 또는 최소를 구하는 문제의 해결에서 대수적 부등식의 이용도는 매우 높다. 역으로 대수적 부등식 또한 도형을 활용하여 해결할 수 있는 경우가 많다. 예컨대 산술평균과 기하평균에 관한 유명한 부등식

$$\frac{x+y}{2} \geq \sqrt{xy}\,(x,\ y \geq 0)$$

은 아래의 명제와 동치이다.

둘레의 길이가 일정한 직사각형 중에 넓이가 최대인 것은 정사각형이다.

실제로 둘레의 길이가 일정 $2l$ 인 직사각형의 이웃하는 두 변의 길이를 각각 $x,\ y$라 하면 위의 부등식으로부터

$$l^2 \geq xy$$

이며, 특히 등호가 성립하는 것은 $x=y$일 때에 한한다. 다시 말해서 넓이가 최대인 l^2으로 되는 것은 정사각형뿐이다. 역으로 정사각형의 넓이는 $\left(\frac{l}{2}\right)^2$이며

$$\left(\frac{l}{2}\right)^2 = \left(\frac{x+y}{2}\right)^2$$

이므로 가정으로부터

$$\left(\frac{x+y}{2}\right)^2 \geq xy,\ \text{즉}\ \frac{x+y}{2} \geq \sqrt{xy}\,.$$

이 절에서는 도형에 관한 최대 또는 최소문제를 고전적인 대수적 부등식을 이용하여 해결하는 몇 가지 예를 소개한다. 부등식을 이용한 문제해결에서 당연히 예상되는 사실은 등호가 성립하는 경우에서 그와 같은 문제의 답을 찾을 수 있음이다. 먼저 도형에 관한 극치문제에서 자주 쓰이는 대수적 부등식 몇 가지를 살펴보기로 한다.

▌산술평균과 기하평균

영보다 작지 않는 임의의 실수 $x_1,\ x_2,\ \cdots,\ x_n$에 대해서

$$\frac{x_1+x_2+\cdots+x_n}{n} \geq \sqrt[n]{x_1x_2\cdots x_n}\,.$$

특히 등호가 성립하는 것은 $x_1=x_2=\cdots=x_n$인 경우에 한한다.

▌제곱의 평균과 산술평균

임의의 실수 x_1, x_2, $\cdots$, x_n에 대해서

$$\sqrt{\frac{x_1^2+x_2^2+\cdots+x_n^2}{n}} \geqq \frac{x_1+x_2+\cdots+x_n}{n}.$$

특히 등호가 성립하는 것은 $x_1=x_2=\cdots=x_n$인 경우에 한한다.

▌Cauchy-Schwarz의 부등식

임의의 실수 x_1, x_2, $\cdots$, x_n과 y_1, y_2, $\cdots$, y_n에 대해서

$$(x_1^2+x_2^2+\cdots+x_n^2)(y_1^2+y_2^2+\cdots+y_n^2) \geqq (x_1y_1+x_2y_2+\cdots+x_ny_n)^2.$$

특히 등호가 성립하는 것은 x_i와 y_i $(i=1, 2, \cdots, n)$가 비례하는 경우에 한한다.

▌Minkowski의 부등식

임의의 실수

$$x_1,\ x_2,\ \cdots,\ x_n,\ y_1,\ y_2,\ \cdots,\ y_n,\ \cdots,\ z_1,\ z_2,\ \cdots,\ z_n$$

에 대해서

$$\sqrt{x_1^2+y_1^2+\cdots+z_1^2}+\sqrt{x_2^2+y_2^2+\cdots+z_2^2}+\cdots+\sqrt{x_n^2+y_n^2+\cdots+z_n^2}$$
$$\geqq \sqrt{(x_{1+x_2}+\cdots+x_n)^2+(y_1+y_2+\cdots+y_n)^2+\cdots+(z_1+z_2+\cdots+z_n)^2}.$$

특히 등호가 성립하는 것은 x_i, y_i, $\cdots$, $z_i(i=1, 2, \cdots, n)$가 비례하는 경우에 한한다.

문제 3.2.1 (삼각형의 등주문제)
둘레의 길이가 일정한 삼각형 중에서 넓이가 최대인 것을 찾아라.

풀이

변의 길이가 a, b, c인 삼각형에서 $2s:=a+b+c$라 한다. 이때 그 넓이 S는 Heron의 공식으로부터

$$S=\sqrt{s(s-a)(s-b)(s-c)}$$

이다. 한편 산술평균과 기하평균에 관한 부등식을 활용하여

$$\sqrt[3]{(s-a)(s-b)(s-c)} \leqq \frac{(s-a)+(s-b)+(s-c)}{3} \leqq \frac{s}{3}.$$

$$\therefore\ S \leqq \sqrt{s\left(\frac{s}{3}\right)^3}=s^2\frac{\sqrt{3}}{9}$$

여기서 특히 등호가 성립하는 것은

$$s-a=s-b=s-c, \text{ 즉 } a=b=c$$

인 경우에 한한다. 그러므로 둘레의 길이가 $2s$인 삼각형의 넓이는 $s^2\frac{\sqrt{3}}{9}$을 넘지 않으며, 특히 이 경우에 넓이가 $s^2\frac{\sqrt{3}}{9}$인 삼각형은 정삼각형이다.

문제 3.2.2 뚜껑이 없는 직육면체로서 겉넓이가 일정한 것 중에 부피가 최대인 것을 찾아라.

풀이

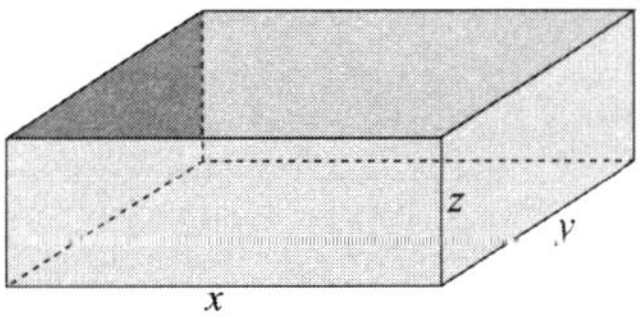

그림 3.17

직육면체의 이웃하는 3변의 길이를 x, y, z라 하고 겉넓이를 S라 한다(그림 3.17 참조). 이때

$$S=xy+2xz+2zy.$$

한편 산술평균과 기하평균에 관한 부등식을 이용하면

$$\left(\frac{S}{3}\right)^3=\left(\frac{xy+2xz+2zy}{3}\right)^3 \geq 4x^2y^2z^2.$$

그러므로 직육면체의 부피 $V=xyz$는 부등식

$$V \leq \frac{1}{2}\left(\frac{S}{3}\right)^{3/2}$$

를 만족한다. 따라서 V의 최대치는 등호가 성립하는 경우에, 즉

$$xy=2xz=2zy$$

인 경우에 얻어진다. 위의 관계식으로부터 최대인 부피를 갖는 직육면체의 이웃하는 3변의 길이는 다음과 같음을 알 수 있다.

$$x=y=\sqrt{\frac{S}{3}}, \quad z=\frac{1}{2}\sqrt{\frac{S}{3}}.$$

문제 3.2.3 (문제 3.1.10의 일반화)
자연수 p, q와 점 O를 정점으로 하는 각의 내부에 한 점 M이 주어져 있다고 한다. 또, 점 M을 지나는 임의의 직선이 각의 두 변과 만나는 점을 각각 A, B라 한다(그림 3.18 참조). 이때

$$\overline{OA}^p \cdot \overline{OB}^q$$

의 값이 최소로 되는 직선의 위치를 찾아라.

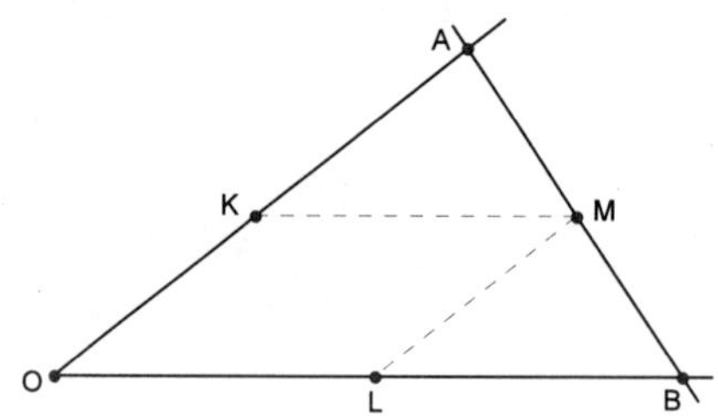

그림 3.18

풀이

그림 3.18에서처럼 점 M을 지나며 $\overline{OB}$, $\overline{OA}$와 각각 평행인 직선이 $\overline{OA}$, $\overline{OB}$와 만나는 점을 각각 K, L이라 한다. 이때

$$\triangle KMA \backsim \triangle OBA,\ \ \triangle LBM \backsim \triangle OBA.$$

$$\therefore\ \overline{OB} = \frac{\overline{AB}}{\overline{AM}} \cdot \overline{MK},\ \ \overline{OA} = \frac{\overline{AB}}{\overline{BM}} \cdot \overline{ML}$$

따라서

$$\overline{OA}^p \cdot \overline{OB}^q = \frac{\overline{ML}^p \cdot \overline{MK}^q}{\left(\frac{\overline{BM}}{\overline{AB}}\right)^p \cdot \left(\frac{\overline{AM}}{\overline{AB}}\right)^q}.$$

그런데 $\overline{MK}$와 $\overline{ML}$의 값은 점 M을 지나는 어떠한 직선에 대해서도 일정하므로 $\overline{OA}^p \cdot \overline{OB}^q$의 값이 최소로 되는 것은 $\left(\frac{\overline{BM}}{\overline{AB}}\right)^p \cdot \left(\frac{\overline{AM}}{\overline{AB}}\right)^q$의 값이 최대일 때이다.

이제

$$x := \frac{\overline{BM}}{\overline{AB}},\ y := \frac{\overline{AM}}{\overline{AB}}$$

라 하면 $x+y=1$이다. 여기서

$$x_1=x_2=\cdots=x_p=\frac{x}{p},\quad x_{p+1}=x_{p+2}=\cdots=x_{p+q}=\frac{y}{q}$$

에 대해서 산술평균과 기하평균에 관한 부등식을 적용하면

$$\frac{1}{p+q}=\frac{x+y}{p+q}\geq\sqrt[p+q]{\left(\frac{x}{p}\right)^p\left(\frac{y}{q}\right)^q}$$

를 얻는다. 그러므로

$$x^p\cdot y^q\leq\frac{p^p\cdot q^q}{(p+q)^{p+q}}$$

이며, $x^p\cdot y^q$가 최대로 되는 것은

$$\frac{x}{p}=\frac{y}{q},\text{ 즉 }\frac{\overline{BM}}{\overline{AM}}=\frac{p}{q}$$

일 때이다. 따라서 점 M을 지나는 직선으로 $\left(\frac{\overline{BM}}{\overline{AB}}\right)^p\cdot\left(\frac{\overline{AM}}{\overline{AB}}\right)^q$의 값을 최대로 하는 것은

$$\overline{AM}:\overline{MB}=q:p$$

를 만족하는 것이다. 물론 이와 같은 성질을 만족하는 직선은 유일하게 존재한다.

참고

문제 3.1.10은 문제 3.2.3에서 $p=q=1$인 특수한 경우이다.

문제 3.2.4 정육면체에서 서로 꼬인 위치에 있는 3개의 변 또는 그 연장선위에 각각 놓여있는 점을 X, Y, Z라 한다. 이때 $\triangle XYZ$의 둘레의 길이가 최소인 것을 찾아라.

풀이

주어진 정육면체 $ABCD-A_1B_1C_1D_1$의 한 변의 길이는 1이라 가정하고, 서로 꼬인 위치에 있는 3개의 직선 C_1D_1, AD, BB_1 위에 놓여있는 점 X, Y, Z를 차례로 잡는다(그림 3.19 참조). 단, 점 X, Y, Z을 이와 같이 택하더라도 일반성을 잃지 않음을 유의하기 바란다.

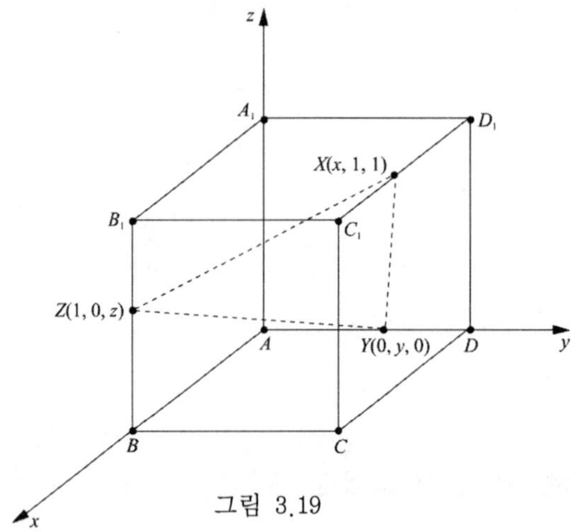

그림 3.19

이제 점 A를 원점으로 반직선 AB, AD, AA_1을 각각 x, y, z축의 양의 방향으로 갖는 직교좌표계를 설정하여

$$X = (x,\ 1,\ 1),\ \ Y = (0,\ y,\ 0),\ \ Z = (1,\ 0,\ z)$$

라 한다. 이때 $\triangle XYZ$의 둘레의 길이 P는 아래와 같이 주어진다.

$$P = \sqrt{1+y^2+z^2} + \sqrt{(1-x)^2+1+(1-z)^2} + \sqrt{x^2+(1-y)^2+1}\,.$$

이 등식에서 x, y, z는 독립변수로서 변역은 각각 $(-\infty,\ \infty)$이며, P의 최소치를 얻기 위해서는, 등식의 꼴을 볼 때, Minkowski의 부등식을 이용함이 바람직함을 알 수 있다. 그러나 Minkowski의 부등식을 서툴게 이용하면 바라는 답을 얻을 수 없게 되는 경우도 있다. 예컨대 위의 등식의 우변에 Minkowski의 부등식을 바로 적용하면

$$\begin{aligned} P &\geqq \sqrt{\{1+(1-x)+x\}^2+\{y+(1-y)+1\}^2+\{z+(1-z)+1\}^2} \\ &= \sqrt{12}\,. \end{aligned}$$

이 부등식으로부터 P의 최소치는 $\sqrt{12}$인 듯 보이지만, 그러나 이것은 잘못된 결론임을 Minkowski의 부등식에서 등호가 성립할 조건을 조사해 보면 쉽게 알 수 있다. 다시 말해서 $P>\sqrt{12}$이며 $P=\sqrt{12}$인 경우는 결코 일어나지 않는다는 것이다.

지금부터 올바른 답을 얻을 수 있도록 Minkowski의 부등식을 달리 적용해 보기로 한다. 먼저

$$P \geqq \sqrt{(1+1+1)^2+(y+1-z+x)^2+(z+2-x-y)^2}$$

$$= \sqrt{9+(1+x+y-z)^2+\{2-(x+y-z)\}^2}.$$

한편 제곱의 평균과 산술평균에 관한 부등식으로부터

$$(1+x+y-z)^2+\{2-(x+y-z)\}^2 \geqq \frac{9}{2}$$

를 얻을 수 있으므로

$$P \geqq \sqrt{\frac{9+9}{2}} = \sqrt{\frac{27}{2}}.$$

특히 등호가 성립하는 것은

$$1+x+y-z = 2-(x+y-z),$$

$$\frac{1}{\sqrt{3}}x + \frac{1}{\sqrt{3}}y - \frac{1}{\sqrt{3}}z = \frac{1}{2\sqrt{3}}$$

인 경우에 한한다. 그런데 이것은 벡터 $\left(\frac{1}{\sqrt{3}}, \frac{1}{\sqrt{3}}, -\frac{1}{\sqrt{3}}\right)$에 수직이며 원점 A로부터의 거리가 $\frac{1}{2\sqrt{3}}$인 평면의 방정식이다. 따라서

$$x = y = z = \frac{1}{2}.$$

즉, 점 X, Y, Z가 주어진 정육면체의 대응하는 변의 중점일 때 $\triangle XYZ$의 둘레의 길이는 최소이다.

지금까지 살펴본 예를 통해서도 알 수 있듯이, 도형에 관한 최대 또는 최소문제를 해결하기 위하여 대수적 부등식을 이용하는 경우에 등호가 성립하는 경우를 정확히 해석함이 얼마나 중요한지를 절실히 알게 되었다. 그러나 문제에 따라서는 등식으로 표현된 대수적 정보를 주어진 도형의 기하적인 양으로 바꾸어 표현한다는 것이 그렇게 쉽지 않음을 다음의 문제 3.2.5를 통해서 느껴보기로 하자.

문제 3.2.5 $\triangle ABC$의 내부에 있는 점 X에서 직선 BC, CA, AB에 이르는 거리를 각각 x, y, z라 한다. 이때 $x^2+y^2+z^2$의 값이 최소로 되는 점 X의 위치를 찾아라.

풀이

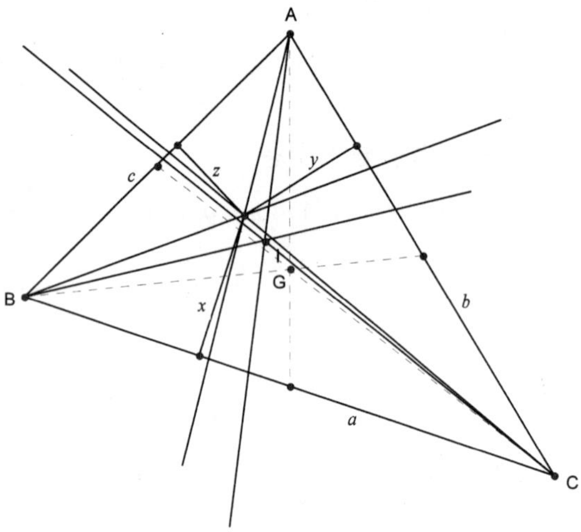

그림 3.20

$a:=\overline{BC}$, $b:=\overline{CA}$, $c:=\overline{AB}$라 하면

$$2\triangle ABC = ax+by+cz.$$

여기서 Cauchy-Schwarz의 부등식을 적용하면

$$4(\triangle ABC)^2 = (ax+by+cz)^2 \leqq (a^2+b^2+c^2)\cdot(x^2+y^2+z^2).$$

$$\therefore\ x^2+y^2+z^2 \geqq \frac{4(\triangle ABC)^2}{a^2+b^2+c^2}$$

그러므로 $x^2+y^2+z^2$의 값은

$$\frac{x}{a}=\frac{y}{b}=\frac{z}{c}$$

를 만족하는 모든 점 X에서 최소로 된다. 그러나 이와 같은 성질을 만족하는 점 X는 유일하게 존재한다. 이 점을 Lemoine의 점이라 한다. 실제로 이 점은 무게중심 G의 등각공역점이다. 다시 말해서 삼각형의 중선의 대응하는 각의 이등분선에 관한 대칭선을 만들면 이들 3개의 대칭선은 한 점에서 만난다. 이 점이 Lemoine의 점이다. 3.6 Appendix, 정리 A.2로부터 Lemoine의

점 G'의 중심좌표의 비는

$$a^2 : b^2 : c^2$$

임을 알 수 있다. 그런데

$$a^2 : b^2 : c^2 = \triangle G'BC : \triangle G'CA : \triangle G'AB = ax : by : cz$$

이므로 Lemoine의 점 G'은 $\frac{x}{a} = \frac{y}{b} = \frac{z}{c}$를 만족한다.

참고

문제 3.2.5에서 $x^2+y^2+z^2$의 값이 최대로 되는 점 X는 $\triangle ABC$의 세 내각 중에 크기가 가장 작은 것에 대응하는 꼭짓점이다.

실제로 $a = \overline{BC}$가 가장 짧은 변이라 하면

$$a(x+y+z) \leqq ax+by+cz = 2\triangle ABC.$$

$$\therefore x+y+z \leqq h_a$$

단, 여기서 h_a는 꼭짓점 A에서 잰 $\triangle ABC$의 높이이다. 한편

$$x^2+y^2+z^2 \leqq (x+y+z)^2$$

이므로

$$x^2+y^2+z^2 \leqq h_a^2.$$

특히 등호가 성립하는 것은 $X = A$인 경우에 한한다.

나의 노트

3.3 해석학의 기본정리를 활용하기

도형에 관한 최대 또는 최소문제를 다변수함수를 적당히 택함으로써 이 함수의 극치문제로 귀착시킬 수 있는 경우가 있다. 예를 들어 주어진 원에 내접하는 삼각형 중에서 넓이가 최대인 것을 찾는 문제는 함수

$f(\alpha_1, \beta_1) := \sin\alpha_1 \cdot \sin\beta_1 \cdot \sin(\alpha_1 + \beta_1)\ (\alpha_1 > 0,\ \beta_1 > 0,\ \alpha_1 + \beta_1 < 180°)$

의 최대치를 찾는 문제로 귀착시킬 수 있다(그림 3.21 참조). 실제로 그림 3.21에서처럼 반지름의 길이가 R인 원에 내접하는 $\triangle ABC$에서

$$\angle AOB = \alpha,\ \angle AOC = \beta$$

라 하면 $\triangle ABC$의 넓이 $S(\alpha, \beta)$는

$$S(\alpha, \beta) = \frac{R^2}{2}\{\sin\alpha + \sin\beta - \sin(\alpha + \beta)\}$$

$$= 2R^2 \sin\frac{\alpha}{2} \cdot \sin\frac{\beta}{2} \cdot \sin\frac{\alpha+\beta}{2}.$$

그러므로 $\alpha_1 := \frac{\alpha}{2}$, $\beta_1 := \frac{\beta}{2}$로 둠으로써 위의 함수 $f(\alpha_1, \beta_1)$을 얻을 수 있다.

일반적으로 도형에 관한 최대 또는 최소문제를 해석하는 과정에서 나타나는 다변수함수는 복잡하여 취급하기 어려운 경우가 많다. 그러나 주어진 다변수함수에 관한 극치문제를 간단한 일변수함수의 극치문제로 변형되는 경우에는 비교적 쉽게 문제를 해결할 수 있을 것이다.

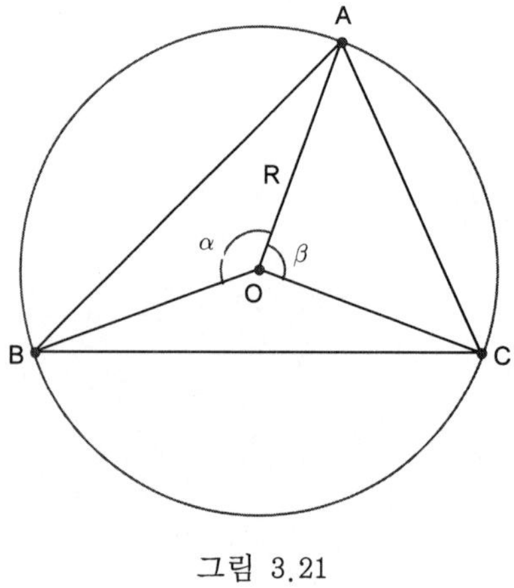

그림 3.21

이 절에서는 그와 같이 비교적 간단한 일변수함수로 변형함으로써 문제를 풀 수 있는 몇 가지 예를 살펴본다. 이에 앞서 본 절에서 자주 쓰이는 일변수함수에 관한 몇 가지 성질을 소개하기로 한다.

▌ 극치정리(Extreme Value Theorem) ▌

폐구간 $I=[a, b]$상에서 연속인 함수 f는 I내에서 최대치와 최소치를 갖는다.

▌ 함수의 단조성 판정(Monotonicity Theorem) ▌

함수 f는 구간 I상에서 연속이며, 더욱이 I의 내점에서는 미분가능이라 한다.

① 만약 f가 I상에서 증가(또는 감소)함수이면, I의 임의의 내점 t에서

$$f(t) \geq 0(\text{또는 } f(t) \leq 0).$$

② 만약 I의 임의의 내점 t에서 $f'(t) \geq 0$(또는 $f'(t) \leq 0$)이면, f는 I상에서 증가(또는 감소)한다. 더욱이 I° 내의 유한개를 제외하고는 모든 점에서 $f'(t) > 0$(또는 $f'(t) < 0$)이면 f는 I상에서 단조증가(또는 단조감소)한다. 즉, $t_1 < t_2$이면 $f(t_1) < f(t_2)$(또는 $f(t_1) > f(t_2)$)이다. 단, I°는 구간 I의 내점들로 된 집합을 뜻한다.

▌ Fermat의 정리 ▌

함수 f는 구간 I상에서 미분가능이라 한다. 이때 만약 f가 I의 한 내점 t_0에서 극대 또는 극소이면 $f'(t_0) = 0$이다.

참고

특히 함수 f가 폐구간 $[a, b]$상에서 연속이고 개구간 (a, b)상에서 미분가능이며, 더욱이 방정식 $f'(t) = 0$는 개구간 (a, b)상에서 해를 갖지 않는다면, f는 이 구간의 양 끝점에서 최대치와 최소치를 갖는다(Fermat의 정리를 적용해 볼 것).

▌ 중간값의 정리 ▌

함수 f는 폐구간 $[a, b]$상에서 연속이고 $f(a) \cdot f(b) < 0$이면, $f(t_0) = 0$을 만족하는 점 t_0가 (a, b)내에 적어도 하나 존재한다.

먼저 2차함수를 이용하는 예부터 들어보기로 한다.

문제 3.3.1 두 척의 배가 각기 일정속도로 정해진 방향을 따라 항해하고 있다. 오전 9시에 두 배 사이의 거리는 20km; 9시 35분에는 15km; 9시 55분에는 13km이면, 두 배 사이의 거리가 최소로 되는 시각은 언제인가?

풀이

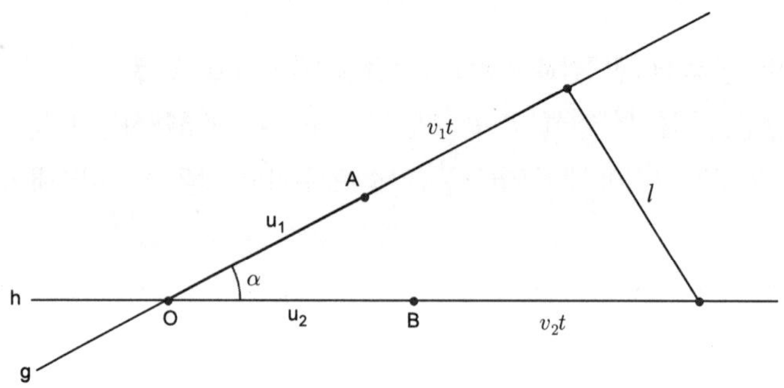

그림 3.22

그림 3.22에서처럼 두 척의 배는 각각 속도 v_1, v_2로 직선 g, h를 따라 항해하고 있다고 하자. 이때 직선 g와 h는 한 점 O에서 만나거나 또는 평행이다.

(1) 직선 g와 h가 한 점 O에서 만나는 경우:

$\angle BOA = \alpha$인 경우에는

$$u_1 := \overline{OA},\ u_2 := \overline{OB}$$

라 하며, 특히 $\angle BOA = 180^\circ - \alpha$인 경우에는

$$u_1 := -\overline{OA},\ u_2 := \overline{OB}$$

라 한다. 이때 시각 t에서의 두 배 사이의 거리 l은 cosine법칙으로부터

$$l^2 = (u_1 + v_1t)^2 + (u_2 + v_2t)^2 - 2(u_1 + v_1t) \cdot (u_2 + v_2t) \cdot \cos\alpha$$

를 만족한다. 따라서 l^2는 t의 2차함수이다. 즉

$$l^2 = at^2 + 2bt + c.$$

단, 여기서 a, b, c는 u_1, u_2, v_1, v_2에 의해서 정해지는 상수이다.

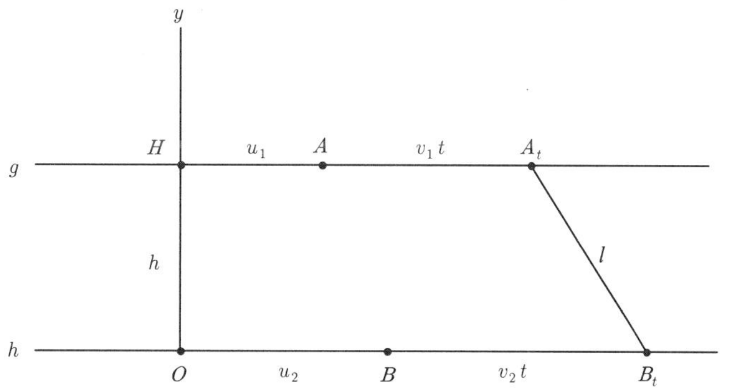

그림 3.23

(2) 직선 g와 h가 평행인 경우:

그림 3.23에서처럼 두 직선 g와 h 사이의 거리를 h라 하면 시각 t에서의 두 배의 위치 A_t와 B_t는 직교좌표축을 적당히 택함으로써

$$A_t = (u_1 + v_1 t,\ h),\ \ B_t = (u_2 + v_2 t,\ h)$$

로 나타낼 수 있다. 그러므로 시각 t에서의 두 배 사이의 거리 l은

$$l^2 = (u_2 + v_2 t - u_1 - v_1 t)^2 \qquad \cdots\cdots(*)$$

를 만족한다. 그러므로 이 경우에도 l^2는 t의 2차함수로서 (*)와 같은 꼴이다.

이제 편의상 시간의 단위를 5분으로 하기로 한다. 이때 가정으로부터

$$c = 400,$$
$$49a + 14b + c = 225,$$
$$121a + 22b + c = 169.$$

이 연립방정식을 풀면

$$a = 1,\ b = -16,\ c = 400.$$

그러므로

$$l^2 = t^2 - 32t + 400 = (t - 16)^2 + 144.$$

따라서 $l \geq 12$이며, $t = 16$일 때 등호, 즉 $l = 12$가 성립한다. 다시 말해서 두 배 사이의 거리가 가장 짧아지는 시각은 오전 10시 20분이다.

다음 문제는 물리에서 잘 알려진 "동질이 아닌 두 매개물질을 통과하는 빛의 운동에

관한 Snell-Fermat의 법칙"을 수학적으로 표현한 것이다.

문제 3.3.2 평면상에 직선 l과 l에 대해서 서로 반대쪽에 있는 두 점 A, B가 주어져 있다. 어떤 질점이 점 A를 품는 반평면에서는 일정속도 v_1으로, 점 B를 품는 반평면에서는 일정속도 v_2로 각각 움직이고 있다고 한다. 이때 이 질점이 점 A에서 B로 최단시간에 갈 수 있는 경로를 찾아라.

풀이

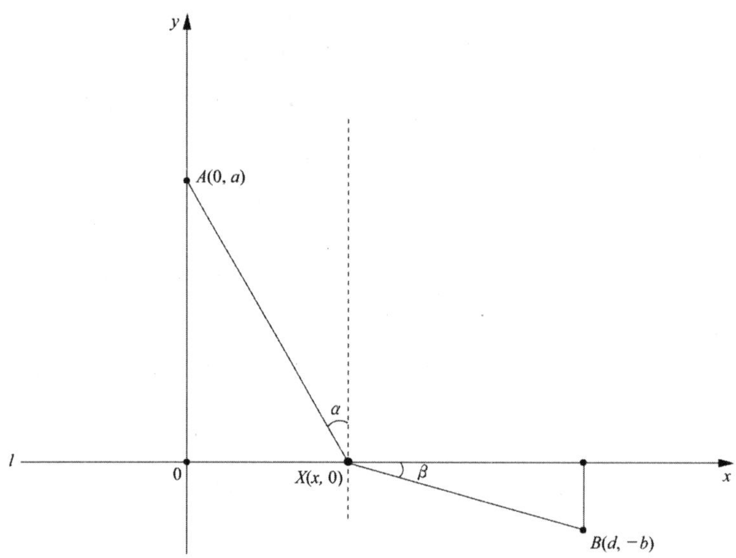

그림 3.24

점 A에서 직선 l에 내린 수선의 발을 원점 O로, 직선 l을 x축, 직선 OA를 y축으로 하는 직교좌표계 $O-xy$를 설정한다. 이때

$$A=(0, a),\ B=(d, -b)\ (\text{단, } a>0,\ b>0,\ d>0)$$

로 둘 수 있다(그림 3.24 참조). 이제 직선 l상의 임의의 한 점 $X(x, 0)$에 대해서 질점이 절선 AOB를 따라 점 A에서 B로 가는데 걸리는 시간은

$$t(x)=\frac{\overline{AX}}{v_1}+\frac{\overline{BX}}{v_2}=\frac{\sqrt{a^2+x^2}}{v_1}+\frac{\sqrt{b^2+(d-x)^2}}{v_2}$$

이다. 그러므로 이 문제를 풀기 위해서는 $0\le x\le d$에 대한 함수 $t(x)$의 값을 조사하면 충분하다. 왜냐하면 함수 $t(x)$가 이 구간 밖의 점에서는 최소치를 갖지 않기 때문이다. 한편

$$t'(x) = \frac{x}{v_1\sqrt{a^2+x^2}} - \frac{d-x}{v_2\sqrt{b^2+(d-x)^2}}.$$

더욱이 함수

$$\frac{x}{\sqrt{a^2+x^2}} = \frac{1}{\sqrt{\frac{a^2}{x^2}+1}}, \quad -\frac{d-x}{\sqrt{b^2+(d-x)^2}} = -\frac{1}{\sqrt{\frac{b^2}{(d-x)^2}+1}}$$

은 모두 구간 $[0, d]$에서 단조증가한다. 그런데

$$t'(0) < 0, \ t'(d) > 0$$

이므로 중간값의 정리로부터 $t'(x_0) = 0$를 만족하는 점 x_0가 구간 $(0, d)$내에 (유일하게) 존재한다. 그러므로

$$t'(x) < 0, \ \forall x \in [0, x_0), \ t'(x) > 0, \ \forall x \in (x_0, d].$$

더욱이 함수의 단조성판정 정리로부터

함수 $t(x)$는 구간 $[0, x_0]$에서 단조감소 ; 구간 $[x_0, d]$에서 단조증가

하므로 $t(x)$는 점 x_0에서 최소치를 가짐을 알 수 있다.

한편 그림 3.24로부터 알 수 있듯이 점 $X_0 = (x_0, 0)$에 대한 조건 $t'(x_0) = 0$를

$$\frac{\sin\alpha}{v_1} = \frac{x_0}{v_1\sqrt{a^2+x_0^2}} = \frac{d-x_0}{v_2\sqrt{b^2+(d-x_0)^2}} = \frac{\sin\beta}{v_2}$$

로 나타낼 수 있다. 단, 여기서 α는 직선 AX와 AO가 이루는 각의 크기이며, β는 직선 BX와 OX가 이루는 각의 크기이다.

이상의 사실을 종합하면 점 A에서 B로 나아가는 질점의 최단경로가 AX_0B로 되는 직선 l상의 점 X_0가 유일하게 존재한다. 더욱이 이 점은 방정식

$$\frac{\sin\alpha}{v_1} = \frac{\sin\beta}{v_2}$$

으로 결정된다.

참고

위의 등식은 동질이 아닌 두 매개물질을 통과하는 빛의 굴절에 관한 Snell-Fermat의 법칙으로, 빛은 항상 최단시간에 통과할 수 있는 경로를 따라 나아간다는 원리의 기본이다.

문제 3.3.3 주어진 $\angle POQ$에 서로 외접하는 두 개의 원이 내접하고 있다. 이때 반직선 OP상에 놓여있는 두 점 A, D와 반직선 OQ상에 놓여있는 두 점 B, C로서 아래의 3가지 조건을 만족하는 것을 찾아라.

① $\overline{AB}$와 $\overline{CD}$는 평행이다.

② $\square ABCD$는 두 원을 품고 있다.

③ $\overline{AD}$의 길이는 가장 짧다.

풀이

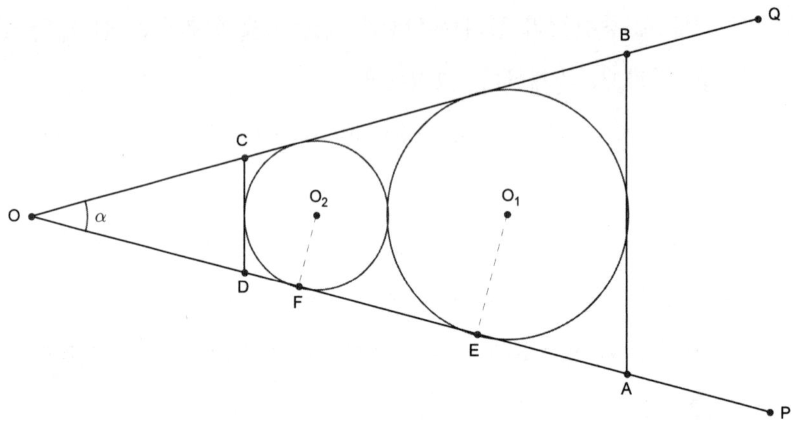

그림 3.25

그림 3.25에서처럼 $\angle POQ$에 내접하면서 서로 외접하는 두 개의 원 O_1, O_2의 반지름의 길이를 각각 r, $R(r<R)$이라 한다. 또, 주어진 조건으로부터 $\overline{AB}$는 원 O_1에 접하며 $\overline{DC}$는 원 O_2에 각각 접한다고 가정할 수 있다. 더욱이 직선 OP는 원 O_1, O_2의 공통외접선이므로 $\overline{OP}$와 원 O_1, O_2는 각각 단 한 점 E, F에서 만난다(실제로 접점임). 이때

$$\overline{O_1O_2}=R+r,\ \angle O_1EA=90^\circ,\ \angle O_2FA=90^\circ$$

이므로

$$\overline{EF}=2\sqrt{Rr}.$$

한편

$$\angle EAO_1=\frac{1}{2}\angle EAB=\frac{1}{2}(180^\circ-\angle FDC)=90^\circ-\angle FDO_2=\angle FO_2D.$$

$$\therefore \triangle AO_1E \backsim \triangle O_2DF$$

그런데 $x := \overline{DF}$라 하면

$$\frac{R}{\overline{EA}} = \frac{x}{r}, \quad \text{즉 } \overline{EA} = \frac{Rr}{x}.$$

$$\therefore \overline{AD} = f(x) + 2\sqrt{Rr} \quad (\text{단, } f(x) := x + \frac{Rr}{x})$$

또, $\triangle EO_1O \backsim \triangle FO_2O$이므로

$$\overline{FO} = \frac{2r}{R-r}\sqrt{Rr}.$$

따라서 함수 $f(x)$의 구간

$$0 < x < x_0 := \overline{FO}$$

에서의 최소치를 구하면 된다.

이제

$$f'(x) = 1 - \frac{Rr}{x^2}$$

로부터 $f(x)$는 구간 $(0, \sqrt{Rr})$에서 단조감소하며, 구간 $(\sqrt{Rr}, \infty)$에서 단조증가함을 알 수 있다. 그리고

$$x_0 \leqq \sqrt{Rr} \Leftrightarrow 3r \leqq R \Leftrightarrow \alpha := \angle AOB \geqq 60°.$$

(1) $3r \leqq R$인 경우(즉, $\alpha \geqq 60°$ 인 경우):

이 경우에는 $x_0 \leqq \sqrt{Rr}$ 이므로 $f(x)$는 구간 $(0, x_0)$에서 단조감소한다. 따라서 $f(x)$는 구간 $(0, x_0)$에서 최소치를 갖지 않는다. 다시 말해서 $3r \leqq R$인 경우에 이 문제는 해를 갖지 않는다.

(2) $3r > R$인 경우(즉, $\alpha < 60°$ 인 경우):

이 경우에 $x_0 > \sqrt{Rr}$ 이므로 $f(x)$는 구간 $(0, x_0)$내의 점 $x = \sqrt{Rr}$ 에서 최소로 된다. 이때 $\overline{AD}$의 최소길이는 $4\sqrt{Rr}$ 이다. 이 경우의 $\square ABCD$는 다음과 같이 찾을 수 있다. 먼저 $\overline{FO}$상에 $\overline{FD} = \sqrt{Rr}$ 을 만족하는 점 D를 택한 다음, 점 D를 지나고 원 O_2에 접하는 접선을 그어 $\overline{OB}$와의 교점을 C로 택한다. 나머지 점 A, B도 같은 방법으로 찾음으로써 구성할 수 있다.

문제 3.3.4 그리스문자 Γ모양으로 되어있는 복도의 양 날개의 길이는 각각 a, b라 한다(그림 3.26 참조). 이때 한 쪽 날개에서 다른 쪽 날개로 옮길 수 있는 막대기의 최대길이를 구하여라. 단, 막대기의 두께는 무시하고, 옮기는 중에 막대기는 항상 수평을 유지하는 것으로 생각한다.

풀이

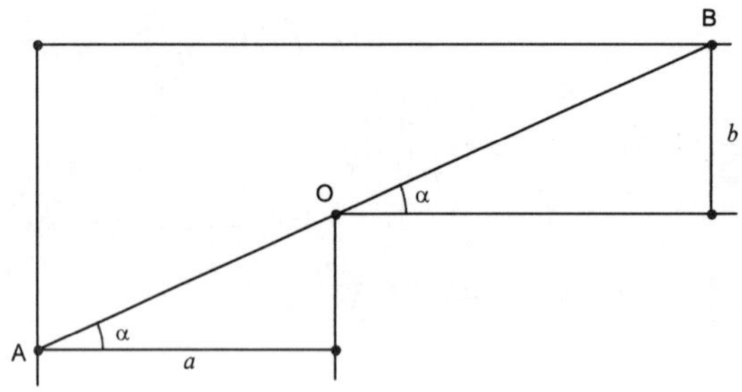

그림 3.26

복도 안쪽에 직각으로 굽은 정점 O에 접하는 선분을 AB라 하고 $\overline{AB}$가 벽과 이루는 각의 크기를 $\alpha(0^\circ < \alpha < 90^\circ)$라 한다(그림 3.26 참조). 이때

$$f(\alpha) := \overline{AB} = \overline{AO} + \overline{OB} = \frac{a}{\cos\alpha} + \frac{b}{\sin\alpha}$$

이므로 복도의 한 쪽 날개에서 다른 쪽 날개로 옮길 수 있는 막대기의 길이 l은

$$l \leq f(\alpha),\ \forall \alpha \in (0, 90)\text{(각의 단위는 생략하였음)}$$

를 만족한다. 따라서 막대기의 길이 l의 최대치를 구한다는 것은 함수 $f(\alpha)$의 구간 $(0, 90)$에서의 최소치를 조사하는 것과 동치이다.

이제

$$f'(\alpha) = \frac{a\sin\alpha}{\cos^2\alpha} - \frac{b\cos\alpha}{\sin^2\alpha} = \frac{a\cos\alpha}{\sin^2\alpha} \cdot \left(\tan^3\alpha - \frac{b}{a}\right).$$

그런데 $\tan^3\alpha$는 구간 $(0, 90)$에서 단조증가하며, 더욱이

$$\tan^3\alpha_0 = \frac{b}{a}$$

를 만족하는 $\alpha_0 \in (0, 90)$가 반드시 존재한다. 이때

$$f'(\alpha_0) = 0,\ f'(\alpha) < 0,\ \forall \alpha \in (0, \alpha_0)\ ;\ f'(\alpha) > 0,\ \forall \alpha \in (\alpha_0, 90).$$

그러므로 함수 $f(\alpha)$는 α_0에서 최소치를 갖는다. 한편

$$\tan\alpha_0 = \sqrt[3]{\frac{b}{a}}$$

이므로

$$\cos^2\alpha_0 = \frac{1}{1+\tan^2\alpha_0} = \frac{1}{1+\sqrt[3]{\frac{b^2}{a^2}}} = \frac{a^{2/3}}{a^{2/3}+b^{2/3}},$$

$$\sin^2\alpha_0 = 1-\cos^2\alpha_0 = \frac{b^{2/3}}{a^{2/3}+b^{2/3}}.$$

$$\therefore\ f(\alpha_0) = \frac{a}{\cos\alpha_0} + \frac{b}{\sin\alpha_0} = (a^{2/3}+b^{2/3})^{3/2}$$

따라서 복도의 한 쪽 날개에서 다른 쪽 날개로 옮길 수 있는 막대기의 최대길이는

$$l = (a^{2/3}+b^{2/3})^{3/2}$$

이다.

문제 3.3.5 한 변의 길이가 1인 정육면체 $ABCD-A_1B_1C_1D_1$가 그림 3.27에서처럼 주어졌다고 한다. 점 A에서 D로 나아가는 반직선 AD상에 $\overline{AM} = 2\sqrt{\frac{2}{5}}$를 만족하는 점 M을 잡고, $\overline{A_1B_1}$의 중점을 E, $\overline{DD_1}$의 중점을 F라 한다. 이때 비 $\frac{\overline{MP}}{\overline{PQ}}$의 최대치를 구하여라. 단, 점 P와 Q는 각각 $\overline{AE}$와 $\overline{CF}$상에 놓여있다고 한다.

풀이

먼저 $\overline{AA_1}$의 중점을 L이라 하면 $\square BCFL$은 평행사변형이다(그림 3.27 참조). $\overline{AE}$와 $\overline{BL}$의 교점을 N이라 하면 $\triangle ANL \backsim \triangle AA_1E$이므로

$$\overline{AN} = \frac{1}{\sqrt{5}}.$$

이제 $\overline{AE}$와 $\overline{CF}$상에서 임의로 점 P와 Q를 각각 잡고, 아울러 $\overline{BL}$상에 있는 점 Q_1으로 $\overline{QQ_1} // \overline{BC}$를 만족하는 것을 택한다. 이때

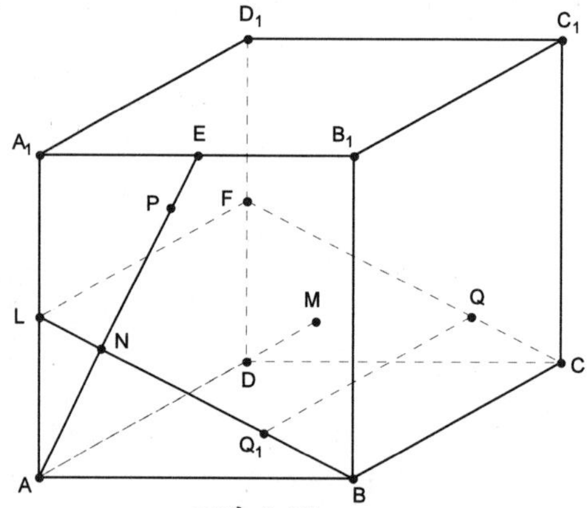

그림 3.27

$$x := \overline{AP} - \overline{AN},\ y := \overline{NQ_1}$$

이라 하면

$$\overline{PQ_1}^2 = x^2 + y^2,\ \overline{PQ}^2 = \overline{PQ_1}^2 + \overline{QQ_1}^2 = 1 + x^2 + y^2,$$

$$\overline{MP}^2 = \overline{AM}^2 + \overline{AP}^2 = \frac{8}{5} + \left(\frac{1}{\sqrt{5}} + x\right)^2.$$

$$\therefore\ \frac{\overline{MP}^2}{\overline{PQ}^2} = \frac{\frac{9}{5} + \frac{2}{\sqrt{5}}x + x^2}{1 + x^2 + y^2} \leqq \frac{\frac{9}{5} + \frac{2}{\sqrt{5}}x + x^2}{1 + x^2}$$

여기서 등호 "="가 성립하는 것은 $y = 0$, 즉 $\overline{QN} // \overline{BC}$일 때에 한한다. 물론 이 경우에 점 Q의 위치를 알 수 있다.

한편 $\overline{AN} = \frac{1}{\sqrt{5}}$, $\overline{AE} = \frac{\sqrt{5}}{2}$이므로 $x = \overline{AP} - \overline{AN}$는

$$x \in I := \left[-\frac{1}{\sqrt{5}},\ \frac{3}{2\sqrt{5}}\right]$$

을 만족한다. 그러므로 문제의 뜻에 맞는 점 P의 위치를 얻기 위해서는 함수

$$f(x) := \frac{\frac{9}{5} + \frac{2}{\sqrt{5}}x + x^2}{1 + x^2} = 1 + \frac{2}{5} \cdot \frac{2 + \sqrt{5}\,x}{1 + x^2}$$

의 구간 I에서의 최대치, 즉 함수

$$g(x) := \frac{2 + \sqrt{5}}{1 + x^2}$$

의 구간 I에서의 최대치를 구하면 된다. 그런데

$$g'(x) = \frac{\sqrt{5} - 4x - \sqrt{5}\,x^2}{(1+x^2)^2}.$$

따라서 $g'\left(\frac{1}{\sqrt{5}}\right) = 0$이며, 더욱이

$g(x)$는 구간 $\left[-\frac{1}{\sqrt{5}}, \frac{1}{\sqrt{5}}\right]$에서 단조증가하고,

$g(x)$는 구간 $\left[\frac{1}{\sqrt{5}}, \frac{3}{2\sqrt{5}}\right]$에서 단조감소한다.

그러므로 함수 $g(x)$는 $x = \frac{1}{\sqrt{5}}$에서 최대치 $g\left(\frac{1}{\sqrt{5}}\right) = \frac{5}{2}$를 갖는다. 다시 말해서 비 $\frac{\overline{MP}}{\overline{PQ}}$의 최대치는 $\sqrt{2}$이며, 이 경우의 점 P, Q의 위치는

$$\overline{NQ} // \overline{BC}, \quad \overline{AP} = 2\overline{AN} = 2\sqrt{5}$$

로 결정할 수 있다.

이미 문제 3.3.3의 첫 번째 경우에서 경험하였듯이 모든 기하학적 극치문제가 해를 갖는 것은 아니다. 다음의 문제도 이와 같은 맥락의 한 예이다.

문제 3.3.6 한 변의 길이가 1인 정육면체 $ABCD-A_1B_1C_1D_1$에서 점 M, N은 각각 $\overline{AB}$, $\overline{A_1D_1}$을 따라 다음과 같이 움직인다고 한다.
임의의 시각 $t(0 \leqq t < \infty)$에서

$$\overline{BM} = |\sin t|, \quad \overline{D_1N} = |\sin(\sqrt{2}t)|.$$

이때 $\overline{MN}$은 최소치를 갖지 않음을 보여라.

풀이

점 M, N에 관한 가정으로부터 쉽게 알 수 있듯이

$$\overline{MN} \geqq \overline{MA_1} \geqq \overline{AA_1} = 1.$$

이제 만약 어떤 시각 $t_0 \in [0, \infty)$에서 $\overline{MN} = 1$이 되었다면

$$M = A, \quad N = A_1$$

이 되므로

$$|\sin t_0| = 1,\ |\sin(\sqrt{2}\,t_0)| = 1.$$

따라서 적당한 정수 k, n에 대해서

$$t_0 = \frac{\pi}{2} + k\pi,\ \ \sqrt{2}\,t = \frac{\pi}{2} + n\pi.$$

$$\therefore\ \sqrt{2} = \frac{2n+1}{2k+1}$$

그러나 이것은 $\sqrt{2}$가 무리수라는 사실에 모순이다. 그러므로

$$\overline{MN} > 1,\ \ \forall t \in [0, \infty).$$

지금부터 $\overline{MN}$의 값이 1에 얼마든지 가깝도록 점 M과 N을 택할 수 있음을 보임으로써 이 문제의 답은 존재하지 않음을 보이기로 한다.

이를 위해서 먼저 임의의 정수 k에 대해서

$$t_k := \frac{\pi}{2} + k\pi$$

라 한다. 이때 $|\sin t_k| = 1$이므로 모든 t_k에 대해서

$$M = A.$$

그러나 시각 t_k를 적절히 택함으로써 A_1에 얼마든지 가까이 있는 점 N을 잡을 수 있음을 보일 수 있다. 다시 말해서 $|\sin(\sqrt{2}\,t)|$의 값이 얼마든지 1에 가까이 있도록 k의 값을 택할 수 있음을 Kronecker의 정리[1]를 써서 다음과 같이 보일 수 있다. $\sqrt{2}$는 무리수이므로 $\alpha = \sqrt{2}$에 대한 Kronecker의 정리를 적용한다. 이때

$$x := \frac{1-\sqrt{2}}{2}$$

와 임의의 $\delta > 0$에 대해서

$$k\sqrt{2} - n_k \in (x-\delta,\ x+\delta)$$

를 만족하는 정수 $k \geq 1$와 n_k가 존재한다. 즉, $\epsilon_k := k\sqrt{2} + \frac{\sqrt{2}}{2}\frac{-1}{2} - n_k$는

$$|\epsilon_k| < \delta$$

를 만족한다. 한편

1) α를 무리수, m은 자연수라 한다. 이때 집합 $\{m\alpha + n|n$은 임의의 정수은 실수전체의 집합 R에서 조밀(dense)하다. 즉, 어떠한 개구간($\neq \phi$)도 $m\alpha + n$의 꼴의 수를 품고 있다.

$$\sqrt{2}\left(k+\frac{1}{2}\right)=\frac{1}{2}+n_k+\epsilon_k$$

이므로

$$|\sin(\sqrt{2}\,t_k)|=\left|\sin\pi\sqrt{2}\left(k+\frac{1}{2}\right)\right|=\left|\sin\left(\frac{\pi}{2}+n_k\pi+\epsilon_k\pi\right)\right|=|\cos(\epsilon_k\pi)|.$$

더욱이

$$\delta\to 0\text{일 때 } |\cos\delta\pi)|\to 0.$$

따라서 $\overline{MN}$의 값이 얼마든지 1에 가까워지는 점 M, N을 택할 수 있으므로 최소치는 존재하지 않는다.

나의 노트

3.4 부분변분법

부분변분법이란, "어떤 다변수함수가 모든 변수에 관해서 최대(또는 최소)치를 갖는다면 변수의 어떠한 부분집합에 관해서도 최대(또는 최소)치를 갖는다"라는 지극히 간단한 원리를 이용하는 것이다. 다시 말해서 만약 함수

$$f(x_1, \cdots, x_n)$$

이 $x_1 = a_1, \cdots, x_n = a_n$에서 최대(또는 최소)치를 갖는다면, 함수

$$g(x_{k+1}, \cdots, x_n) := f(a_1, \cdots, a_k, x_{k+1}, \cdots, x_n),\ 1 \leq k < n$$

는 $x_{k+1} = a_{k+1}, \cdots, x_n = a_n$에서 최대(또는 최소)치를 갖는다는 것이다. 그런데 부분변분법은 약간 추상적으로 보이지만, 앞 절에서 이미 이 방법을 이용하여 문제를 해결한 예가 있다. 실제로

"예각삼각형 ABC에 최소인 둘레를 갖는 삼각형 MNP를 내접시키는 Schwarz의 삼각형문제(문제 3.1.3)"

를 부분변분법을 이용하여 다음과 같이 풀었다.
먼저 $\overline{AB}$상에 있는 한 점 P를 고정한 채, $\overline{BC}$상에 있는 점 M_P와 $\overline{AC}$상에 있는 점 N_P로서 $\triangle M_PN_PP$의 둘레가 최소인 것을 찾은 다음 $\triangle M_PN_PP$의 둘레의 길이가 최소인 점 P를 $\overline{AB}$상에서 찾았다.

위에서 살펴보았듯이 부분변분법은 지금 해결하려는 최대 또는 최소를 찾는 도형문제의 한 해를 미리 알고 있을 경우에 아주 유용함을 알 수 있다. 그러나 비록 해를 알지 못하더라도 부분변분법을 이용함으로써 어느 정도의 힌트와 경우에 따라서는 극치를 갖는 도형이 어떤 모양인지를 정확히 예측할 수도 있다. 예를 들어

"주어진 원에 내접하는 n다각형 중에 넓이가 최대인 n다각형을 찾는 문제"

(이 문제 및 이와 유사한 문제를 2.1절에서 보다 상세히 다룰 예정임.)를 생각해 보기로 하자. 먼저 그와 같은 조건을 만족하는 n다각형 중에 하나를

$$A_1A_2 \cdots A_n$$

이라 하고, 점 A_1, A_2, $\cdots$, A_{n-1}을 고정한 채 점 A_n만을 생각하면 A_n은 $\overset{\frown}{A_{n-1}A_1}$의 중점 A'_n과 일치할 수밖에 없음을 알 수 있다. 실제로 만약 $A_n \neq A'_n$이면

『n다각형 $A_1A_2 \cdots A_n$의 넓이』<『n다각형 $A_1A_2 \cdots A'_n$의 넓이』

이므로 이는 n다각형 $A_1A_2 \cdots A_n$의 넓이가 최대라는 사실에 모순이다(그림 3.28 참조). 이 처럼 단 한 번의 부분변분법으로 $\overline{A_1A_n} = \overline{A_{n-1}A_n}$임을 알았다. 같은 방법으로 이 다각형의 이웃하는 두 변의 길이는 서로 같을 수밖에 없으며 따라서 다각형은 정다각형임을 알 수 있다.

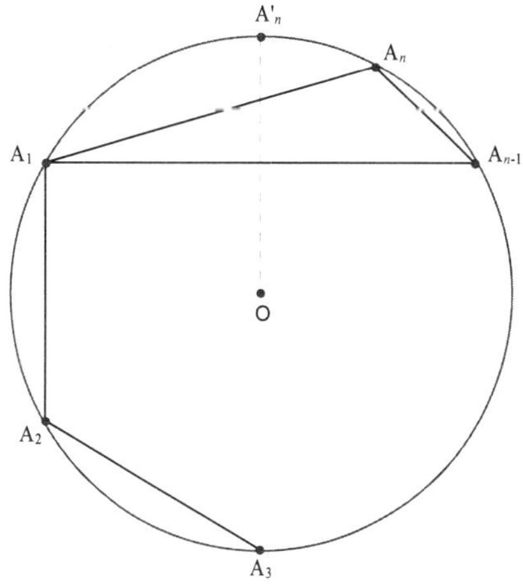

그림 3.28

그러나 이것으로 위의 문제의 완전한 해를 보였다고 말할 수는 없다. 왜냐하면 주어진 원에 내접하는 넓이가 최대인 n다각형이 존재함을 보이지 않았기 때문이다.

도형에서 최대 또는 최소를 찾는 문제에서 대부분의 경우에 극치정리(extreme value theorem)를 이용함으로써 해의 존재성을 보일 수 있지만, 우리는 다만 각 문제의 풀이과정에서 해를 구성해 가면서 부분변분법을 사용하는 방법을 택하기로 한다.

문제 3.4.1 평면상에 직선 l과 두 개의 원 k_1, k_2가 l에 관해서 같은 쪽에 주어져 있다(그림 3.29 참조). 이때 원 k_1에서 직선 l상의 한 곳을 거쳐 원 k_2로 가는 최단경로를 찾아라.

풀이

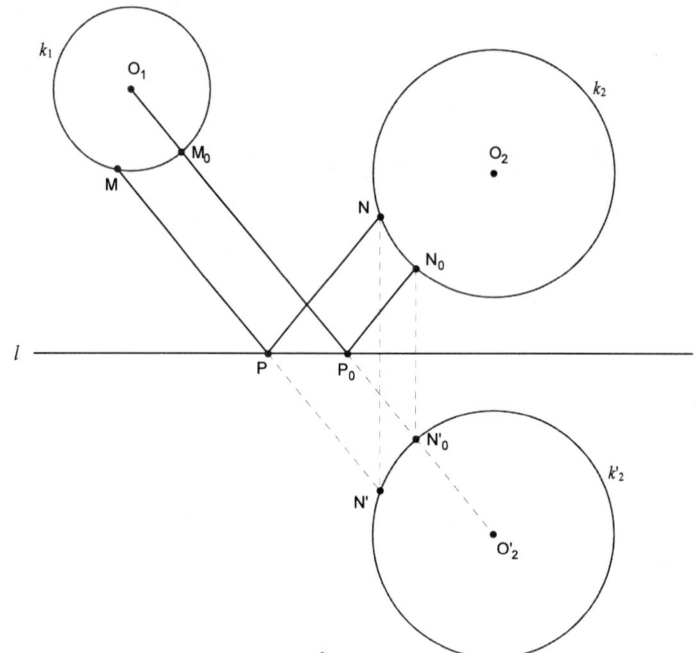

그림 3.29

원 k_1, k_2상에 각각 놓여있는 점 M, N과 직선 l상에 있는 점 P로서

$$t := \overline{MP} + \overline{PN}$$

의 값을 최소로 하는 것을 찾는 문제이다. 잠시 원 k_1, k_2상에 각각 놓여있는 점 M, N을 고정했을 때, t의 값을 최소로 하는 점 P의 위치는 직선 l과 $\overline{MN'}$의 교점으로 결정됨을 문제 3.1.1로부터 알 수 있다. 단, N'은 점 N의 직선 l에 관한 대칭점이다. 그러므로 이 문제는 원 k_1상에 있는 점 M과 원 k_2를 직선 l에 대해서 대칭이동하여 얻는 원 k'_2상의 점 N'으로 $\overline{MN'}$의 값을 최소로 하는 것을 찾는 문제로 귀착된다.

이제 원 k_1, k'_2의 중심을 각각 O_1, O'_2이라 하고 $\overline{O_1O'_2}$과 원 k_1, k'_2과의 교점을 각각 M_0, N'_0이라 하면

$$\overline{M_0 N'_0}$$

의 값이 최소임을 쉽게 알 수 있다(그림 3.29 참조). 그러므로 $\overline{M_0 N'_0}$과 직선 l의 교점 P_0를 잡고, 점 N'_0의 직선 l에 관한 대칭점 N_0를 잡아서 만든 경로 $M_0P_0N_0$가 구하고자 하는 최단경로임을 알 수 있다.

문제 3.4.2 평면상에 다각형 M이 주어졌다고 한다. 이때 M에 내접하는 삼각형 중에 다음의 각 조건을 만족하는 것을 찾아라.

(a) 꼭짓점을 M의 꼭짓점 중의 것으로 가지며 넓이가 최대인 것.

(b) 꼭짓점을 M의 꼭짓점 중의 것으로 가지며 둘레의 길이가 최대인 것.

풀이

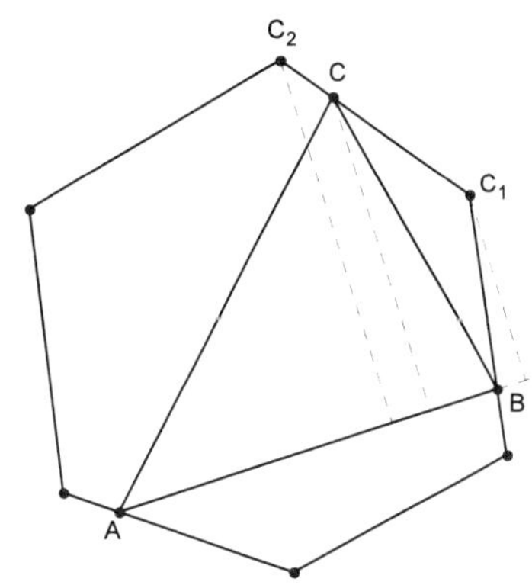

그림 3.30

(a) $\triangle ABC$를 다각형 M에 내접하는, 즉 꼭짓점 A, B, C가 M의 변위에 놓여있는 임의의 삼각형이라 한다. 이때 M의 꼭짓점 A', B', C'으로

$$\triangle ABC \leq \triangle A'B'C'$$

을 만족하는 것을 찾으면 된다.

이제 잠시 꼭짓점 A, B를 고정하고, 꼭짓점 C는 다각형 M의 변 C_1C_2 상에 놓여있다고 하자(그림 3.30 참조). 이때 점 C_1, C_2에서 $\overline{AB}$에 이르는 거리 중에 적어도 하나는 점 C에서 $\overline{AB}$에 이르는 거리보다 작지 않다. 여기서 점 C에서 $\overline{AB}$에 이르는 거리보다 작지 않는 쪽을 C'으로 나타내면

$$\triangle ABC \leqq \triangle ABC'$$

이 성립한다. 마찬가지방법으로 꼭짓점 A, C'을 고정하여

$$\triangle ABC' \leqq \triangle AB'C'$$

을 만족하는 다각형 M의 꼭짓점 B'을 찾는다. 끝으로 꼭짓점 B', C'을 고정하여

$$\triangle AB'C' \leqq \triangle A'B'C'$$

을 만족하는 다각형 M의 꼭짓점 A'을 찾는다. 이때

$$\triangle ABC \leqq \triangle A'B'C'.$$

한편 다각형 M의 꼭짓점을 꼭짓점으로 갖는 삼각형의 개수는 유한개뿐이므로 이들 중에 넓이가 최대인 것이 반드시 존재하며 이를 T라 하면, 위의 논증에 따라 T가 M에 내접하는 삼각형 중에 꼭짓점을 M의 꼭짓점 중의 것으로 하며 넓이가 최대인 것임을 알 수 있다.

(b) (a)의 경우와 같은 방법으로 증명하기 위해서 아래와 같은 보조정리를 준비한다.

보조정리 평면상에 서로 다른 4점 A, B, C, D가, 특히 C, D는 직선 AB에 대해서 같은 쪽에 놓여있다고 한다. 이때 $\overline{CD}$상의 점 X로서

$$\overline{AX} + \overline{XB}$$

의 길이를 최대로 하는 것이 존재하며, 실제로 그와 같은 성질을 만족하는 점은 C 또는 D뿐이다.

보조정리의 증명

점 C와 D를 지나는 직선을 l이라 한다.

(1) 직선 l과 $\overline{AB}$가 만나는 경우: 이 경우에 점 D가 C보다 $\overline{AB}$에 더 가까이 있다고 하자(그림 3.31 참조). 이때 $\overline{CD}$상의 점 X로서 절선 AXB의 길이가 최대인 것은 $X = C$일 때뿐임을 쉽게 알 수 있다.

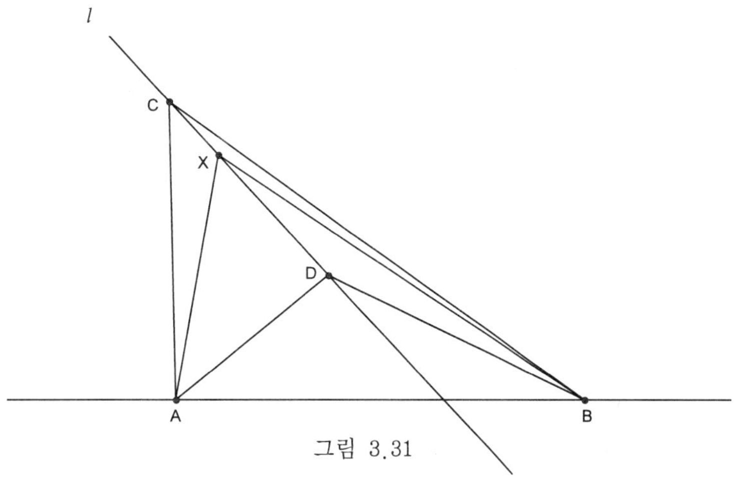

그림 3.31

(2) 직선 l과 $\overline{AB}$가 만나지 않는 경우: 이 경우에 점 B의 직선 l에 관한 대칭점을 B'이라 하면, $\overline{CD}$상의 임의의 점 X에 대해서

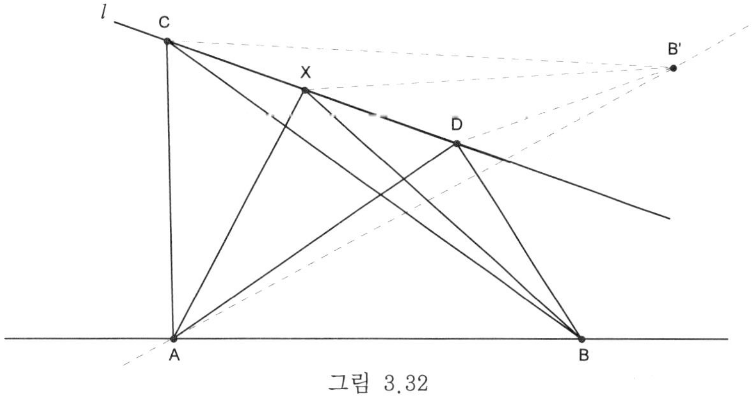

그림 3.32

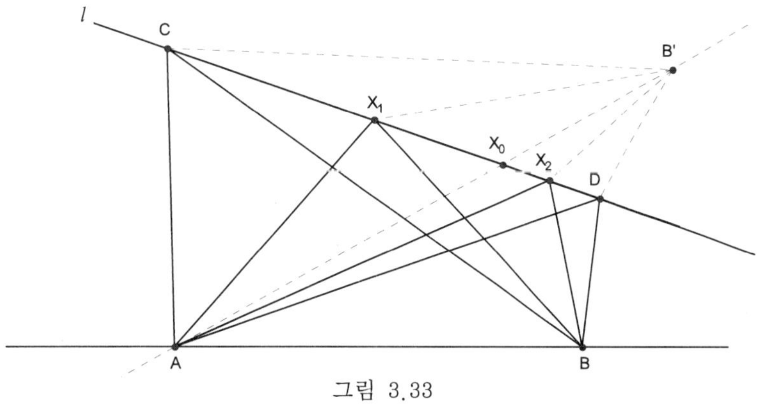

그림 3.33

$$\overline{AX}+\overline{XB}=\overline{AX}+\overline{XB'}$$

이 성립하며, 더욱이 직선 l과 $\overline{AB'}$은 만난다. 따라서 점 C, D가 직선 AB'에 대해서 같은 쪽에 있을 경우(그림 3.32 참조)에는 4점 A, B', C, D에 (1) 의 방법을 적용함으로써 우리의 결론을 얻을 수 있다. 그러나 점 C, D가 직선 AB'에 대해서 반대쪽에 있을 경우(그림 3.33 참조)에도 같은 방법으로 증명할 수 있다.

문제 3.4.2 (b)의 증명

위의 보조정리를 활용하여 (a)의 경우와 똑같은 방법으로 증명할 수 있으므로 상세한 전개과정은 생략한다.

문제 3.4.3 넓이가 S인 정n각형을 M이라 한다. 이때 M에 내접하는 삼각형 중에 넓이가 최대인 것을 찾아라.

풀이

문제 1.4.2에서 이미 살펴보았듯이 M에 내접하는 삼각형 중에 넓이가 최대인 것은 꼭짓점을 M의 꼭짓점 중의 것으로 갖는 것임을 알 수 있다.
이제 $\triangle ABC$의 넓이가 최대라 하고, 개호(즉, 양 끝점을 품지 않는 호) $\widehat{AB}$, $\widehat{BC}$, $\widehat{CA}$에 포함되는 M의 꼭짓점의 개수를 각각 p, q, r이라 한다. 이때

$$p+q+r=n-3$$

이며, 더욱이

$$|p-q| \leqq 1,\ |p-r| \leqq 1,\ |q-r| \leqq 1.$$

실제로 예컨대 $q+1<r$이면, M의 꼭짓점 C_1으로 C보다 A에 더 가까이에 있는 C 다음의 것이 존재하고, 더욱이 이 경우에 $\triangle ABC_1 > \triangle ABC$로 되어 모순이다(그림 3.34 참조). 따라서 위의 부등식이 모두 성립한다. 그러므로

$$k:=\left[\frac{n-3}{3}\right]$$ 2)

라 두면

$$p=k+\epsilon_1,\ q=k+\epsilon_2,\ r=k+\epsilon_3$$

2) [ ]는 Gauss 기호로서 $[x]$는 x를 넘지 않는 최대정수를 뜻한다.

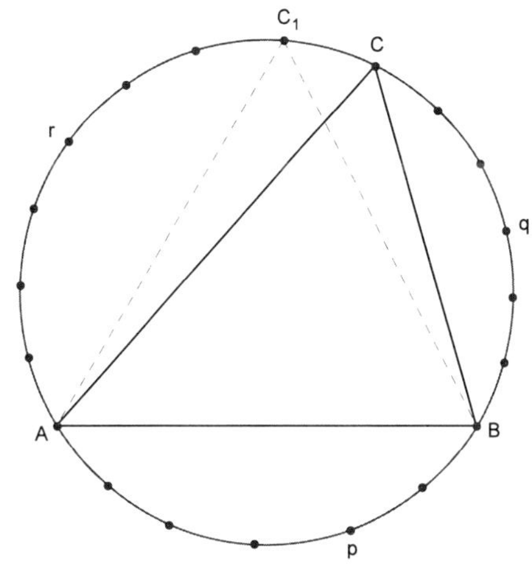

그림 3.34

로 나타낼 수 있다. 단, 여기서 ϵ_1, ϵ_2, ϵ_3는 모두 0 또는 1이며 $\epsilon_1+\epsilon_2+\epsilon_3$는 n을 3으로 나누었을 때의 나머지이다.

역으로 M은 정n각형이므로 이와 같은 p, q, r에 대한 $\triangle ABC$의 넓이가 최대임은 자명하다. 이 경우에

$$\triangle ABC = \frac{S}{n\sin\frac{2\pi}{n}} \cdot \left(\sin\frac{2(p+1)\pi}{n} + \sin\frac{2(q+1)\pi}{n} + \sin\frac{2(r+1)\pi}{n}\right)^{3)}$$

임을 쉽게 알 수 있다.

문제 3.4.4 그림 3.35에서처럼 삼면각[4]과 그 내부에 한 점 M이 주어졌다고 한다. 이때 M을 지나는 평면으로 삼면각을 잘랐을 경우에 생기는 사면체의 부피가 최소인 것을 찾아라.

풀이

그림 3.35에서처럼 점 O를 시점으로 하는 3개의 일차독립인 벡터 $\overrightarrow{OP}$, $\overrightarrow{OQ}$, $\overrightarrow{OR}$로 구성된 삼면각을 $O-PQR$로 나타내기로 한다. 이때 심면각 $O-PQR$

---

3) 정n각형 모양의 피자에서 중심각의 크기가 $\frac{2\pi}{n}$인 삼각형 모양의 피자조각의 넓이를 사인법칙을 이용하여 나타내보기로 하자.

4) 동일한 점을 시점으로 하는 3개의 일차독립인 벡터를 3면각(trihedral angle)이라 한다. 일차독립인 3개의 벡터에 의해서 3개의 평면이 생기므로 이와 같은 이름을 붙인 것이라 소개되고 있다(http://mathworld.wolfram.com 참조).

의 내부에 있는 점 M을 지나는 평면과 반직선 OP, OQ, OR과의 교점 3개를 꼭짓점으로 하는 삼각형이 생긴다. 따라서 문제 3.1.10에서 살펴보았듯이 구하고자 하는 평면은 M을 무게중심으로 갖는 삼각형이 생기는 경우의 것으로 예상할 수 있다. 그래서 우선 그와 같은 성질을 만족하는 평면 α_0부터 찾아보기로 하자.

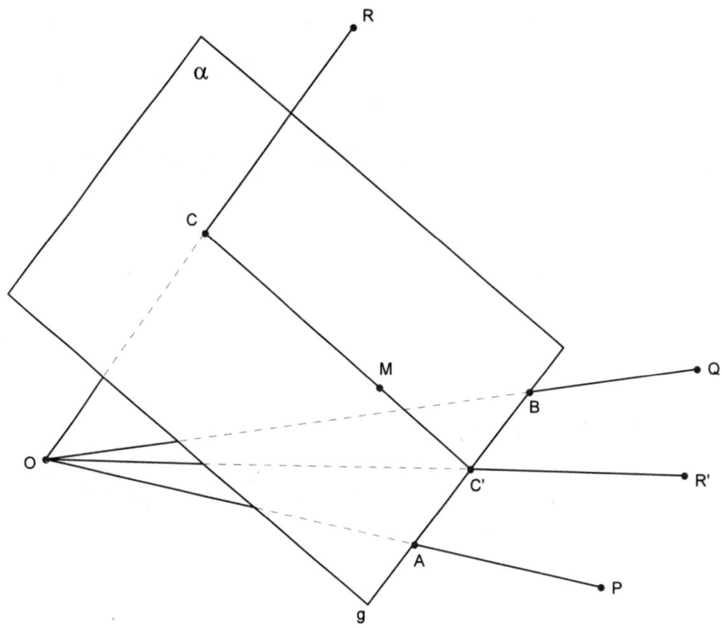

그림 3.35

먼저 $\overrightarrow{OP_1} = 3\overrightarrow{OM}$을 만족하는 점 P_1을 지나고 평면 $O-PQ$[5]에 평행인 평면이 반직선 OR과 만나는 점을 C_0라 하고, 직선 C_0M과 평면 $O-PQ$와의 교점을 C'_0이라 하면

$$\overline{C_0M} : \overline{MC'_0} = 2 : 1$$

이다. 끝으로 점 C'_0을 $\overline{A_0B_0}$의 중점으로 갖는 점 A_0와 B_0를 각각 반직선 OP와 OQ에서 잡는다(구체적인 방법은 문제 3.1.10 참조). 이때 $\triangle A_0B_0C_0$의 무게중심은 M이므로(정리 B.1 참조.) $\triangle A_0B_0C_0$를 품는 평면 α_0가 우리가 찾는 것이다.

지금부터 평면 α_0로 삼면각을 잘랐을 때 생기는 사면체의 부피가 최소임을

5) 평면 $O-PQ$는 벡터 $\overrightarrow{OP}$와 $\overrightarrow{OQ}$에 의해서 생성되는 평면을 의미한다.

문제 3.2.3을 활용하여 보이기로 한다.

이제 반직선 OR상에서 O와는 다른 임의의 점 C를 잡아 직선 CM과 평면 $O-PQ$의 교점을 C'이라 한다.

이제 C를 고정한 채, 점 M, C를 지나며 직선 OP, OQ와 만나는 임의의 평면 α를 생각한다. 또, 평면 α와 $O-PQ$의 교선을 g라 하고 g와 직선 OP, OQ의 교점을 차례로 A, B라 한다. 이때 점 C'은 직선 g위에 놓여있다. 이 경우에(점 C를 고정한 채) 생기는 사면체 $OABC$의 부피는 $\triangle OAB$의 넓이가 최소로 될 때 최소이다. 실제로 $\triangle OAB$의 넓이는 점 C'이 $\overline{AB}$의 중점일 경우에 최소임을 문제 3.1.10으로부터 알 수 있다.

지금까지 알아본 결과로부터 우리의 문제는 점 M을 지나는 다음과 같은 평면 α만을 생각하면 충분하다.

"평면 α와 직선 OR의 교점을 C라 하고 직선 CM과 평면 $O-PQ$의 교점을 C'이라 할 때, $\overline{CC'}$이 삼면각 $O-PQR$을 평면 α로 잘랐을 경우에 생기는 삼각형의 중선이 되는 것."

이제 점 M과 직선 OR을 지나는 평면과 평면 $O-PQ$의 교선을 OR'이라 한다(그림 3.35 참조). 그리고 $\phi := \angle QOP$, $\psi := \angle R'OP$라 한다. 이때 $\overline{AB}$의 중점을 C'이라 하면

$$\overline{OA}\cdot\overline{OB} = \frac{2}{\sin\phi}\triangle OAB = \frac{4}{\sin\phi}\triangle OAC' = \frac{2\sin\psi}{\sin\phi}\overline{OA}\cdot\overline{OC'}.$$

따라서

$$\overline{OB} = \frac{2\sin\psi}{\sin\phi}\overline{OC'}.$$

마찬가지로

$$\overline{OA}\cdot\overline{OB} = \frac{2}{\sin\phi}\triangle OAB = \frac{4}{\sin\phi}\triangle OC'B = \frac{2\sin(\phi-\psi)}{\sin\phi}\overline{OB}\cdot\overline{OC'}.$$

그러므로

$$\overline{OA} = \frac{2\sin(\phi-\psi)}{\sin\phi}\overline{OC'}$$

$$\therefore\ \overline{OA}\cdot\overline{OB} = \frac{4\sin\psi\sin(\phi-\psi)}{\sin^2\phi}\overline{OC'}^2$$

한편 사면체 $OABC$의 부피는 $\overline{OA} \cdot \overline{OB} \cdot \overline{OC}$에 비례하므로, 위의 등식으로부터 $\overline{OC} \cdot \overline{OC'}^2$에 비례함을 알 수 있다. 따라서 우리의 문제는 결국 점 M을 지나는 $\overline{CC'}$으로, 단 C는 직선 OR상에, C'은 직선 OR'상에 놓여있으며, $\overline{OC} \cdot \overline{OC'}^2$의 값을 최소로 하는 것을 찾는 문제로 귀착된다. 그런데 그와 같은 선분의 존재성은 이미 문제 3.2.3에서 밝혔으며, 실제로

$$\overline{CM} : \overline{MC'} = 2 : 1$$

을 만족하는 직선 CC'이 구하고자 하는 직선이다.

지금까지 살펴본 결과를 종합하면, 삼면각과 그 내부에 한 점 M이 주어졌을 때, M을 지나는 평면으로 삼면각을 잘랐을 경우에 생기는 사면체의 부피가 최소로 되는 평면 α는 일의적으로 존재하며, 실제로 α는 M을 무게중심으로 갖는 삼각형이 생기는 경우의 것이다.

문제 3.4.5 부피가 V인 모든 사면체 중에 겉넓이가 최소인 것은 정사면체임을 보여라.

풀이

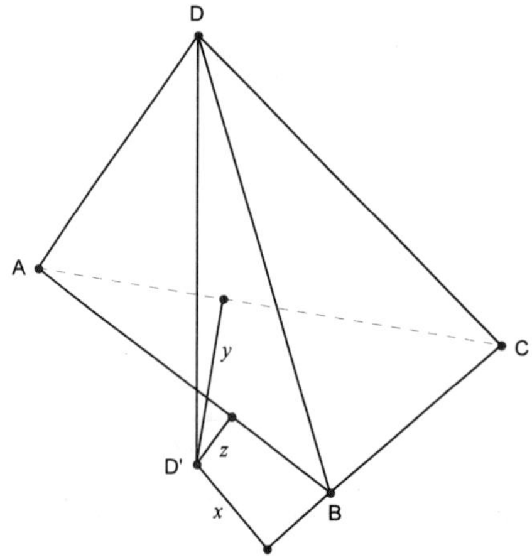

그림 3.36

먼저 $\triangle ABC$를 임의로 하나 고정하고 $\triangle ABC$를 한 면으로 하는 사면체 $ABCD$로서 $Vol(ABCD) = V$를 만족하는 것, 즉 집합

$$\{D \in R^3 | Vol(ABCD) = V\}$$

를 생각한다. 이때 이 집합의 임의의 원소 D에서 평면 ABC에 이르는 거리 h는

$$h = \frac{3V}{\triangle ABC}$$

를 만족한다. 이제 점 D의 평면 ABC에의 정사영을 D'이라 하고, D'에서 직선 BC, CA, AB에 이르는 거리를 차례로 x, y, z라 한다(그림 3.36 참조). 이때 사면체 $ABCD$의 겉넓이 S는 아래와 같이 주어진다.

$$\begin{aligned} S &= \triangle ABC + \frac{1}{2}\left(a\sqrt{h^2+x^2} + b\sqrt{h^2+y^2} + c\sqrt{h^2+z^2}\right) \\ &= \triangle ABC + \frac{1}{2}\left(\sqrt{(ah)^2+(ax)^2} + \sqrt{(bh)^2+(by)^2} + \sqrt{(ch)^2+(cz)^2}\right). \end{aligned}$$

여기서 Minkowski의 부등식을 적용하여

$$ax + by + cz \geqq 2\triangle ABC$$

(단, "="는 점 D'이 $\triangle ABC$내에 있을 경우에 한함)임을 이용함으로써

$$S \geqq \triangle ABC + \frac{1}{2}\sqrt{(ah+bh+ch)^2 + 4(\triangle ABC)^2}$$

을 얻을 수 있다. 단, 이 경우에 등호가 성립하는 것은 점 D'이 $\triangle ABC$내에 있고, 더욱이 $x = y = z$인 경우이다. 즉, 점 D'이 $\triangle ABC$의 내심일 때에 한한다. 따라서 점 D'이 $\triangle ABC$의 내심인 사면체 $ABCD$만을 생각하면 충분하다.
이제 임의로 양인 실수 S_0를 잡아 $\triangle ABC = S_0$이라 하자. 이때

$$s := \frac{1}{2}(a+b+c),\ h := \frac{3V}{S_0}$$

라 하면, D'이 $\triangle ABC$의 내심이므로 $S_0 = sx = sy = sz$. 따라서

$$S = S_0 + \sqrt{h^2 s^2 + S_0^2}.$$

한편 문제 3.2.1로부터

$$s^2 \geqq 3\sqrt{3}\, S_0$$

이며, 등호가 성립하는 것은 $\triangle ABC$가 정삼각형인 경우에 한함을 알고 있다. 그러므로

$$S \geqq S_0 + \sqrt{3\sqrt{3}\, S_0 h^2 + S_0^2} = S_0 + \sqrt{27\sqrt{3}\,\frac{V^2}{S_0} + S_0^2}$$

이며 등호가 성립하는 것은 $\triangle ABC$가 정삼각형인 경우에 한한다.
따라서 부피가 V이고 밑면이 정삼각형인 사면체 $ABCD$만을 생각하면 충분함을 알 수 있다.

이제 그와 같은 사면체에서 밑면과 한 옆면이 이루는 각의 크기를 α라 하고 겉넓이 S를 최소로 하는 α의 값을 찾기로 한다. 한편 사면체의 내심에서 각 면에 이르는 거리를 r이라 할 때

$$S=\frac{3V}{r}$$

이므로, 이는 r의 값이 최대인 경우를 찾는 것과 동치이다. 한편 $a:=\overline{AB}$라 할 때

$$r=\frac{a\sqrt{3}}{6}\tan\frac{\alpha}{2}$$[6)]

이며,

$$3V=hS_0=\frac{ha^2\sqrt{3}}{4},\quad h=\frac{a\sqrt{3}}{6}\tan\alpha=\frac{a\sqrt{3}}{6}\frac{2\tan(\alpha/2)}{1-\tan^2(\alpha/2)}$$

이다. 따라서

$$3V=\frac{a^3\tan(\alpha/2)}{4(1-\tan^2(\alpha/2))}.$$

$$\therefore\ r^3=\frac{a^3}{24\sqrt{3}}\tan^3\frac{\alpha}{2}=\frac{V}{2\sqrt{3}}\tan^2\frac{\alpha}{2}\left(1-\tan^2\frac{\alpha}{2}\right)\leqq\frac{V}{8\sqrt{3}}.$$

단, 등호는 $\tan^2\frac{\alpha}{2}=\frac{1}{2}$일 때, 즉

$$\cos\alpha=\frac{1-\tan^2\frac{\alpha}{2}}{1+\tan^2\frac{\alpha}{2}}=\frac{1}{3}$$

일 경우에 성립한다. 다시 말해서 사면체 $ABCD$의 임의의 옆면의 꼭짓점 D에서 잰 높이가 $\frac{a\sqrt{3}}{2}$인 경우에 등호가 성립하므로, 이는 사면체의 모서리의 길이가 모두 a, 즉 사면체 $ABCD$가 정사면체임을 뜻한다[7)].

6) 사면체 $ABCD$의 내심(내접하는 구의 중심) I에서 각 면에 내린 수선의 발은 대응하는 면(삼각형)의 수심이다(삼수선의 정리를 활용할 것). 특히 정삼각형 ABC에 내린 수선의 발H는 $\triangle ABC$의 무게중심과 일치한다. 따라서 직선 CH와 $\overline{AB}$의 교점을 E라 하면

$$\overline{HE}=\frac{1}{3}\overline{CE}=\frac{1}{3}\frac{\sqrt{3}}{2}a=\frac{\sqrt{3}}{6}a.$$

더욱이 $\angle IEH=\frac{\alpha}{2}$이므로 $r=\frac{a\sqrt{3}}{6}\tan\frac{\alpha}{2}$.

7) 사면체 $ABCD$의 옆면의 꼭짓점 D에서 잰 높이가 모두 $\frac{a\sqrt{3}}{2}$인 경우에 사면체 $ABCD$는 등적사면체가 되므로, 따라서 등면사면체이다. 그런데 사면체 $ABCD$의 한 면, 예컨대 $\triangle ABC$는 정삼각형이므로 이 사면체는 정사면체이다.

지금까지 알아본 바를 종합하면 부피가 V이고 겉넓이가 S인 임의의 사면체에 대해서

$$S=\frac{3V}{r}\geq\frac{3V}{\sqrt[3]{\frac{V}{8\sqrt{3}}}}=6\sqrt[6]{3}\,V^{\frac{2}{3}}$$

이며, 특히 등호가 성립하는 것은 정사면체인 경우에 한함을 알 수 있다.

나의 노트

3.5 접선원리

이 절에서는 도형에서의 극치문제를 평면(resp. 공간)상에서 정의된 함수의 등위선(level curve) (resp. 등위면(level surface))을 이용하여 해결하는 방법을 소개하려한다.

문제 3.5.1 평면상에 직선 l과 두 점 A, B가 l에 관해서 같은 쪽에 주어져 있다. 이때 l상에 있는 점 M으로서 $\angle AMB$의 크기가 최대인 것을 찾아라.

풀이

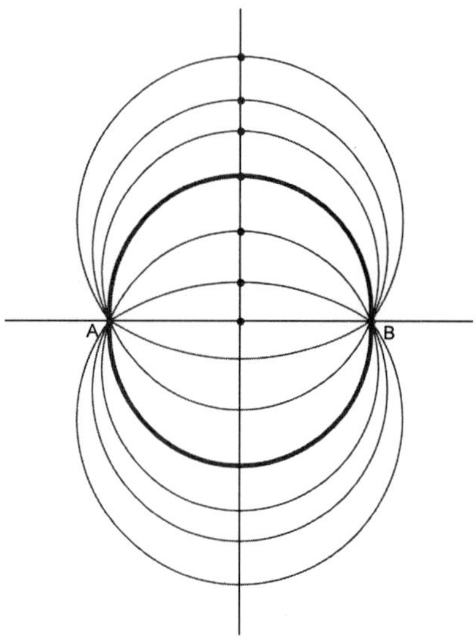

그림 3.37

$\angle AMB$의 크기가 일정 ϕ로 되는 점 M의 자취는 $\overline{AB}$를 현으로 그 위에 선 원주각의 크기가 ϕ인 활꼴의 $\widehat{AB}$와, 직선 AB에 관한 $\widehat{AB}$의 대칭호의 합집합이다(그림 3.37 참조).

이제 서로 다른 모든 ϕ의 값에 대응하는 호를 만들면, 직선 AB상의 점을 제외한, 평면상의 모든 점을 이들 호로서 덮을 수 있다. 물론 직선 l상의 각 점을 지나는 호도 있으므로, 결국 이 문제는 $\overline{AB}$를 현으로 하는 활꼴의 호로서 직선 l과 만나는 것 중에 ϕ의 값이 최대인 것을 찾는 문제로 귀착된다.

지금부터 이 문제를 다음과 같이 두 가지 경우로 나누어 풀어나가기로 한다.

(1) 직선 AB와 l이 만나는 경우:

직선 AB와 l의 교점을 C라 하고, l을 C를 시점으로 하는 두 개의 반직선 l_1과 l_2로 나누어 생각한다. 이제 그림 3.38에서처럼 점 A, B를 지나고 반직선 l_1에 접하는 호[8]를 γ_1이라 하고, 그 접점을 M_1이라 한다. 이 때 원 γ_1은 점 A, B를 지나고 반직선 l_1과 만나는 원 중에 반지름의 길이가 가장 짧은 것이다. 그러므로 반직선 l_1상의, M_1과 다른, 임의의 점 M에 대해서

$$\angle AMB < \angle AM_1B$$

가 성립한다. 마찬가지로 점 A, B를 지나고 반직선 l_2에 접하는 호를 γ_2라 하고 접점을 M_2라 하면, 반직선 l_2상의, M_2와 다른, 임의의 섬 M에 대해서

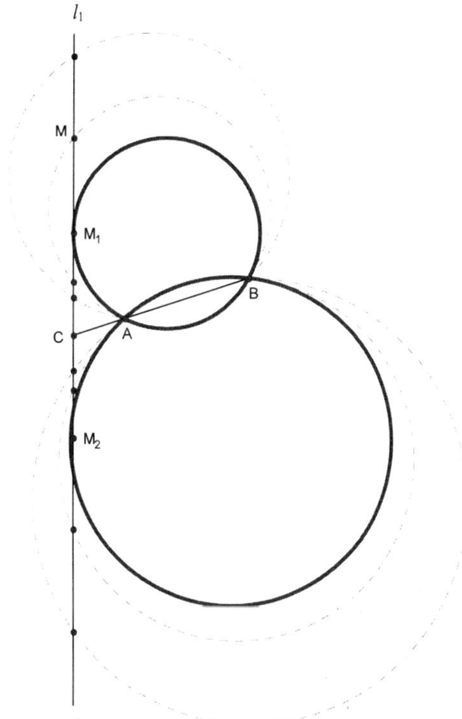

그림 3.38

8) 두 점 A, B를 지나고 직선 l에 접하는 원(Apollonius의 문제)이 그림 3.38에 보이지만, 여기서 보인 그림은 기존의 작도방법으로 GSP를 이용하여 그린 것이다.

$$\angle AMB < \angle AM_2B.$$

따라서 $\angle ACM_1$과 $\angle ACM_2$중에 어느 것이 예각이냐에 따라 M_1 또는 M_2를 택함으로써 우리의 문제를 해결할 수 있다. 점 M_1과 M_2는 등식

$$\overline{CM_1}^2 = \overline{CM_2}^2 = \overline{CA} \cdot \overline{CB}$$ [9)]

를 만족함을 유의하기 바란다.

(2) $l // \overline{AB}$인 경우:

이 경우에 직선 l에 접하는 호는 단 하나뿐이며, 접점은 $\overline{AB}$의 수직이등분선과 l의 교점 M이다(그림 3.39 참조).

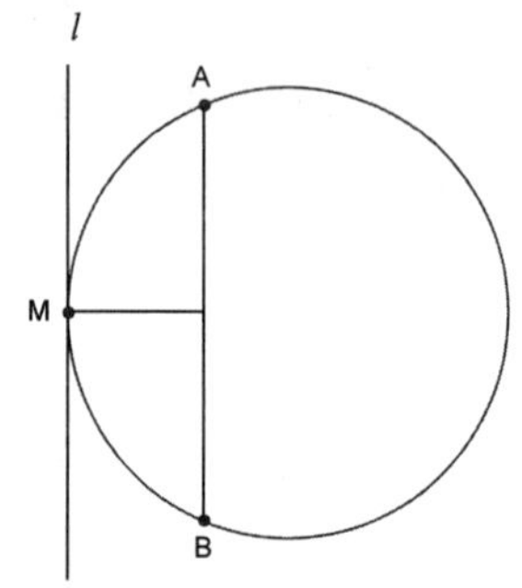

그림 3.39

위의 문제에서 가장 중요한 점은 무엇이었는지를 살펴보기로 하자. 우리는 먼저 직선 l상의 점뿐만이 아니라 l밖에 있는 점까지, 다시 말해서 평면상에 놓여있는 모든 점 M에 대해서 정의된 함수

$$f(M) := \angle AMB$$

를 생각하여, 이 함수의 거동을 함수치가 같아지는 호-이를 함수 $f(M)$의 등치선(level curve)이라 부르기로 함-를 이용하여 조사했다. 일반적으로 임의의 실수 λ에 대해서 함수 $f(M)$의 정의역 내에 있는 점 M으로서 $f(M) = \lambda$를 만족하는 것을 모두 모은 집합, 즉

$$L_\lambda := \{M \mid f(M) = \lambda\}$$

가 함수 $f(M)$의 등위선이다.

위의 문제 3.5.1을

"함수 $f(M) = \angle AMB$의 직선 l상에서의 최대치를 구하여라."

9) 직각삼각형에서의 Pythagoras의 정리의 한 증명방법에 활용되고 있는 Euclid의 정리임.

라 고쳐 말했을 때, 그 답은

"$f(M)$의 최대치는 $f(M)$의 직선 l에 접하는 등위선상의 접점에서 일어난다."

고 말할 수 있다. 보다 일반적으로 다음과 같은 접선원리가 성립한다.

▌ 접선원리(Tangency Principle) ▌

평면상에서 정의된 함수 $f(M)$의 주어진 평면곡선 L상에서의 최대(또는 최소)치는 L에 접하는 $f(M)$의 등위선상의 접점에서 일어난다.

실제로 만약 함수 $f(M)$의 L상에서의 최대치가 점 $P \in L$에서 일어나고 그 값은 $f(P) = c$이면

$L \cap \{M \mid f(M) > c\} = \phi$

이다. 따라서

$L \subset \{M \mid f(M) \leq c\}$.

그러므로 L은 $f(M)$의 등치선 $L_c := \{M \mid f(M) = c\}$와 점 P에서 교차할 수 없다. 즉, L은 점 P에서 L_c에 접할 수밖에 없다.

지금부터 도형에 관한 극치문제 중에 접선원리를 이용하여 해결할 때 자주 보이는 몇 가지 함수의 등위선을 소개하기로 한다.

보기 1 평면상의 주어진 두 점 A, B에 대해서 함수 $f(M) := \angle AMB$을 생각한다. 이때 임의의 ϕ, $0 < \phi < 180°$ 에 대한 $f(M)$의 등위선 L_ϕ는 $\overline{AB}$를 현으로 그 위에 선 원주각의 크기가 ϕ인 활꼴의 $\widehat{AB}$와, 직선 AB에 관한 $\widehat{AB}$의 대칭호의 합집합이다(그림 3.40 참조).

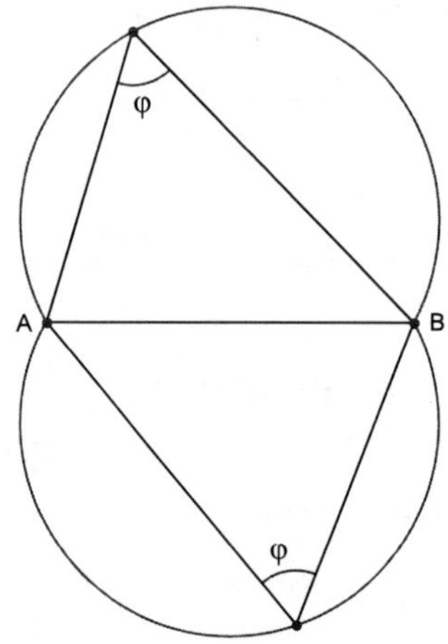

그림 3.40

보기 2 평면상의 한 점 O를 고정하고 임의의 점 M에 대해서 $f(M) := \overline{OM}$으로 정의한 함수 $f(M)$을 생각한다. 이때 임의의 양인 실수 r에 대한 함수 $f(M)$의 등위선 L_r은 점 O를 중심으로 반지름의 길이가 r인 원이다.

보기 3 평면상의 두 점 A, B로부터 거리의 제곱 합으로 정의한 함수

$$f(M) := \overline{AM}^2 + \overline{BM}^2$$

의, 임의의 실수 $r > \frac{1}{2}\overline{AB}^2$에 대한, 등위선 L_r은 $\overline{AB}$의 중점 O를 중심으로 하는 원이다(그림 3.41 참조). 특히 $\overline{AO}^2 + \overline{BO}^2 = \frac{1}{2}\overline{AB}^2$임을 상기할 것.

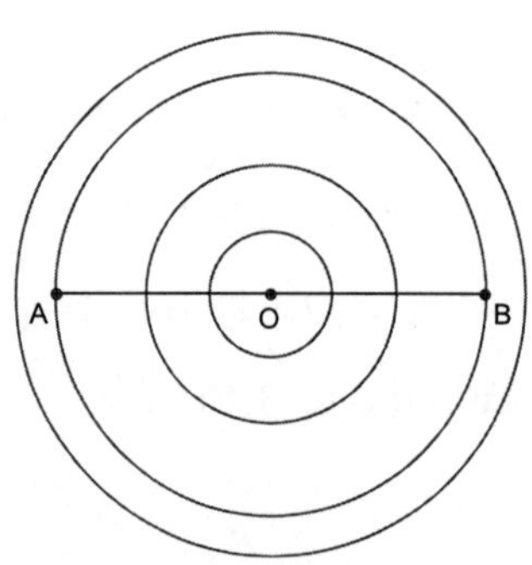

그림 3.41

보기 4 평면상의 주어진 두 점 A, B에 대해서 $f(M) := \overline{AM}^2 - \overline{BM}^2$이라 한다. 이때 함수 $f(M)$의 임의의 등위선은 $\overline{AB}$에 수직인 직선이다(그림 3.42 참조).

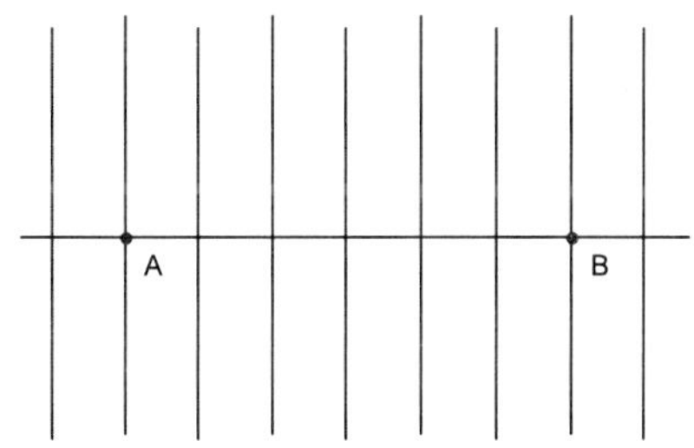

그림 3.42

보기 3 과 보기 4 는 다음과 같이 보다 일반화할 수 있다.
평면상의 점 A_1, A_2, $\cdots$, A_n과 실수 λ_1, λ_2, $\cdots$, λ_n을 이용하여 정의한 함수

$$f(M) := \lambda_1 \overline{MA_1}^2 + \lambda_2 \overline{MA_2}^2 + \cdots + \lambda_n \overline{MA_n}^2$$

를 생각한다.

정리

(a) $\lambda_1 + \lambda_2 + \cdots + \lambda_n \neq 0$이면 임의의 실수 μ에 대한 함수 $f(M)$의 등위선 L_μ는 원, 점, 또는 공집합이다.

(b) $\lambda_1 + \lambda_2 + \cdots + \lambda_n = 0$이면 L_μ는 직선, 평면전체, 또는 공집합이다.

증명 평면상에 직교좌표계 $O-xy$를 도입하여

$M = (x, y)$, $A_i = (x_i, y_i)$ $(i = 1, 2, \cdots, n)$

라 하면 $M \in L_\mu$일 필요충분조건은

$$\lambda_1\{(x-x_1)^2 + (y-y_1)^2\} + \cdots + \lambda_n\{(x-x_n)^2 + (y-y_n)^2\} = \mu \quad \cdots(1)$$

이다. 이제

$$\lambda := \lambda_1 + \cdots + \lambda_n,\ a := \lambda_1 x_1 + \cdots + \lambda_n x_n,\ b := \lambda_1 y_1 + \cdots + \lambda_n y_n,$$

$$c := \lambda_1(x_1^2 + y_1^2) + \cdots + \lambda_n(x_n^2 + y_n^2) - \mu$$

라 두면 등식 (1)은 다음과 같이 변형된다.

$$\lambda x^2 + \lambda y^2 - 2ax - 2by + c = 0 \quad \cdots(2)$$

여기서 만약 $\lambda \neq 0$이면 등식 (2)는 다음과 같이 고쳐 쓸 수 있다.

$$\left(x-\frac{a}{\lambda}\right)^2+\left(y-\frac{b}{\lambda}\right)^2=\frac{a^2+b^2-\lambda c}{\lambda^2}$$

따라서

① $a^2+b^2-\lambda c>0$이면 등위선 L_μ는 중심이 $G\left(\frac{a}{\lambda}, \frac{b}{\lambda}\right)$인 원

② $a^2+b^2-\lambda c=0$이면 등위선 L_μ는 한 점 $G\left(\frac{a}{\lambda}, \frac{b}{\lambda}\right)$

③ $a^2+b^2-\lambda c<0$이면 등위선 L_μ는 공집합

만약 $\lambda=0$이면 등식 (2)로부터 다음을 말할 수 있다.

①' $a^2+b^2>0$이면 등위선 L_μ는 직선

②' $a=b=c=0$이면 등위선 L_μ는 평면전체

③' $a=b=0,\ c\neq 0$이면 등위선 L_μ는 공집합

참고

공간상의 점 $A_1, A_2, \cdots, A_n$과 실수 $\lambda_1, \lambda_2, \cdots, \lambda_n$을 이용하여 정의한 함수

$$f(M):=\lambda_1\overline{MA_1}^2+\lambda_2\overline{MA_2}^2+\cdots+\lambda_n\overline{MA_n}^2$$

에 대해서도 위의 정리와 같은 방법으로 다음과 같은 결과를 얻을 수 있다.

(a) $\lambda_1+\lambda_2+\cdots+\lambda_n\neq 0$이면 임의의 실수 μ에 대한 함수 $f(M)$의 등위면 L_μ는 구, 점, 또는 공집합이다.

(b) $\lambda_1+\lambda_2+\cdots+\lambda_n=0$이면 L_μ는 평면, 공간전체, 또는 공집합이다.

위의 정리에서 특히 $\lambda_1=\cdots=\lambda_n=1$인 경우에 다음과 같은 공식이 성립한다.

▌Leibniz의 공식 ▌

평면(또는 공간)상에 주어진 점집합 $\{A_1, A_2, \cdots, A_n\}$의 무게중심(centroid)[10]을 G라 한다. 이때 평면(또는 공간)상의 임의의 점 M에 대해서 다음의 등식이 성립한다.

$$\overline{MA_1}^2+\overline{MA_2}^2+\cdots+\overline{MA_n}^2=n\overline{MG}^2+\overline{GA_1}^2+\overline{GA_2}^2+\cdots+\overline{GA_n}^2.$$

10) 점집합 $\{A_1, A_2, \cdots, A_n\}$의 무게중심 G는 $\overrightarrow{GA_1}+\overrightarrow{GA_2}+\cdots+\overrightarrow{GA_n}=0$를 만족하는 유일한 점을 말한다. 위의 정리에서의 기호로 무게중심 G의 좌표를 나타내면

$$G((x_1+\cdots+x_n)/n,\ (y_1+\cdots+y_n)/n).$$

보기 5 평면(또는 공간)상에 주어진 점집합 $\{A_1, A_2, \cdots, A_n\}$의 무게중심을 G, μ를 임의의 실수라 한다. 이때 함수

$$f(M):=\overline{MA_1}^2+\overline{MA_2}^2+\cdots+\overline{MA_n}^2$$

의 등위선(또는 등위면) L_μ는 G를 중심으로 하는 원(또는 구), 한 점 G 또는 공집합이다.

보기 6 평면상에 서로 만나는 두 직선 l_1, l_2에 대해서, 임의의 점 M에서 직선 $l_i(i=1, 2)$에 이르는 거리를 $d(M, l_i)$로 나타내기로 한다. 이때 함수

$$f(M):=d(M, l_1)+d(M, l_2)$$

의 등위선 L_c(c는 양인 실수)는 l_1과 l_2를 대각선으로 하는 직사각형의 둘레이다.

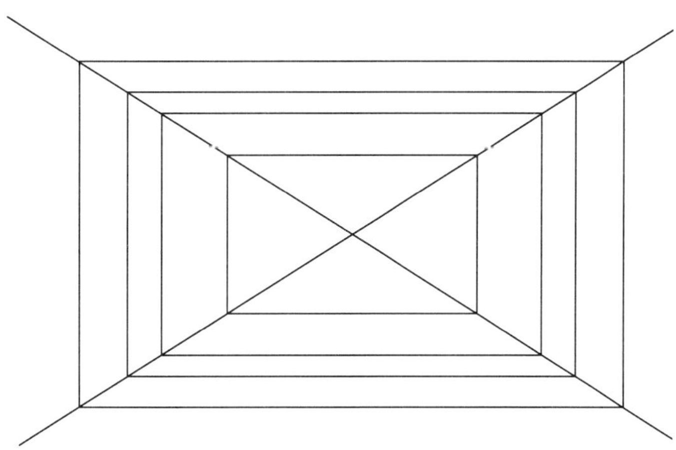

그림 3.43

보기 6 은 이등변삼각형의 밑변위에 놓여있는 임의의 점에서 남은 두 변에 이르는 거리의 합은 일정함을 이용하여 쉽게 얻을 수 있다. 실제 아래의 그림과 같은 이등변삼각형 $ABC(\overline{AB}=\overline{AC})$의 밑변 BC위에 있는 임의의 두 점 M_1, M_2에서 변 AB, AC에 내린 수선을 발을 각각

$$P_1,\ Q_1\ ;\ P_2,\ Q_2$$

라 하면 점 M_1, M_2에서 변 AB, AC에 이르는 거리의 합은 각각 다음과 같다.

$$\overline{M_1P_1}+\overline{M_1Q_1}\ ;\ \overline{M_2P_2}+\overline{M_2Q_2}.$$

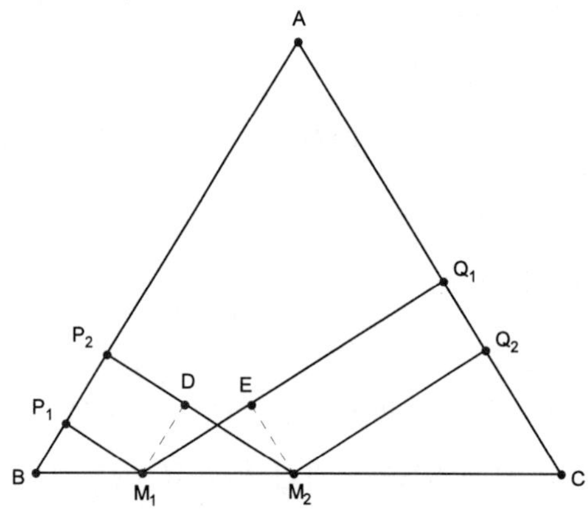

그림 3.44

이제 점 M_1, M_2에서 선분 M_2P_2, M_1Q_1에 내린 수선의 발을 각각 D, E라 하면

$$\angle DM_1M_2 = \angle ABC = \angle ACB = \angle EM_2M_1.$$

따라서

$$\triangle DM_1M_2 \equiv \triangle EM_2M_1.$$

$$\therefore \overline{DM_2} = \overline{EM_1}$$

그러므로 $\overline{M_1P_1} + \overline{M_1Q_1} = \overline{M_2P_2} + \overline{M_2Q_2}$. 즉, 이등변삼각형의 밑변위에 놓여있는 임의의 점에서 남은 두 변에 이르는 거리의 합은 일정하다.

보기 7 평면상에 있는 두 점 A, B에 대해서 다음과 같은 두 개의 함수

$$f(M) := \overline{AM} + \overline{BM}, \qquad g(M) := |\overline{AM} - \overline{BM}| = \overline{AM} \sim \overline{BM}$$

(단, "~"는 차를 뜻함.)를 생각한다. 이때 함수 $f(M)$의 등위선을 타원, $g(M)$의 등위선을 쌍곡선이라 하고, 두 점 A, B를 이들 곡선의 초점이라 한다. 타원과 쌍곡선에서 직선 AB와 $\overline{AB}$의 수직이등분선은 모두 이들 곡선의 대칭축이 된다. 특히 평면상에 직선 AB를 x축으로, $\overline{AB}$의 수직이등분선을 y축으로 하는 직교좌표계를 설정하면 이 좌표계에 관해서 $A(-c, 0)$, $B(c, 0)$로 둘 수 있으며, 타원 L_{2a}의 경우

$$b^2 := a^2 - c^2$$

이라 하면 L_{2a}의 방정식은

$$\frac{x^2}{a^2} + \frac{y^2}{b^2} = 1.$$

쌍곡선 L_{2a}의 경우에는

$$b^2 := c^2 - a^2$$

이라 하면 L_{2a}의 방정식은

$$\frac{x^2}{a^2} - \frac{y^2}{b^2} = 1.$$

타원과 쌍곡선에 관한 재미있는 문제 대부분에 이들 곡선의 접선에 관한 다음과 같은 성질이 연관되어 있다.

▮ 초점성질 ▮

평면상의 두 점 A, B를 초점으로 하는 타원(쌍곡선)상의 임의의 점 M에서의 접선이 선분 MA, MB와 이루는 각의 크기는 서로 같다.

쌍곡선 h 의 방정식을 $\frac{x^2}{a^2} - \frac{y^2}{b^2} = 1$이라 할 때, 직선

$$l_1 : y = \frac{b}{a}x,\ l_2 : y = -\frac{b}{a}x$$

를 h의 점근선이라 한다. 쌍곡선의 점근선과 관련된 재미있는 몇 가지 성질이 Appendix C에 소개되어 있으므로 참조하기 바란다.

지금부터 접선원리를 이용하여 풀 수 있는 극치문제 몇 가지를 소개하고자 한다.

문제 3.5.2 평면상에 직선 l과 한 점 O가 주어져 있다. 이때 l상의 점 M으로서 $\overline{OM}$의 값이 최소인 것을 찾아라.

풀이

이 문제는 직선 l상의 임의의 점 M에 대해서 정의된 함수

$$f(M) := \overline{OM}$$

의 최소치를 구하면 된다. 그런데 함수 $f(M)$의 등위선은 점 O를 중심으로 하는 동심원이다(그림 3.45 참조). 이때 직선 l에 접하는 등위선의 접점 M_0가 이 문제의 답이다. 실제로 M_0는 점 O에서 직선 l에 내린 수선의 발이다.

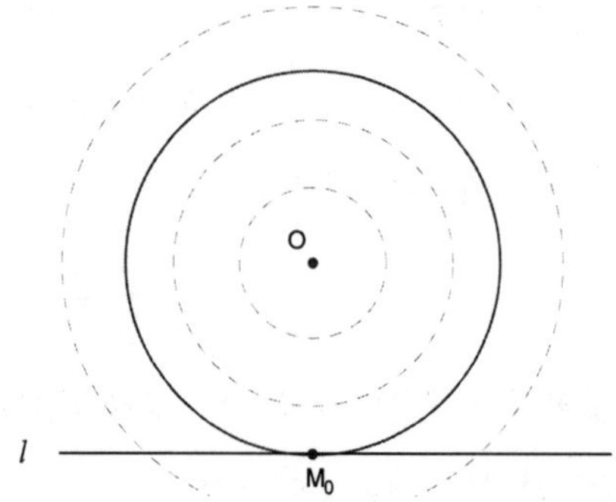

그림 3.45

참고

평면상에 곡선 L과 한 점 O가 주어졌을 때, 문제 3.5.2의 일반화로 점 O에 가장 가까이 있는 L상의 점 M을 찾는 문제를 생각할 수 있다. 이 문제의 답은, 곡선 L상의 점 M_0로서 조건

"$\overline{OM_0}$가 M_0에서의 곡선 L의 접선에 수직"

을 만족하는 것임을 쉽게 알 수 있다.

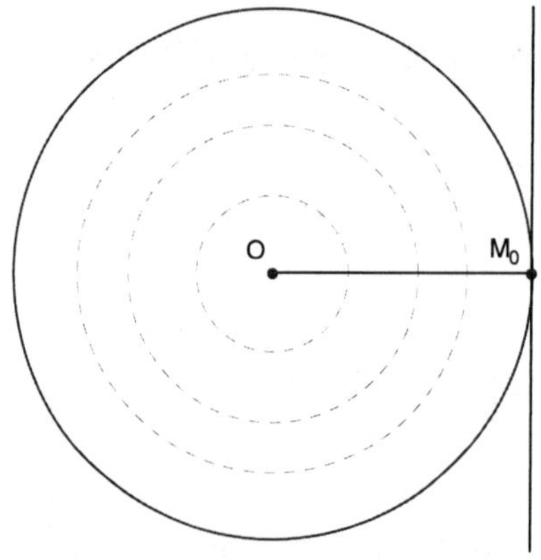

그림 3.46

그러나 만약 곡선 L이 첨점(미분가능이 아닌 점)을 갖는다면 그와 같은 점에서는 접선이 정의되지 않기 때문에

"등위선이 점 M_0에서 L과 만날 때"

라는 표현을 쓸 수밖에 없다. 더욱이, 예컨대 L이 삼각형, 원, 또는 타원인 경우에서처럼, 답 M_0가 반드시 일의적으로 존재하는 것은 아니다.

문제 3.5.3 $\triangle ABC$의 외접원상에 있는 점 M으로서 함수

$$f(M) := \overline{MA}^2 + \overline{MB}^2 + \overline{MC}^2$$

의 값이 (a) 최소, (b) 최대인 것을 각각 찾아라.

풀이

보기 5 에서 이미 알아보았듯이 임의의 실수 $\lambda > 0$에 대한 함수 $f(M)$의 등위선 L_λ는 $\triangle ABC$의 무게중심 G를 중심으로 하는 원이다.

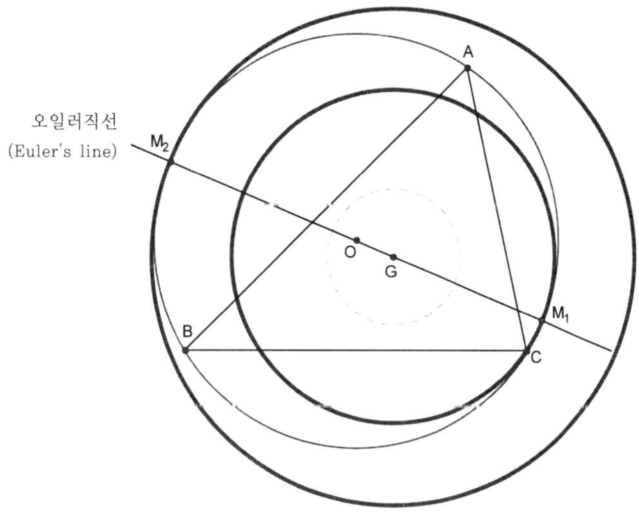

그림 3.47

$\triangle ABC$의 외심을 O라 할 때, 만약 $\triangle ABC$가 정삼각형이 아니면 $O \neq G$[11]. 이때 직선 OG[12]와 $\triangle ABC$의 외접원과의 교점을 M_1, M_2라 하면, $f(M)$의 한 등위선이 $\triangle ABC$의 외접원에 접하는 접점이 M_1, M_2이다. 그림 3.47에서처럼 G가 O와 M_1사이에 있다면, 접선원리에 따라

(a) 함수 $f(M)$은 $M = M_1$에서 최소치

(b) $M = M_2$에서 최대치를 각각 갖는다.

만약 $\triangle ABC$가 정삼각형이면 $G = O$이므로, $\triangle ABC$의 외접원 자체가 함수 $f(M)$의 한 등위선이다. 따라서 $f(M)$의 값은 $\triangle ABC$의 외접원상에서 일정하다.

---

11) $\triangle ABC$가 정삼각형일 필요충분조건은 $O = G$이다.

12) $\triangle ABC$의 외심 O, 무게중심 G, 9점원의 중심 K, 수심 H는 이 순서로 한 직선위에 놓여있으며, 이 직선을 Euler's line이라 한다.

참고

문제 3.5.3에서 $\triangle ABC$의 세 변의 길이를 a, b, c라 하고, 외접원의 반지름의 길이를 R이라 할 때, Leibniz의 공식에 따라 함수 $f(M)$의 최소치 $f(M_1)$과 최대치 $f(M_2)$를 다음과 같이 구체적으로 나타낼 수 있다[13].

$$f(M_1)=\frac{1}{3}(a^2+b^2+c^2)+3\left(R-\sqrt{R^2-\frac{a^2+b^2+c^2}{9}}\right)^2,$$

$$f(M_2)=\frac{1}{3}(a^2+b^2+c^2)+3\left(R+\sqrt{R^2-\frac{a^2+b^2+c^2}{9}}\right)^2.$$

문제 3.5.4 $\square ABCD$는 $\overline{AB}//\overline{CD}$인 사다리꼴이라 한다. 이때 $\square ABCD$의 내부 또는 둘레상의 점 M으로서 $\square ABCD$의 각 변에 이르는 거리의 합이 (a) 최소 (b) 최대인 것을 찾아라.

풀이

직선 AD, BC를 각각 l_1, l_2로 나타내고 그들의 교점을 O라 한다(그림 3.48 참조).

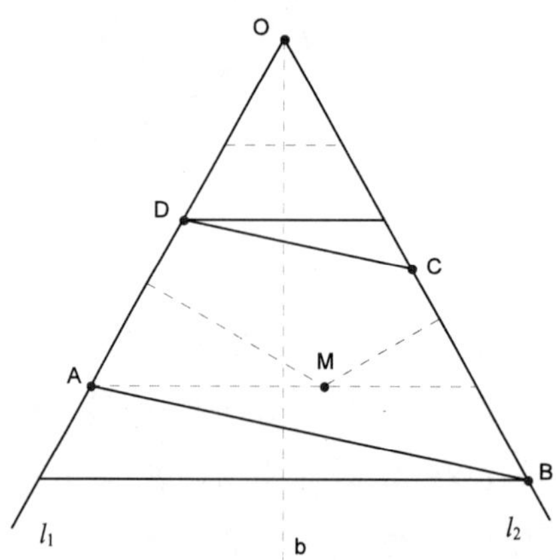

그림 3.48

한편 $\overline{AB}//\overline{CD}$이므로 점 M에서 $\overline{AB}$, $\overline{CD}$에 이르는 거리의 합은 일정하다. 따라서 함수

13) $\triangle ABC$의 수심을 H, 변 BC의 중점을 M이라 하면
$\overline{OH}^2=R^2(1-8\cos A\cos B\cos C)=9R^2-(a^2+b^2+c^2)$,
$\overline{AM}=\frac{1}{2}\sqrt{2b^2+2c^2-a^2}$ 임을 활용할 것.

$$f(M) := d(M, l_1) + d(M, l_2)$$

의 값이 최소 또는 최대로 되는 점 M을 찾으면 된다. 보기 6으로부터 함수 $f(M)$의 등위선은 $\angle AOB$의 이등분선 b에 수직인 선분임을 알고 있다. 따라서 사다리꼴 $ABCD$의 내부 또는 둘레상의 점 M_1(또는 M_2)으로서 $\angle AOB$의 이등분선 b에 가장 가까이 (또는 멀리)있는 점에서 $f(M_1)$(또는 $f(M_2)$)의 값은 최소(또는 최대)가 된다. 만약 $\overline{AD} \leqq \overline{BC}$이면

$$M_1 = D, \ M_2 = B$$

이다.

이제까지 다룬 극치문제에서의 함수는 평면상의 점을 변수로 하는 것이었지만, 지금부터 변수가 직선인 함수로 주어지는 극치문제를 다루어 보기로 한다.

문제 3.5.5 평면상에 $\angle POQ$와 그 내부에 곡선 L이 주어졌다고 한다. 이때 곡선 L의 접하는(보다 일반적으로 만나는) 직선으로, 더욱이 이 직선으로 $\angle POQ$를 잘랐을 때 생기는 삼각형의 넓이가 최소(또는 최대)로 되는 것을 찾아라.

풀이

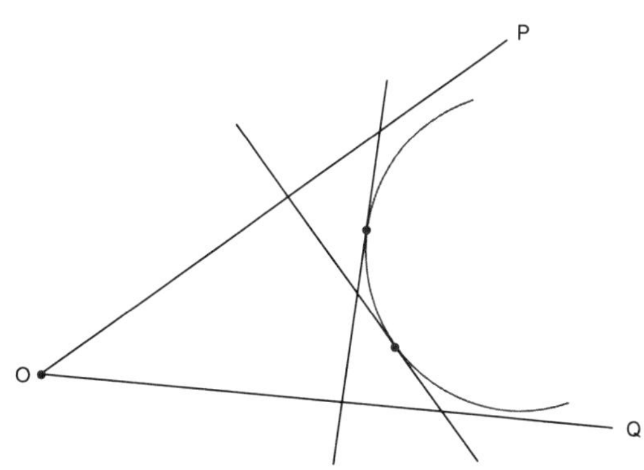

그림 3.49

$\angle POQ$의 양변과 만나는 임의의 직선 l로 $\angle POQ$를 잘랐을 때 생기는 삼각형의 넓이를 $f(l)$이라 한다. 이때 곡선 L에 접하는 모든 직선들 중에서 $f(l)$의 최소치(또는 최대치)를 찾으면 된다. 이를 위하여 접선원리를 적용하기 위해서는 먼저 함수 $f(l)$의 등위선, 즉 $f(l)$의 값이 주어진 상수로 되는 직선 전체의 집합을 구해야 한다.

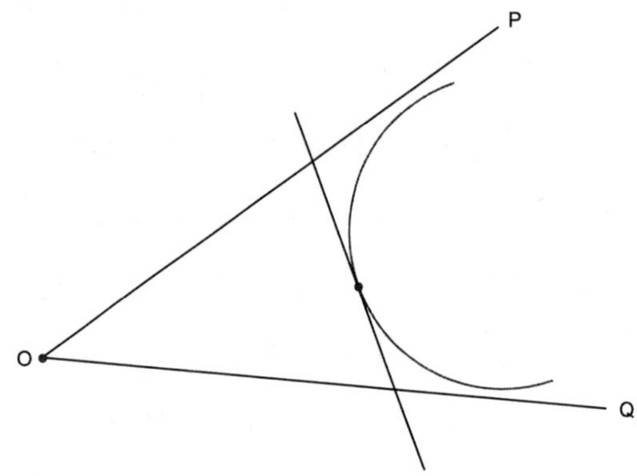

그림 3.50

한편 주어진 상수(넓이) h에 대해서

$$f(l) = h$$

를 만족하는 직선 l은, 직선 OP, OQ를 점근선으로 하는, 쌍곡선의 어느 한쪽에 접한다(Appendix, 정리 C.4 및 그림 3.49 참조).

여기서 접선원리를 적용하면, $\angle POQ$를 잘랐을 때 생기는 삼각형의 넓이가 최소(resp. 최대)로 되는 곡선 L의 접선 l_0는, 직선 OP, OQ를 점근선으로 하는 쌍곡선과 L의 접점 M_0에서 L에 접해야 한다(그림 3. 50 참조). 더욱이 쌍곡선의 성질(Appendix, 정리 C.3 참조)로부터 접점 M_0는, 이 쌍곡선의 M_0에서의 접선이 점근선 OP, OQ와 만나는 점을 이은 선분의 중점이다.

위의 문제 3.5.5의 풀이에서 $\angle POQ$를 잘랐을 때 생기는 삼각형의 넓이를 최소 또는 최대로 하는 직선의 존재성을 보이지는 못했다. 실제로 만약 그와 같은 직선이 존재한다면, 그 직선은 $\angle POQ$의 두 변 OP, OQ와 만나서 생기는 변의 중점에서 곡선 L에 접하는 것임을 보였을 뿐이다. 다음에 소개하는 특수한 예를 통해서 그와 같은 어려운 점을 조금이라도 이해할 수 있을 것으로 본다.

1. 만약 $L := \{M\}$이면, 즉 L이 한 점 M만으로 된 집합인 경우에는 최대치를 찾는 문제의 답은 존재하지 않는다. 왜냐하면 점 M을 지나는 직선으로 $\angle POQ$를 잘랐을 때 생기는 삼각형의 넓이는 얼마든지 커지기 때문이다(그림 3.51 참조). 그러므로 이 경우에는 최소치문제만 남는다. 그런데 점 M을 지나는 직선 l_0로서, $\angle POQ$의 두 변 OP, OQ와 만나서 생기는

변의 중점이 M인 것은 단 하나 존재한다. 따라서 문제 3.5.5의 일반해에 따라 $\angle POQ$를 l_0로 잘랐을 때 생기는 삼각형의 넓이가 최소이다(이 사실의 다른 증명은 문제 3.1.10을 참조하기 바란다).

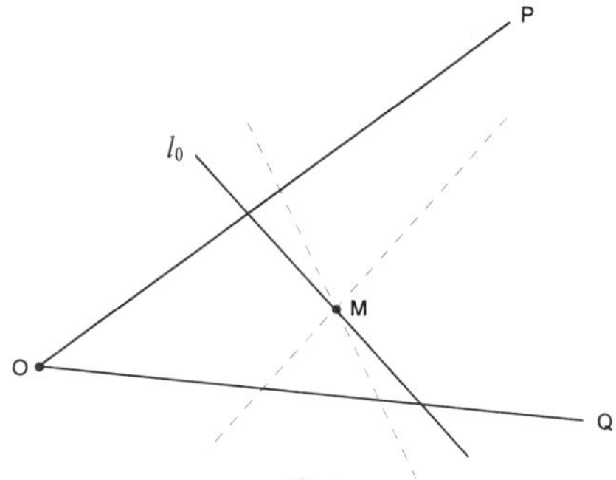

그림 3.51

2. $\angle POQ$에 내접하는 원을 k, 그때의 접점을 A, B라 한다(그림 3.52 참조). 만약 L이 열호 $\widehat{AB}$일 경우에 최소치문제의 답은 존재하지 않는다. 실제로 L상의 점으로 A, B에 충분히 가까이 있는 점을 잡았을 때, 이 점에서의 L의 접선으로 $\angle POQ$를 잘랐을 때 생기는 삼각형의 넓이는 얼마든지 작아지므로 최소치가 존재하지 않는다. 단, 점 A, B에서의 접선은 각각 OP, OQ이므로 이 경우에는 삼각형이 생기지 않음을 유의하기 바란다. 그러나 최대치문제의 답은 존재한다. 실제로 $\angle POQ$의 이등분선과 L의 교점에서 그은 L의 접선 l_0가 최대치를 준다(문제 3.5.5의 일반해 참조). 만약 L이 우호 $\widehat{AB}$일 경우에는 최소치문제만 해를 갖는다. 실제로 $\angle POQ$의 이등분선에 수직이며 L에 접하는 접선 l_0가 최소치를 준다(문제 3.5.5의 일반해 참조). 최대치문제의 해가 존재하지 않음은 A, B에 충분히 가까이 있는 점을 생각하면 쉽게 알 수 있다.

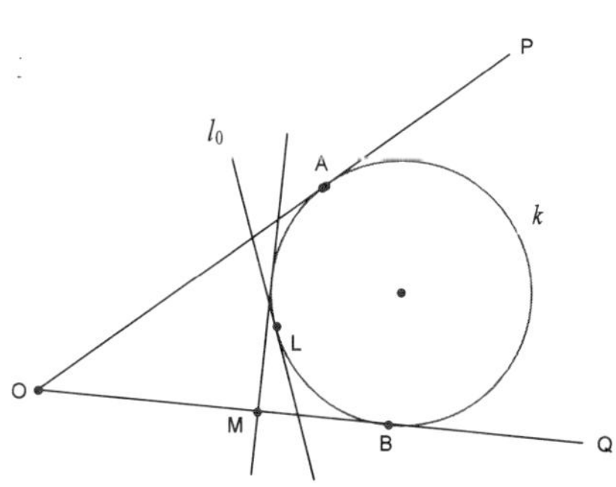

그림 3.52

3.6 Appendix

A. 등각공역점

정리 A.1 $\triangle ABC$의 변 BC를 $m:n$(정수비가 아니라도 무관함)으로 내분하는 점을 X라 할 때, 변 BC위에 놓여있는 점 X'으로 $\angle BAX = \angle X'AC$를 만족하도록 잡으면

$$\overline{BX}':\overline{X'C} = \frac{c^2}{m}:\frac{b^2}{n} \text{ (단, } b := \overline{CA},\ c := \overline{AB}\text{임)}$$

이다.

증명

실제로 $\angle BAX = \angle X'AC$를 만족하는 점 X'은 $\angle BAC$의 이등분선에 관한 점 X의 대칭점으로 잡으면 됨을 유의하기 바란다.

이제 $\triangle ABC$의 외접원과 $\overline{AX}$, $\overline{AX}'$이 만나는 점을 차례로 K, L이라 한다 (그림 3.53 참조). 이때

$$\angle BAK = \angle LAC$$

이므로

$$\overline{BK} = \overline{CL}.$$

따라서 $\square BKLC$는 등변사다리꼴이다. 더욱이

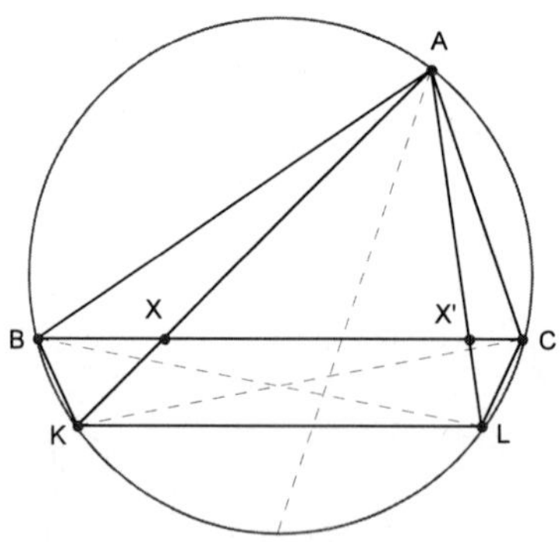

그림 3.53

$$\triangle ABX \backsim \triangle ALC,\ \triangle ABK \backsim \triangle AX'C,$$
$$\triangle ABL \backsim \triangle AXC,\ \triangle ABX' \backsim \triangle AKC.$$

그러므로

$$\overline{BX}:\overline{AB}=\overline{CL}:\overline{AL},\ \overline{CX}:\overline{AC}=\overline{BL}:\overline{AL},$$
$$\overline{BX'}:\overline{AB}=\overline{CK}:\overline{AK},\ \overline{CX'}:\overline{AC}=\overline{BK}:\overline{AK}.$$

그런데 $\overline{CK}=\overline{BL},\ \overline{CL}=\overline{BK}$이므로

$$\begin{aligned}\overline{BX'}:\overline{CX'}&=\overline{AB}\cdot\overline{CK}:\overline{AC}\cdot\overline{BK}=c\cdot\overline{BL}:b\cdot\overline{CL}\\&=\frac{\overline{AB}\cdot\overline{CX}}{\overline{AC}}:\frac{\overline{AC}\cdot\overline{BX}}{\overline{AB}}=c^2\cdot n:b^2\cdot m=\frac{c^2}{m}:\frac{b^2}{n}.\end{aligned}$$

정리 A.2 $\triangle ABC$의 내부에 있는 점 P에 대해서

$$\angle CAX'=\angle PAB,\ \angle ABY'=\angle PBC,\ \angle BCZ'=\angle PCA$$

를 만족하도록 직선 AX', BY', CZ'을 그으면, 즉 직선 AP, BP, CP를 각각 대응하는 꼭지각의 이등분선에 관해서 대칭이동한 직선 AX', BY', CZ'을 그으면, 이들 3직신은 한 짐 P'에서 만난다. 이 점 P'을 P의 등각공역점이라 한다(그림 3.54참조). 특히 점 P의 중심좌표의 비가 $\lambda:\mu:\nu$이면 P'의 중심좌표의 비는

$$\frac{a^2}{\lambda}:\frac{b^2}{\mu}:\frac{c^2}{\nu}$$

이다. 점 P가 $\triangle ABC$의 외부에 있을 경우에는 같은 결과가 성립한다.

증명

점 P의 중심좌표의 비가 $\lambda:\mu:\nu$이면, P의 중심좌표는

$$\left(\frac{\lambda}{\sigma},\frac{\mu}{\sigma},\frac{\nu}{\sigma}\right)\ (\sigma:=\lambda+\mu+\nu),$$

즉

$$\boldsymbol{p}=\frac{\lambda}{\sigma}\boldsymbol{a}+\frac{\mu}{\sigma}\boldsymbol{b}+\frac{\nu}{\sigma}\boldsymbol{c}.$$

단, $\boldsymbol{a}$, $\boldsymbol{b}$, $\boldsymbol{c}$, $\boldsymbol{p}$는 각각 점 A, B, C, P의 위치벡터를 뜻한다. 이때 그림 3.54에서처럼 직선 AP, BP, CP가 각각 그 대변과 만나는 점을 차례로 X, Y,

Z라 하면

$$\overline{BX}: \overline{XC} = \nu: \mu,\ \ \overline{CY}: \overline{YA} = \lambda: \nu,\ \ \overline{AZ}: \overline{ZB} = \mu: \lambda.$$

이제 정리 A.1을 적용하면

$$\overline{BX'}: \overline{X'C} = \frac{c^2}{\nu}: \frac{b^2}{\mu},\ \ \overline{CY'}: \overline{Y'A} = \frac{a^2}{\lambda}: \frac{c^2}{\nu},\ \ \overline{AZ'}: \overline{Z'B} = \frac{b^2}{\mu}: \frac{a^2}{\lambda}.$$

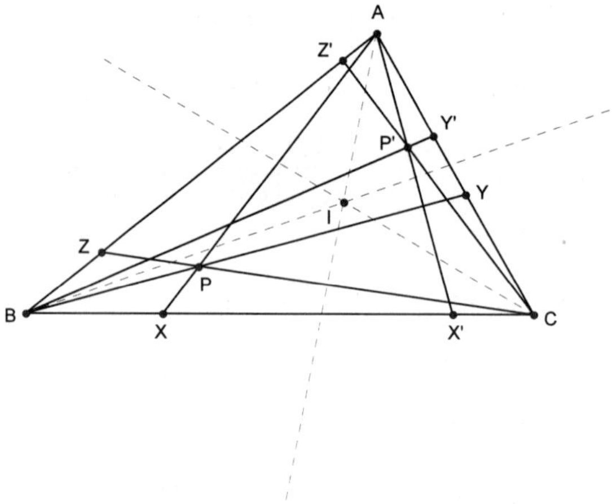

그림 3.54

$$\therefore\ \frac{\overline{BX'}}{\overline{X'C}} \cdot \frac{\overline{CY'}}{\overline{Y'A}} \cdot \frac{\overline{AZ'}}{\overline{Z'B}} = \frac{c^2/\nu}{b^2/\mu} \cdot \frac{a^2/\lambda}{c^2/\nu} \cdot \frac{b^2/\mu}{a^2/\lambda} = 1.$$

따라서 Ceva의 정리의 역으로부터 직선 AX', BY', CZ'은 한 점 P'에서 만나며, 더욱이 점 P'의 중심좌표의 비는 $\frac{a^2}{\lambda}: \frac{b^2}{\mu}: \frac{c^2}{\nu}$이다.

B. 무게중심

정리 B.1 점 C'_0은 $\overline{A_0B_0}$의 중점이며 $\overline{C_0M}: \overline{MC'_0} = 2: 1$이면 점 M은 $\triangle A_0B_0C_0$의 무게중심이다.

증명

그림 3.55에서처럼 직선 B_0M과 $\overline{C_0A_0}$와의 교점을 N이라 할 때

$$\overline{C_0N} = \overline{NA_0}$$

임을 보이면 충분하다. 실제로 그림 3.55에서처럼 $\overline{C_0M}$의 중점 F와 C'_0을 각각 지나고 직선 B_0M과 평행인 직선을 그어 $\overline{C_0B_0}$와 만나는 교점을 차례로 G, H라 하면

$$\overline{C_0G} = \overline{GN} = \overline{NH} = \overline{HA_0}.$$

따라서 N은 $\overline{C_0A_0}$의 중점이다.

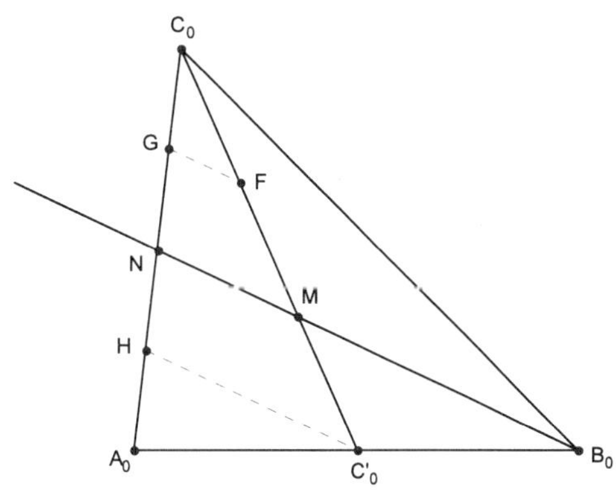

그림 3.55

C. 쌍곡선

정리 C.1 쌍곡선 $\dfrac{x^2}{a^2} - \dfrac{y^2}{b^2} = 1$상의 임의의 점 P에서 점근선

$$l_1: \frac{x}{a} + \frac{y}{b} = 0, \quad l_2: \frac{x}{a} - \frac{y}{b} = 0$$

에 내린 수선의 발을 각각 H_1, H_2라 하면 $\overline{PH_1} \cdot \overline{PH_2}$의 값은 일정하다.

증명

점 P의 좌표를 (x_1, y_1)라 하면 $\dfrac{x_1^2}{a^2} - \dfrac{y_1^2}{b^2} = 1$이므로

$$\begin{aligned}\overline{PH_1} \cdot \overline{PH_2} &= \frac{|x_1/a + y_1/b|}{\sqrt{1/a^2 + 1/b^2}} \cdot \frac{|x_1/a - y_1/b|}{\sqrt{1/a^2 + 1/b^2}} = \frac{|x_1^2/a^2 - y_1^2/b^2|}{1/a^2 + 1/b^2} \\ &= \frac{a^2b^2}{a^2 + b^2}.\end{aligned}$$

따라서 $\overline{PH_1} \cdot \overline{PH_2}$의 값은 일정하다.

참고

정리 C.1 에 의하면 쌍곡선은 두 직선 l_1, l_2에 이르는 유향선분의 길이의 곱이 일정한 점의 자취로 볼 수 있다. 이때 직선 l_1과 l_2는 이 쌍곡선의 점근선이다.

정리 C.2 쌍곡선 $\dfrac{x^2}{a^2} - \dfrac{y^2}{b^2} = 1$의 점근선 l_1을 x'축, l_2를 y'축으로 하는 사교좌표계에서 이 쌍곡선의 방정식은

$$x'y' = \frac{a^2+b^2}{4}$$

이다.

증명

쌍곡선상의 임의의 점 P의 문제의 사교좌표계에 관한 좌표를 (x', y')이라 하고, 두 점근선이 이루는 각의 크기를 2α라 한다. 또, 점 P에서 점근선 l_1, l_2에 내린 수선의 발을 각각 H_1, H_2라 하면

$$y'\sin 2\alpha = \overline{PH_1},\ x'\sin 2\alpha = \overline{PH_2}.$$

따라서

$$x'y'\sin^2 2\alpha = \overline{PH_1} \cdot \overline{PH_2} = \frac{a^2b^2}{a^2+b^2}.$$

한편 $\sin^2 2\alpha = 4\sin^2\alpha\cos^2\alpha$, $\sin\alpha = \dfrac{b}{\sqrt{a^2+b^2}}$, $\cos\alpha = \dfrac{a}{\sqrt{a^2+b^2}}$이므로

$$\sin^2 2\alpha = \frac{4a^2b^2}{(a^2+b^2)^2}.$$

$$\therefore\ x'y'\frac{4a^2b^2}{(a^2+b^2)^2} = \frac{a^2b^2}{a^2+b^2} \quad \text{즉 } x'y' = \frac{a^2+b^2}{4}$$

정리 C.3 쌍곡선상의 임의의 점 P에서의 접선이 점근선과 만나는 점을 Q, R이라 하면 P는 $\overline{QR}$의 중점이다.

증명

정리 C.2 에서 알아본 바와 같이 사교좌표계에서 쌍곡선의 방정식은

$$xy = k$$

로 나타낼 수 있다.

한편 일반적으로 이차곡선

$$ax^2 + 2hxy + by^2 + 2gx + 2fy + c = 0$$

상의 한 점 $P_1(x_1, y_1)$에서의 접선의 방정식은

$$ax_1x + h(x_1y + xy_1) + by_1y + g(x + x_1) + f(y + y_1) + c = 0.$$

따라서 쌍곡선 $\frac{x^2}{a^2} - \frac{y^2}{b^2} = 1$상의 한 점 $P_1(x_1, y_1)$에서의 접선의 방정식은

$$\frac{x_1x}{a^2} - \frac{y_1y}{b^2} = 1$$

이다. 그런데 이 사실은 사교좌표계에서도 성립하므로, 쌍곡선 $xy = k$상의 한 점 $P_1(x_1, y_1)$에서의 접선의 방정식은

$$x_1y + xy_1 = 2k.$$

그러므로 이 접선과 사교좌표계의 x축, y축과의 교점 Q, R의 좌표는 각각

$$Q\left(\frac{2k}{y_1}, 0\right),\ R\left(0, \frac{2k}{x_1}\right)$$

이다. 그런데 $k = x_1y_1$이므로

$$Q(2x_1, 0),\ R(0, 2y_1)$$

으로 나타낼 수도 있다. 따라서 점 $P_1(x_1, y_1)$는 $\overline{QR}$의 중점이다.

정리 C.4 정리 C.3 에서 쌍곡선의 중심을 O라 하면 $\triangle OQR$의 넓이는 일정하다.

증명

사교좌표축이 이루는 각의 크기를 ω라 하면

$$\triangle OQR = \frac{1}{2}\overline{OQ} \cdot \overline{OR} \cdot \sin\omega = 2x_1y_1\sin\omega = 2k\sin\omega$$

로서 일정하다.

참고문헌

1. 홍성대, 기본 수학의 정석 - 수학10-가, 성지출판사.
2. 홍성대, 기본 수학의 정석 - 수학10-나, 성지출판사.
3. 홍성대, 기본 수학의 정석 - 수학 I, 성지출판사.
4. 이홍섭, 개념원리 중학수학 8-가, 디딤돌.
5. 이홍섭, 개념원리 중학수학 9-가, 디딤돌.
6. 이홍섭, 개념원리 수학 10-가,나 디딤돌.
7. Kenneth H. Rosen, Elementary Number Theory, Addison Wesley.
8. Titu Andreescu, Oleg Mushkrov and Luchezar Stoyanov, Geometric Problems on Maxima and Minima, Birkhäuser.

찾아보기

17 생각하는 수학

칭의성 신장을 위한

문제일반화 제2판

지은이 김향숙·박진석·도석수
펴낸이 박문규
펴낸곳 KM 경문사
펴낸날 2012년 3월 5일
등 록 1979년 11월 9일 제9-9호
주 소 121-818, 서울특별시 마포구 와우산로 174
전 화 (02)332-2004 팩스 (02)336-5193
이메일 kyungmoon@kyungmoon.com

값 12,000원

ISBN 978-89-6105-501-7
ISBN 978-89-7282-735-1(세트)

★ 경문사 홈페이지에 오시면 즐거운 일이 생깁니다.
http://www.kyungmoon.com

한국과학기술출판협회 회원사